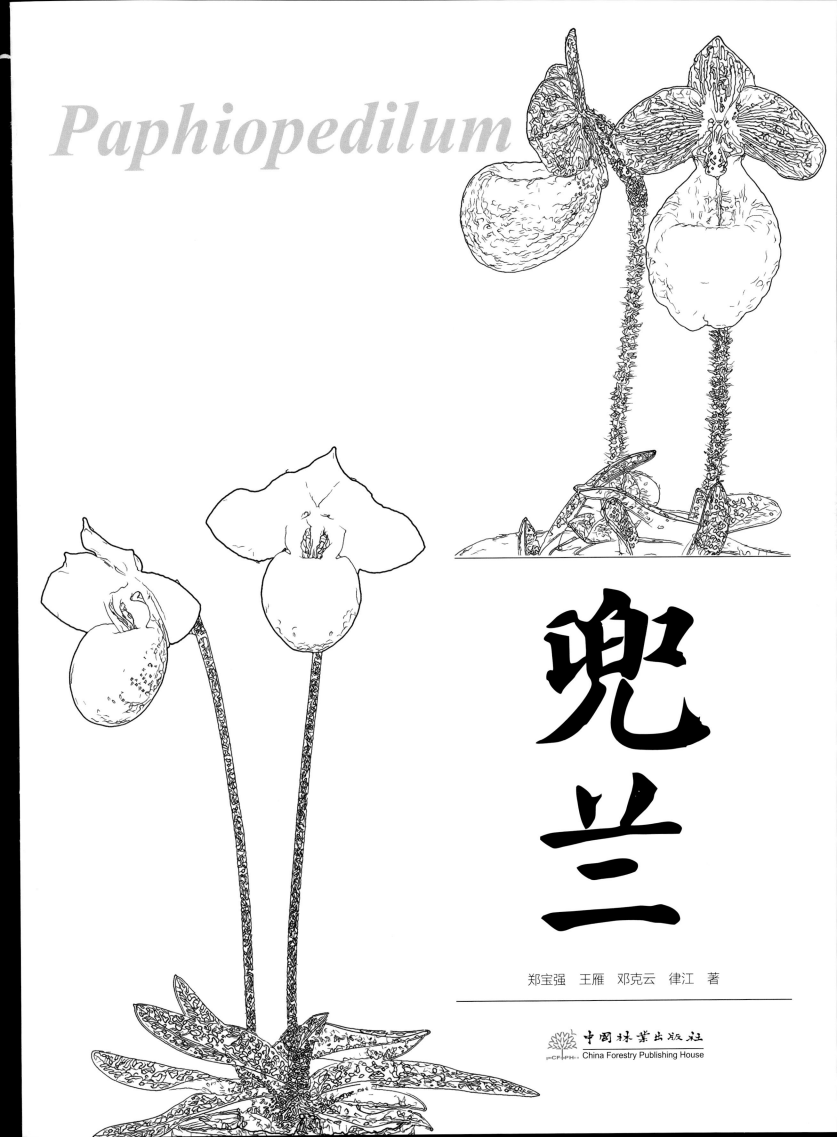

Paphiopedilum

兜兰

郑宝强　王雁　邓克云　律江　著

中国林业出版社
China Forestry Publishing House

内容简介

  本书选用1500余张精美的图片，全面系统地介绍了兜兰的分类、种质资源、育种、栽培、病虫害防治等，是观赏园艺学和园林花卉学领域的书籍。本书的最大特色是以亚属的概念对兜兰进行了分类和介绍，在系统梳理兜兰属分类的历史演变基础上，将兜兰属重要及常见的8个亚属共77种原种兜兰作了重点介绍，为读者提供了准确的分类体系和各种兜兰的特点。兜兰的育种部分是本书的另一特色，通过对各亚属分别介绍，分析了各亚属重要亲本的遗传特点及育种潜力，并探讨了亚属内及亚属间的育种特点和趋势。本书还系统论述了兜兰的生产栽培技术、病虫害防治、评奖体系等，全面反映了国际兜兰栽培育种的成果和应用水平。

国家重点研发计划项目（2023 YFD 1600500）资助

图书在版编目（CIP）数据

兜兰 / 郑宝强等著. -- 北京：中国林业出版社，2024.10.

ISBN 978-7-5219-2828-0

Ⅰ.S682.31-64

中国国家版本馆CIP数据核字第2024Y7K362号

责任编辑：贾麦娥
装帧设计：刘临川

出版发行：中国林业出版社
  （100009，北京市西城区刘海胡同7号，电话83143562）
网址：https://www.cfph.net
印刷：北京博海升彩色印刷有限公司
版次：2024年10月第1版
印次：2024年10月第1次
开本：889mm×1194mm　1/16
印张：27
字数：719千字
定价：428.00元

序一

兰科植物是植物学研究的热点类群，所有种类均被列为《濒危野生动植物种国际贸易公约》（CITES）的保护范围，是植物保护名录中的"旗舰"类群。在千姿百态的兰花大家族中，兜兰属（*Paphiopedilum*）是兰科植物中最具特色的一个类群，也是最奇特的观赏兰花，以其独特的芳容，美丽的花姿，赢得许多爱好者。

兜兰属原产于热带及亚热带地区，以东南亚为分布中心，约有128个种。我国原产27种，主要分布在西南和华南地区，云南、广西、贵州是分布中心。该属种类虽然不多，但其花形独特、花色丰富，吸引了人们的关注，并越来越受到人们的喜爱。兜兰属植物的栽培历史不算长。1816年，丹麦植物学家纳萨尼尔·瓦立奇（Nathaniel Wallich）首次采集到兜兰属植物，1819年英国人维奇（James Veitch）将其培育开花，1820年正式命名。当时兜兰属还没成立，该种被归到杓兰属（*Cypripedium*）。自此，兜兰开始进入人们的视野。第一个兜兰属杂交种于1869年培育成功，无菌播种技术的发展推动了兜兰属植物杂交育种的快速发展。德国植物学家普菲策（E. H. Pfitzer）在1886年建立起兜兰属，但在20世纪70年代以后，越来越多的研究者才系统地研究兜兰属植物。我国对兜兰属植物的研究利用开始于20世纪80年代，由于长期大规模的采挖和非法贸易，加之生存环境脆弱，自我更新能力差，严重威胁了兜兰野生种群的生存。近年来，兜兰在我国逐渐实现商业化生产，但与蝴蝶兰（*Phalaenopsis*）、大花蕙兰（*Cymbidium*）、石斛兰（*Dendrobium*）相比，兜兰在我国的产业化程度较低，应用也较少。在这种背景下，本专著的出版将会对我国兜兰属植物的商业化产生很大的推动作用。通读全书，发现该书有如下特点：

（1）科学性、系统性强。该专著对兜兰属植物的分类、地理分布、形态特征、种质资源、栽培技术、育种过程、繁殖技术及病虫害防治等进行了全面系统的介绍，对兜兰属植物进行了梳理，将兜兰属整理为8个亚属，对常见的77个种进行了重点介绍，分析了不同兜兰种类的育种过程、特点和育种潜力，探讨了亚属内及亚属间杂交的发展趋势，介绍了专业兜兰兰展评比和授奖的规则。这些资料为我国兜兰种质资源的开发利用、新品种培育和商业化栽培提供了科学依据。

（2）重视兜兰属植物发现、栽培和育种的历史。该专著对兜兰属8个亚属重要种类的发现、引种、栽培和育种的历史进行了详细描述，梳理了重要品种的育种来源和育种过程，让读者对兜兰的引种、栽培历史有一个整体的认识，也为我国兜兰的新品种培育提供了经验。

（3）拍摄了大量的精美照片。本专著收录了1500余张精美的图片，包括野生资源、生境、生产场景、兜兰展览、兰花竞赛、各类获奖作品等，让读者对兜兰属植物有了全方位的直观印象，让读者领略到不同兜兰的美妙。

长期以来，中国林业科学研究院林业研究所兰花研究团队持续开展了兜兰属植物资源调查与产业化开发研究，收集和引进世界各地的兜兰属种和栽培品种，对兜兰的分类、栽培、育种、应用、病虫害防治等进行了系统研究，为兜兰产业的发展起到重大的推动作用。本专著即是该团队对兜兰属植物长期研究的阶段性成果。在本书即将出版之际，向郑宝强、王雁研究员表示衷心的祝贺。

北京林业大学教授

2024年8月

序二

中国林业科学研究院林业研究所王雁研究员寄来她与郑宝强、邓克云、律江合著的《兜兰》书稿，我一打开书稿就被形形色色、庞大缤纷的兜兰所吸引，爱不释手！2016年8月，我带队到贵州黔西南州开展对口扶贫工作，专程到邓克云先生创办的黔西南州绿缘动植物科技开发有限公司花卉生产基地调研，公司充分利用黔西南低纬度、中高海拔、水质好的优势开展杏黄兜兰、硬叶兜兰、长瓣兜兰的生产性栽培，并具有一定规模，取得良好成效。我很是惊喜！从此，我就十分关注兜兰的资源保护和产业化工作。

兜兰属是兰科植物一个很独特的类群，全属约有128种，原产地以东南亚为中心，北到印度东北及中国南部、南到新几内亚岛及所罗门群岛的布干维尔岛。中国有27种，主要分布于西南和南部的热带与亚热带南缘地区，以云南、广西和贵州分布最多。兜兰属虽然物种不多，但形态及颜色差异巨大，因其独特的花形与丰富的花色，越来越受兰花爱好者的喜爱，每次遇到兜兰，都会让人驻足流连，惊叹不已！

拜读《兜兰》一书，我深刻感受到作者具有深厚的理论功底，深入调查，系统研究，攻克了许多兜兰育种、栽培关键技术。概括起来，该书具有三大显著特点：

一是系统性。书中在对当今兜兰研究进行全面梳理与总结的基础上，开展了兜兰的分类体系、种质资源、育种、栽培技术、病虫害防治及评审等进行了系统研究，堪称兜兰研究的最前沿、最新成果，展现出其高度的专业性和完整性。

二是科学性。书中将兜兰属重要及常见的8个亚属共77种原种兜兰作了重点介绍，描述了准确的分类体系和各种兜兰性状与特点，分析了各亚属重要亲本的遗传特点及育种潜力，探讨了亚属内及亚属间的育种特征和趋势，同时反映了国际兜兰育种、栽培的最新进展，充分体现了著作具有很强的科学性。

三是实操性。书中为读者提供的分类体系、生产栽培技术和育种方法等内容，具有很好的实操性。全书图文并茂，行文流畅，注重实践性和可读性，对大专院校学生、专业研究人员和广大兰花爱好者都具有重要的学习、借鉴价值。

愿该书出版发行，为兜兰事业发展作出更大贡献！是为序！

（福建省人民政府参事
福建农林大学校长、教授、博士生导师
中国植物学会兰花分会理事长）

二〇二四年立秋于福州汀兰居

序二

兰科是被子植物中种类最丰富的科之一，有750属和29524种，均被列入《濒危野生动植物种国际贸易公约》（CITES）附录，受到保护。自达尔文时代以来，兰科植物便受到生物学家的广泛关注，被认为是研究植物适应性进化的模式类群。兰科植物还具有极高的观赏和商业价值，以兜兰属、蝴蝶兰属、兰属、石斛属和卡特兰属等栽培品种，构成了全球花卉产业的重要组成部分。随着分子生物学的发展和相关技术的应用，越来越多的兰科植物基因组被破译，使兰科植物的许多"谜团"得以揭示，为研究兰科植物物种多样性、关键创新性状的适应性进化提供了重要依据，同时也为优良品种选育和全产业链可持续发展提供了新思路和方法。

在兰花研究领域，兜兰属物种无疑是兰科中一颗璀璨的明星，其花形奇特，兜状的唇瓣酷似淑女的拖鞋而受到了公众的喜爱。作为兰花科研工作者，我深知兜兰在"兰花学"中的独特地位和学术价值。兜兰属全世界约有128种，中国约有27种，主要集中在云南南部、广西西南部以及贵州北部。兜兰具有极高的观赏、科研和生态价值，其中大多数物种通过形状、颜色和气味吸引特定授粉者。由于授粉者的专一性，兜兰自然坐果率普遍偏低，尽管一个果荚能产生数万粒种子，但种子无胚乳，需要特定真菌的辅助才能萌发。不同种类从萌发到开花的时间差异较大，短则3年，长则10年。因此，兜兰繁殖速率低、生命周期长。加之其观赏价值高，野生兜兰资源面临滥采和生境破坏，许多野生资源已经面临枯竭。2021年新版《国家重点保护野生植物名录》颁布后，除了硬叶兜兰和带叶兜兰为国家二级保护植物，其余兜兰全部被列为国家一级保护植物，未经批准的采集、种植、贩卖将触犯法律，甚至面临牢狱之灾。

自上世纪80年代以来，在国家林业与草原局的领导和支持下，我和我的研究团队创建了国家兰科保护中心和兰科植物保护与利用重点实验室，致力于收集野生兰科植物的活体标本，建立了兰科植物种质资源库。在保存兰科物种资源的基础上，还进行了科学研究及资源的大规模培育、繁殖和回归，特别是在拯救濒危兜兰属物种方面取得了一系列成果。通过研究气候、植被、土壤等环境因素与濒危紫纹兜兰和杏黄兜兰的关系，我们发现主要威胁在于生境破坏，而非兜兰自身的生物学缺陷。因此，我们提出了保育对策，以期改善其生存环境和保护其资源。这一发现为兜兰的保护工作提供了科学依据，同时也为相关保育对策的制定提供了参考。在长期的野外考察中，我们还发现了不少的兜兰的新种、新变种和新变型，以及中国的新记录。我们实现了多种兜兰的无菌播种，为兜兰的大规模生产铺平了道路。这些成就不仅获得了国家科技进步奖二等奖，还为我国兰科物种保护、兰花产业的智能化、规模化和标准化生产做出了重要贡献。我国兰科植物研究和产业化取得了重大的成就，成果不断涌现。郑宝强、王雁、邓克云、律江所著《兜兰》就是其中一个突出的成果。《兜兰》是一部综合性专著，全面系统地介绍了兜兰的分类、种质资源、育种、栽培、繁殖、病虫害防治等内容，并辅以精美图片，内容深入浅出，通俗易懂，学术性与实用性兼备，填补了我国兜兰研究的许多空白，是研究兜兰的重要参考书。尤其是第四章，以亚属的概念探讨了兜兰的杂交育种，分析了各亚属重要亲本的遗传特点及育种潜力，探讨了亚属内及亚属间的育种特点和趋势，对从事兜兰园艺杂交育种的科研人员和广大读者尤其有帮助。毫无疑问，该书为国内同行今后开展兜兰属植物的引种驯化、品种培育、系统进化和保育等工作提供了一份图文并茂的资源清单。作为一名长期从事兰花研究的学者，我深感荣幸能够见证这一重要时刻，并为此书作序。

我衷心感谢所有参与《兜兰》编著工作的专家学者们，你们的辛勤努力和无私奉献为这本书增添了许多珍贵的内容。希望这本专著能够成为兰花研究者的重要参考资料，并激励更多学者深入探讨兜兰及其他兰花的奥秘，为兰花学的发展贡献力量。

兰科植物保护与利用国家林草局重点实验室（福州）执行主任
首席科学家
2024年8月19日

序四

近日收到有关退休的通知，我下意识地想到我从事兰科植物研究已经差不多有30年了。在这平凡的30年里，除博士研究生期间的研究外，其他多少都在做和兜兰、杓兰相关的工作。记得开始接触兜兰属植物是和邱园的Phillip Cribb博士开展的贵州黔西南兜兰属植物种群保护现状的调查。20世纪90年代初，贵州黔西南地区还是未对外国人开放的地区，我克服了各种困难，获得了军队、国安、公安、林业和民政等多个国家和省级部门的层层批准，才终于得以让Phillip Cribb等外国人进入黔西南地区开展野外考察。在坡岗的布依族村寨里，村民们围拢看外国人的蓝眼睛和大脚；在荔波的寨子里喝多了米酒的Phillip Cribb放声唱起了英格兰乡村小调；在望谟县两个老外尖叫着从又黑又脏的县招待所公共浴室冲出来，连夜赶回安龙的莲花池宾馆，等等各种有趣的经历都历历在目。后来，我和研究生们陆续开展了系列有关兜兰属植物传粉生物学的研究工作，特别是有关食蚜蝇被紫纹兜兰欺骗传粉后付出的代价进行了定量评估。毫无疑问，这是一项很有创新性的工作，2017年在中国香港举办的国际兰花保育大会上我将研究结果报告后，Kingsly Dixon博士十分看好该工作。遗憾的是该工作由于种种原因至今还没有正式发表。我相信这个结果即便放在现在也是一个引领性的工作。

兜兰属植物就是这样以自己独特的魅力吸引无数兰花学者孜孜不倦开展各种各样的研究。同时，兜兰属植物还受到全世界园艺爱好者和从业者的青睐，成为最受欢迎的兰科植物之一，全世界广泛栽培。经过上百年的栽培和杂交育种，兜兰属植物记录的杂交组合已有上万个。20世纪80年代末至90年代中期我国不计其数的野生兜兰属植株出现在一些欧美种植场和花卉市场。最为有名的案例就是杏黄兜兰，这是我国学者陈心启教授和刘芳媛教授在1982年描述发表的一个新种，主要分布于我国云南西部的怒江流域。该新种正式发表后，很快就通过各种途径流入欧美。1983年当第一株开花植株出现在美国加利福尼亚的兰展上时，人们被它那眩目的金黄色花朵所折服，评委们立即给出美国兰花学会大奖的破记录高分——92分，其种植者也因之首次在当年被授予"Nax Botanical"奖杯，该奖杯是美国兰花学会理事会设立的，历来只授予在上一年度被评为最优秀兰花的栽培者。同样，英国皇家栽培学会也授予首次展出的杏黄兜兰金奖。到1992年为止，杏黄兜兰共荣获美国兰花学会大奖达71次之多，最高的评分达97分。其中一些优良个体和杂交后代个体的拍卖价高达5万美元每株。正因如此，路透社一名记者对全世界包括兜兰在内的兰花贸易进行了深入调查，出版了《兰花热》（*Orchids Fever*）一书。

从20世纪80年代初到现在，在短短40余年的时间内，我国的兜兰属植物经历了从野生资源输出到兜兰产业蓬勃发展的大转变。这本《兜兰》综合性专著，更是成为我国兜兰产业发展进入新阶段的标志性事件。该书涉及兜兰产业的各个方面，特别是对兜兰的杂交育种进行了重点介绍，分析了不同支系类群作为育种亲本的遗传特点及育种潜力，探讨了不同支系内和支系间的育种特点和发展趋势。该项工作，不仅为兜兰产业发展提供了理论指导，更是为深入研究兜兰属植物的进化和物种形成提供了独特的角度和可贵的数据。兜兰属植物多样性形成的机制和机理研究不应该仅仅局限于自然种群，产业界的一些特殊个体也可能成为验证各种类型的杂交和渐渗对兜兰多样性贡献的关键所在。《兜兰》一书的出版，无论是对我国兜兰属植物进化理论研究，还是园艺等产业发展等方面都会有极大的推进作用。我相信我国即将成为兜兰属植物研究和产业发展的世界中心。

博士、研究员
国际自然保护联盟兰花专家组（OSG）亚洲区委员会主席 罗毅波

2024年7月22日

前言

兜兰属（*Paphiopedilum*）原产地以东南亚为中心，其分布范围向北延伸至印度的东北部以及中国的南部，向南则扩展至新几内亚岛及所罗门群岛的布干维尔岛。迄今为止，科学家们已经发现了大约128个兜兰原生种，中国原产约27种，主要分布于我国西南部和南部的热带与亚热带南缘地区，尤以云南、广西和贵州的分布最多。这些地区独特的气候和地理环境，为兜兰原生种的生长提供了得天独厚的条件。

兜兰属，是形形色色庞大缤纷的兰花家族里一个很独特的类群，其种类虽不算繁多，但形态及颜色的差异却极为显著，有小巧可爱的海伦兜兰（*Paph. helenae*），有霸气威武的洛斯兜兰（*Paph. rothschildianum*），有冰清玉洁的硬叶兜兰（*Paph. micranthum*），有高冷绝艳的桑德氏兜兰（*Paph. sanderianum*），有憨态可掬的巨瓣兜兰（*Paph. bellatulum*），有卓尔不群的越南兜兰（*Paph. vietnamense*），有曲高和寡的麻栗坡兜兰（*Paph. malipoense*）……更不用说由这些原生种杂交衍生出的一方独领风骚的兰花天地。兜兰因其独特的花形与丰富的花色，佐以植株绿色飘逸的叶片或炫彩的斑纹，组成让人惊艳不已的美，受到越来越多兰花爱好者的喜爱，已成为兰花里后来居上的主要类群之一。每次遇到兜兰，都会让人驻足流连，不禁惊叹大自然的神奇，这些在植株形态、茎叶、花朵方面都差异甚大的兜兰原生种，它们之间有什么关系？目前市场上的盆花和切花"肉饼型"兜兰和"魔帝型"兜兰与原生种有什么关联？到底有多少基因遗传自大自然中朴实无华的原生种？如何鉴赏和评定一株优异的兜兰？如何培育出优良的兜兰新品种？如何栽培和繁殖兜兰？面对病虫害，我们又该如何防治？这一系列问题，都将在本书中一一解答。

《兜兰》是一部综合性专著，全面系统地介绍了兜兰的分类、种质资源、育种、栽培、繁殖、病虫害防治等内容，并配备了1500余张精美的图片，旨在全方位呈现兜兰的风貌。本书的最大特色是从亚属层面对兜兰属进行详细的分类论述。第一章为兜兰属概述，在详细介绍兜兰属植物的特征、分布和分类历史的基础上，充分查阅国内外文献，以布雷姆（G. J. Braem）等人提出的分类系统为基础，将目前已发现的原生种归纳整理为8个亚属；第二章介绍了兜兰原生种及品种名称的正确书写方法、命名注意事项以及专业兰展中兜兰的评比和授奖规则；第三章以亚属为分类单位，重点描述了8个亚属中具有重要育种价值及产业价值的77个原生种，详细介绍了其形态特征、产地及各原生种种下的变种和变型等，厘清易混淆的原生种之间的关系；第四章从亚属的视角，整理了自1869年第一个杂交种培育成功直至今天的全球兜兰属育种成就，综合分析了各亚属中重要亲本的遗传特点及育种潜力，并分别探讨了亚属内及亚属间的育种特点和趋势，提出了我国兜兰的育种策略。在书中我们不止一次地呼吁，遍观国外的兜兰育种者，以他们所搜罗的有限植株个体，即已能取得兜兰育种的夺目成绩，我国拥有许多极优异的兜兰原生种，具备非常丰富的生物多样性，如小萼亚属的"金童玉女麻栗坡"已于近年来成为极重要亲本，引领着世界兜兰育种的新方向，还有一些原生种所具备的育种潜质还未被发掘展现，希望兜兰从业者、爱好者，要继续探究我国兜兰原生种在杂交育种中的作用，切勿浪费我国这些宝贵的种质资源；第五章系统地介绍了兜兰的栽培环境、栽培基质、栽培方法、施肥管理、环境调控等，并介绍了兜兰的繁殖技术，以便于规模化生产；第六章详尽介绍了兜兰的病害、虫害、生理障碍的特征和防治方法，以及日常健康管理中的注意事项。

兜兰的引种和研究工作，长期以来得到了科学技术部、国家林业和草原局有关部门和领导的大力支持，在此表示深深的、由衷的感谢！在相关科技项目的支持下，中国林业科学研究院林业研究所开展了兜兰资源调查与产业化开发的研究，通过收集和引进世界各地的兜兰原生种和栽培品种，系统开展了兜兰的分类、栽培、育种、应用、病虫害防治等全面的研究和探索。

《兜兰》这部专著的诞生，是研究者和从业者智慧与汗水的结晶。这本专著的编纂过程，不仅是对兜兰属植物深入研究的过程，更是对参与者们毅力、耐心和专业精神的严峻考验。在这个过程中，每一位贡献者都发挥了不可替代的作用，使得这本书的内容更具科学性和实用性。自2015年起，我们开始筹建写作团队，计划编纂一本全面涵盖兜兰研究及产业发展的专著。团队成员都来自生产一线，长期致力于兜兰种质资源的收集、整理、栽培、育种等工作，积累了丰富的经验。当时定下的宗旨就是这本专著不仅要凸显学术研究的深度，还要展现产业发展的广度，实现科学性与科普性的完美结合。这一计划的实施，标志着一段漫长而艰辛的旅程的开始。团队成员们开始投身于种质资源的搜集与栽培，摸清各原生种的生物学特性和生态习性，奔波于展会和生产基地跟踪国际育种新成果和新技术，埋头于兜兰属分类、育种历史等资料的查找、核实与梳理。原本预计三年完成的工作，却在不知不觉中跨越了九个春秋，期间的艰辛与挑战，至今仍历历在目。特别是在第四章——兜兰杂交育种篇的撰写过程中，如何精准地描绘育种历程，如何生动地展示育种成果，如何科学地总结育种规律，团队成员不断讨论和请教业内专家，反复修改，多次推倒重来，精心打磨，最终成稿。在此，我们特别感谢台湾的黄祯宏先生，他为本书贡献了大量的精美图片，尤其是那些珍贵的原生种图片和获奖兜兰图片，使得本书的内容更加完美。同时，感谢韩周东博士提供的兜兰原生境图片，让读者能够直观地感受到兜兰的生长环境。感谢王美娜（深圳兰科植物保护研究中心，简称兰科中心）、李进兴（迈庄花卉）、沈义伟（仙履兰园）、苏新发（豪记兰园）、李玉铭（壶兰轩）、张世贤（兰桂坊）、林昆锋（洋吉兰园）、王苗苗（国家植物园）、干文清（四川横断山生物技术有限公司）、邓振海（雅长兰科植物国家级自然保护区）、Brandon Tam、Thanakrit Aah Kitkulthong、Paph Paradise Orchids等专家和机构，他们提供的精美图片，使得本书的内容更加全面和丰富。

本书的出版，得益于中国林业出版社的大力支持，在此表示诚挚的感谢。

特别感谢北京林业大学的张启翔教授、福建农林大学的兰思仁教授和刘仲健教授、中国科学院植物研究所的罗毅波研究员，在百忙之中审阅全稿，对团队的工作给予了高度肯定，并在书稿付梓之际，慷慨为序，我们在此深表谢意。

由于本工作的开创性和前瞻性，我们以育种及产业化发展为核心，讨论、介绍的只是兜兰属中重要的原生种和品种，遗憾无法完全展现兜兰全貌，涵括全部。一些曾经名噪一时的经典名花、近年来发表的新种以及近年育出的新品，由于无法获得完整的资料，本书暂未涉及。期盼在不久的将来，在科研及图文资料更周密齐全时，我们能更完善地进一步撰写。同时，我们也欢迎各位专家和同仁的交流与指正，共同推动兜兰研究及产业的发展。

作者
2024年9月

目录

序一
序二
序三
序四
前言

第一章 兜兰简介及分类 ·· 001

一、Subgenus *Parvisepalum* 小萼亚属 ········ 009
二、Subgenus *Brachypetalum* 短瓣亚属 ········ 009
三、Subgenus *Polyantha* 多花亚属 ············ 009
四、Subgenus *Paphiopedilum* 兜兰亚属 ······ 010
五、Subgenus *Sigmatopetalum* 单花斑叶亚属 ··· 010
六、Subgenus *Cochlopetalum* 旋瓣亚属 ········ 011
七、Subgenus *Megastaminodium* 巨蕊亚属 ····· 011
八、Subgenus *Laosianum* 老挝亚属 ············ 011

第二章 兜兰的名字、评比和授奖 ··· 013

一、兜兰的名字 ·································· 014
二、兜兰的评比和授奖 ·························· 020

第三章 兜兰属原种介绍 ··· 035

一、小萼亚属（Subgenus *Parvisepalum*）······ 036

001　*Paphiopedilum armeniacum* 杏黄兜兰
　　（金童兜兰）···························· 036
002　*Paphiopedilum delenatii* 德氏兜兰
　　（德利兰特氏兜兰）··················· 038
003　*Paphiopedilum emersonii* 白花兜兰
　　（爱默森兜兰）························ 040
004　*Paphiopedilum hangianum* 汉氏兜兰
　　（香花兜兰、汉姬兜兰、番薯兜兰）··· 042
005　*Paphiopedilum malipoense* 麻栗坡兜兰 ···· 044
006　*Paphiopedilum jackii* 杰克兜兰（浅斑兜兰）··· 046
007　*Paphiopedilum micranthum* 硬叶兜兰
　　（玉女兜兰、银色兜兰）············· 048
008　*Paphiopedilum × fanaticum* 梵天兜兰 ···· 053
009　*Paphiopedilum vietnamense* 越南兜兰 ···· 054

二、短瓣亚属（Subgenus *Brachypetalum*）··· 056

001　*Paphiopedilum bellatulum* 巨瓣兜兰
　　（大斑点兜兰、可爱兜兰）··········· 056
002　*Paphiopedilum concolor* 同色兜兰 ········ 058
003　*Paphiopedilum godefroyae* 古德兜兰（戈弗雷兜
　　兰、郭德佛罗伊氏兜兰、鸟巢岛兜兰）··· 060
004　*Paphiopedilum leucochilum* 白唇兜兰
　　（老沟兜兰）··························· 064
005　*Paphiopedilum niveum* 雪白兜兰（妮维雅兜兰）··· 065
006　*Paphiopedilum thaianum* 泰国兜兰 ········ 067
007　*Paphiopedilum wenshanense* 文山兜兰 ··· 069

三、多花亚属（Subgenus *Polyantha*）········ 073

（一）Section *Mastigopetalum* 鞭毛瓣组 ··· 073

001　*Paphiopedilum adductum* 马面兜兰
　　（棉岛兜兰）··························· 073
002　*Paphiopedilum anitum* 黑马兜兰（雅尼兜兰）··· 075
003　*Paphiopedilum gigantifolium* 巨叶兜兰 ··· 077
004　*Paphiopedilum glanduliferum* 疣点兜兰
　　（腺疣兜兰）··························· 079
005　*Paphiopedilum kolopakingii* 柯氏兜兰 ···· 080
006　*Paphiopedilum philippinense* 菲律宾兜兰 ··· 081

007 *Paphiopedilum randsii* 然氏兜兰（兰兹兜兰）… 084
008 *Paphiopedilum rothschildianum* 洛斯兜兰
（国王兜兰、帝王兜兰）……………… 085
009 *Paphiopedilum sanderianum* 桑德氏兜兰
（皇后兜兰）…………………………… 087
010 *Paphiopedilum stonei* 史东兜兰（斯通兜兰）… 090
011 *Paphiopedilum supardii* 曲蕊兜兰 ………… 092
012 *Paphiopedilum wilhelminae* 威后兜兰
（威廉敏娜女王兜兰）………………… 093
（二）Section *Mystropetalum* 谜瓣组 ………… 094
013 *Paphiopedilum dianthum* 长瓣兜兰 ……… 094
014 *Paphiopedilum parishii* 飘带兜兰
（派瑞许兜兰）………………………… 098
（三）Section *Polyantha* 多花组 ……………… 100
015 *Paphiopedilum haynaldianum*
海氏兜兰（黑氏兜兰、海纳德氏兜兰）… 100
016 *Paphiopedilum lowii* 娄氏兜兰（洛氏兜兰）… 102

四、兜兰亚属（Subgenus *Paphiopedilum*）… 104
（一）Section *Paphiopedilum* 兜兰组 ………… 104
001 *Paphiopedilum areeanum* 根茎兜兰 ……… 104
002 *Paphiopedilum barbigerum* 小叶兜兰
（小男孩兜兰、芭比兜兰）…………… 106
003 *Paphiopedilum charlesworthii* 红旗兜兰
（查氏兜兰、查尔斯沃思兜兰）……… 109
004 *Paphiopedilum exul* 边远兜兰（流放兜兰、
耶库苏兜兰、X兜兰）………………… 112
005 *Paphiopedilum gratrixianum* 格力兜兰
（瑰丽兜兰、滇南兜兰）……………… 114
006 *Paphiopedilum helenae* 海伦兜兰
（巧花兜兰、海莲娜兜兰）…………… 117
007 *Paphiopedilum henryanum* 亨利兜兰 …… 120
008 *Paphiopedilum herrmannii* 赫尔曼兜兰
（禾曼兜兰）…………………………… 122
009 *Paphiopedilum insigne* 波瓣兜兰（美丽兜兰）… 123
010 *Paphiopedilum papilio-laoticus* 凤蝶兜兰
（老挝兜兰）…………………………… 124
011 *Paphiopedilum tigrinum* 虎斑兜兰 ……… 125
012 *Paphiopedilum tranlienianum* 陈莲兜兰
（陈氏兜兰、天伦兜兰）……………… 127
013 *Paphiopedilum villosum* 紫毛兜兰 ……… 128
（二）Section *Ceratopetalum* 角状瓣组 ……… 133
014 *Paphiopedilum fairrieanum* 费氏兜兰
（胡子兜兰、翘胡子兜兰、费尔里兜兰）… 133

（三）Section *Stictopetalum* 细毛瓣组 ……… 135
015 *Paphiopedilum hirsutissimum* 带叶兜兰
（官帽兜兰）…………………………… 135
（四）Section *Thiopetalum* 硫黄色瓣组 ……… 138
016 *Paphiopedilum druryi* 南印兜兰
（三撇兜兰、德鲁里兜兰）…………… 138
017 *Paphiopedilum spicerianum* 白旗兜兰
（小青蛙兜兰、史派瑟兜兰）………… 140

五、旋瓣亚属（Subgenus *Cochlopetalum*）… 143
001 *Paphiopedilum dodyanum* 多迪兜兰 …… 143
002 *Paphiopedilum glaucophyllum* 苍叶兜兰
（白粉叶兜兰）………………………… 144
003 *Paphiopedilum liemianum* 廉氏兜兰
（连氏兜兰、李氏兜兰）……………… 145
004 *Paphiopedilum moquettianum* 魔葵兜兰
（莫氏兜兰、莫奎兜兰）……………… 147
005 *Paphiopedilum primulinum* 报春兜兰
（樱草兜兰）…………………………… 148
006 *Paphiopedilum victoria-mariae* 玛丽兜兰 … 150
007 *Paphiopedilum victoria-regina* 女王兜兰
（多花兜兰、维多利亚女王兜兰）…… 151

六、单花斑叶亚属（Subgenus *Sigmatopetalum*）… 153
（一）Section *Sigmatopetalum* 西格马瓣组 … 153
001 *Paphiopedilum venustum* 秀丽兜兰
（龟壳兜兰、维纳斯兜兰）…………… 153
（二）Section *Spathopetalum* 匙瓣组 ……… 156
1. Subsection *Macronodium* 大结亚组 ……… 156
002 *Paphiopedilum hookerae* 虎克兜兰 …… 156
2. Subsection *Spathopetalum* 匙瓣亚组 …… 158
003 *Paphiopedilum appletonianum* 卷萼兜兰
（海南兜兰）…………………………… 158
（三）Section *Blepharopetalum* 睫毛瓣组 … 160
004 *Paphiopedilum mastersianum* 马氏兜兰
（马斯特斯兜兰）……………………… 160
005 *Paphiopedilum sangii* 桑氏兜兰 ………… 161
006 *Paphiopedilum violascens* 青紫兜兰（紫瓣兜兰）… 162
（四）Section *Punctatum* 小斑点组 ………… 163
007 *Paphiopedilum tonsum* 东森兜兰（洁净兜兰）… 163
（五）Section *Planipetalum* 平瓣组 ………… 165
008 *Paphiopedilum purpuratum* 紫纹兜兰
（香港兜兰）…………………………… 165
009 *Paphiopedilum sukhakulii* 苏氏兜兰
（苏卡库尔兜兰）……………………… 167

010 *Paphiopedilum wardii* 彩云兜兰（沃德氏兜兰）… 169

（六）Section *Barbata* 巴巴塔组 … 172

　1. Subsection *Barbata* 巴巴塔亚组 … 172

　　011 *Paphiopedilum argus*
　　　　阿古斯兜兰（千眼兜兰、斑瓣兜兰）… 172

　　012 *Paphiopedilum barbatum* 髯毛兜兰 … 173

　　013 *Paphiopedilum callosum* 胼胝兜兰
　　　　（瘤突兜兰、卡路神兜兰、可乐珊兜兰）… 174

　　014 *Paphiopedilum fowliei* 佛氏兜兰（福利兜兰）… 176

　　015 *Paphiopedilum lawrenceanum* 劳伦斯兜兰 … 177

　2. Subsection *Loripetalum* 小舌瓣亚组 … 178

　　016 *Paphiopedilum dayanum* 迪氏兜兰（沙巴兜兰）… 178

　　017 *Paphiopedilum superbiens* 华丽兜兰 … 179

　3. Subsection *Chloroneura* 克罗农亚组 … 181

　　018 *Paphiopedilum schoseri* 修氏兜兰 … 181

　　019 *Paphiopedilum urbanianum* 厄本兜兰
　　　　（民岛兜兰）… 182

七、巨蕊亚属（Subgenus *Megastaminodium*）… 183

　001 *Paphiopedilum canhii* 耿氏兜兰（千禧兜兰）… 183

八、老挝亚属（Subgenus *Laosianum*）… 185

　001 *Paphiopedilum rungsuriyanum* 朗氏兜兰
　　　（朗鲁安兜兰）… 185

第四章　兜兰的杂交育种 … 187

一、单花斑叶亚属（Subgenus *Sigmatopetalum*）
　　单花类杂交育种 … 189

二、兜兰亚属（Subgenus *Paphiopedilum*）
　　单花类杂交育种 … 202

三、短瓣亚属（Subgenus *Brachypetalum*）
　　的杂交育种 … 234

四、小萼亚属（Subgenus *Parvisepalum*）
　　的杂交育种 … 252

五、旋瓣亚属（Subgenus *Cochlopetalum*）
　　的杂交育种 … 285

六、多花亚属（Subgenus *Polyantha*）
　　的杂交育种 … 300

七、关于育种的一些感想 … 344

第五章　兜兰的栽培管理与繁殖 … 351

一、栽培场所 … 352
二、盆具和器皿 … 353
三、常用基质 … 354
四、设施栽培环境调控 … 356
五、施肥管理 … 360
六、瓶苗出瓶与栽培 … 362
七、中苗的栽培与管理 … 368
八、大苗的栽培与管理 … 371
九、成苗植株的换盆 … 373
十、繁殖技术 … 375

第六章　兜兰的病虫害防治 … 383

一、细菌性病害 … 384
二、真菌性病害 … 387
三、病毒性病害 … 394
四、虫害 … 396
五、生理障碍及健康管理 … 401

主要参考文献 … 406

附录 … 409

附录一　兰花授奖的国际性兰花协会、兰展以及
　　　　审查授奖奖项 … 410
附录二　兜兰评审准则 … 412
附录三　个体审查评分表 … 415
附录四　个体参展竞赛组别项目表 … 416
附录五　染色体数目和兜兰种类 … 418

索引 … 419

第一章 兜兰简介及分类

在兰科植物中，有一类兰花有着明显的共同特征：①唇瓣呈袋状（特称为"袋瓣"），当昆虫进入后只能前进，通过出口时在后背黏附花粉块；②有一枚正常能育的雌蕊，一枚圆盾形的假雄蕊，两枚正常能育的雄蕊；③左右侧萼片合生，因而只有上萼和下萼两个萼片。这些都被称为拖鞋兰，英文统称为Slipper Orchids，或昵称为Lady's Slipper。

1753年瑞典植物学家卡尔·林奈（Carl Linnaeus）以 Cypripedium calceolus 为模式标本设立杓兰属（Cypripedium），并发表在 Species Plantarum（《植物种志》）一书中，Cypripedium 来自拉丁语 Cypris 和 pedium，而 Cypris 和 pedium 来自希腊语 Kupris 和 pedilon，意思是希腊女神的凉鞋，calceolus 是拉丁语，意为小鞋子。最开始植物学家将唇瓣演化成袋状的兰花全部归在杓兰属，并没有现在的其他属别和杓兰亚科（Cypripedieae）的分类。1838年，植物学家拉菲内斯克（C. S. Rafinesque）基于最早引入英国栽培的秀丽杓兰（Cypripedium venustum）与波瓣杓兰（Cypripedium insigne），因产地气候和植株形态与其他的杓兰属植物明显不同，分别建立了新属 Srimegas 和 Cordula，其中 Cordula 还得到许多著名兰科研究者的认可。1886年，德国植物学家普菲泽（Ernst Hugo Heinrich Pfitzer）以波瓣兜兰（Paphiopedilum insigne）为模式种，将亚洲亚热带地区部分物种从杓兰属中分离出来，建立一个新属——兜兰属（Paphiopedilum），并发表在 Morph. Stud. Orchideenbl.（《兰花的形态学研究》）一书中。虽然 Cordula 和 Paphiopedilum 都得到了部分兰科分类专家的认可，但根据大多数植物学家的意见，《国际植物命名法规》在1959年废弃了 Cordula，而保留了 Paphiopedilum 作为有效分类名称。

Paphiopedilum 是由希腊文的 Paphos 和 Pedilon

当传粉昆虫进入唇瓣后只能前进，通过出口时在后背接触花粉块

传粉昆虫通过出口后，后背黏附花粉块

构成，Paphos 是爱琴海中赛普鲁斯岛上的一个地名，该地以供奉爱神维纳斯（Venus）的庙闻名，Paphia 是维纳斯的别名，Pedilon 是拖鞋的意思。所以 Paphiopedilum 指的是兜兰袋状的唇瓣像维纳斯的鞋子一样，这就是在某些英文叙述里 Paphiopedilum 被称为 The Venus Silpper（维纳斯的拖鞋）的原因。而后随着更多唇瓣为袋状的兰花被发现，植物学家成立杓兰亚科（Subfamily Cypripedioideae）。杓兰亚科包含了5个自然属，分别是杓兰属（Cypripedium）、兜兰属（Paphiopedilum）、墨西哥兜兰属（Mexipedium）、南美兜兰属（Phragmipedium）、碗兰属（Selenipedium，又称新月鞋兰属）。

1971年日本兰花学者前川文夫（Fumio Maekawa）通过对亲缘系统学的研究，认为整个杓兰亚科原来遍布于古代赤道，后来由于地球气候变化，大部分杓兰亚科物种消失，幸存的物种族群分布分离，兜兰属分布于亚洲，南美兜兰属、碗兰属则分布于南美洲，那些始祖种类中少数属于亚热带气候的成员物种自古赤道区向北分布形成目前所认定的杓兰属，它们主要分布于北半球温带地区，少数分布在北美洲和亚洲的亚热带地区。我国虽然是杓兰属的世界分布中心，但由于杓兰属喜高山冷凉湿润气候，人工栽培困难，目前市场上最主要及最常见的是原产于亚洲热带和亚热带的兜兰属植物，在我国香港和

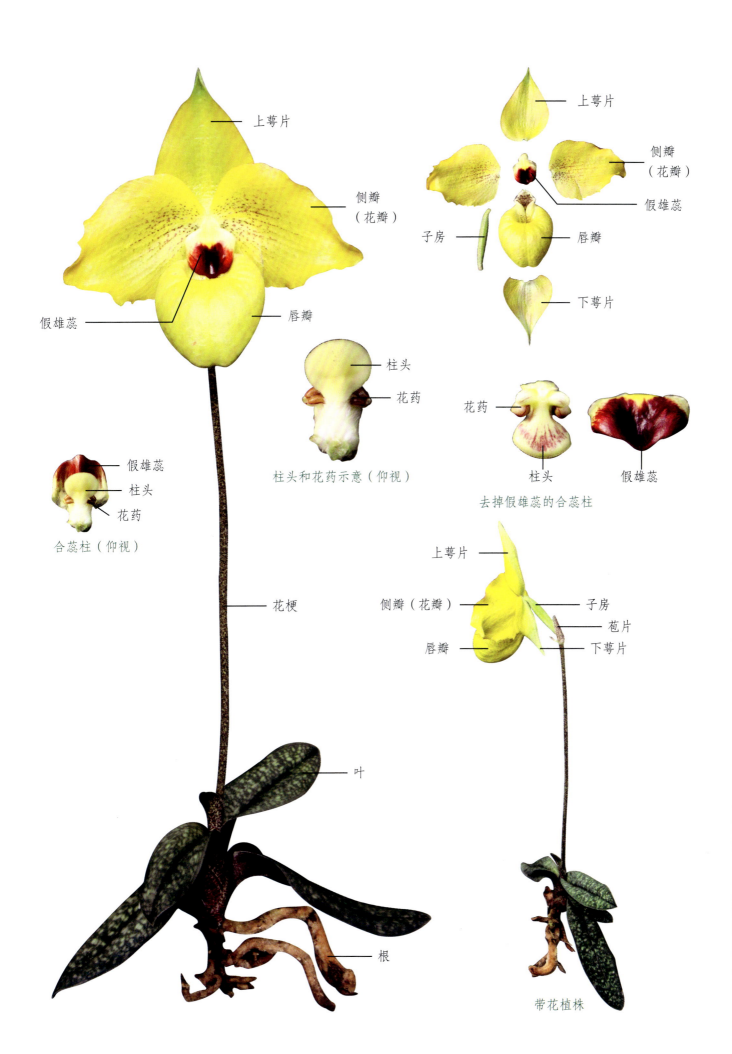

杓兰属的模式植物,又称黄囊杓兰(*Cypripedium calceolus*)。所有的杓兰属植物都喜欢冷凉的气候,其栽培适应性不如兜兰属植物,在低海拔地区人工栽培困难

大花杓兰(*Cyp. macranthos*)

紫点杓兰(*Cyp. guttatum*)

小叶兜兰（*Paph. barbigerum*）及其原生境

紫毛兜兰（*Paph. villosum*）及其原生境

长瓣南美兜兰
（*Phragmipedium caudatum*）

圣杯南美兜兰（*Phrag. kovachii*）

贝丝南美兜兰（*Phrag. besseae*）

贝丝南美兜兰黄变型（*Phrag. besseae* f. *flavum*）

施莱米南美兜兰（*Phrag. schlimii*）

碗兰花朵（*Selenipedium aequinoctiale*）（TIOS2015生态展示）

Sel. dodsonii（Brandon Tam 供图）

墨西哥兜兰（*Mexipedium xerophyticum*）

墨西哥兜兰（*Mxdm. xerophyticum*）花朵特写

台湾则称之为拖鞋兰或仙履兰，有时按其音与意直译为芭菲尔鞋兰。目前我国台湾已经成为世界兜兰栽培和育种中心，兜兰的栽种和培育已经完全规模化和产业化。

兜兰属的原产地以东南亚为中心，北到印度东北部及中国南部，南到新几内亚岛及所罗门群岛的布干维尔岛，以印度尼西亚一带分布最多，大部分分布在海拔1000~1500m的山林。目前兜兰属约有128个原种，并陆续有新种被发现，大都是地生，只有很少数几种是着生于树干基部或是岩石壁上。中国原产约27种，主要分布于西南和南部的热带与亚热带南缘地区，以云南、广西和贵州分布最多。

兜兰属植物的栽培和贸易历史可以上溯到19世纪早期。在欧洲历史上，18世纪后期出现过栽培兰花的热潮，富有的种植者不惜出高价获取新种的所有权。根据文献记载，第一次发现兜兰属植物是在英国兰花热潮达到最高峰的时候。1816年，丹麦植物学家纳萨尼尔·瓦立奇（Nathaniel Wallich）首次在孟加拉国采集到兜兰属物种，1819年英国人维奇（James Veitch）培育开花，1820年被正式描述命名为秀丽杓兰（*Cyp. venustum*），并发表在 *Curtis's Botanical Magazine*（《花园博览》），当时兜兰属还没成立，是在杓兰属名下发表的。自此，兜兰开始进入欧洲园艺界，欧洲大型苗圃公司开始派遣兰花猎人在亚洲搜寻采集兜兰新物种。翌年，另一种产于印度（今孟加拉国）锡尔赫特（Sylhet）的波瓣杓兰（*Cyp. insigne*）被发表，这两个种是兜兰属中最早被正式命名的。随后是爪哇杓兰（*Cyp. javanicum*）及1837年来自中国香港的紫纹杓兰（*Cyp. purpuratum*）出现在英国。在1838—1860年间，记载有9种兜兰被发现并被采运到英国和欧洲其他地区，它们是髯毛兜兰（*Paph. barbatum*）、娄氏兜兰（*Paph. lowii*）、*Paph. preastans*（现已被列为 *Paph. glanduliferum* 的异名）、疣点兜兰（*Paph. glanduliferum*）、带叶兜兰（*Paph. hirsutissimum*）、*Paph. virens*（现已被列为 *Paph. javanicum* 的异名）、同色兜兰（*Paph. concolor*）、迪氏兜兰（*Paph. dayanum*）、史东兜兰（*Paph. stonei*），但目前看，因存在同物异名，应该是8种兜兰被引入。

在原生地兜兰属植物大多与苔藓和蕨类伴生于石隙聚积的腐殖质土中或林下溪旁的树皮上和湿石上，且没有大多兰科植物所具有的用以储藏养料和水分的假鳞茎，对气候适应性较差。因此，兜兰在栽培管理上较为特殊，在基质、施肥和浇水等方面均与其他热带兰种类有所不同。英国园艺界一直是兜兰的发现者和引种栽培的推动者，可惜刚开始的时候栽培技术欠佳，主要是未能充分了解兜兰对通风排水的特殊需求。随着爱好者对兜兰习性的了解及栽培技术的提高，越来越多的兜兰被引种栽培，并开始尝试人工杂交育种。第一个尝试播种的是伦敦维奇苗圃（Nursery of James Veitch）的园丁总管多明（Domin），他将杂交获得的种子播种于母盆中，利用母盆中的共生真菌培育小苗。第一个人工杂交种在1869年培育成功，登录名为 Paph. Harrisianum（= barbatum × villosum），是由原产于中国的紫毛兜兰（Paph. villosum）与原产于马来西亚的髯毛兜兰（Paph. barbatum）杂交而得；1870年第二个杂交种也被登录，Paph. Vexillarium（= barbatum × fairrieanum），是由费氏兜兰（Paph. fairrieanum）与髯毛兜兰杂交而得。1922年，美国植物学家刘易斯·克努德森（Lewis Knudson）发明了兰科植物繁殖及无菌播种技术，兜兰属植物杂交育

Paph. In-Charm Handel，德氏兜兰（Paph. delenatii）和汉氏兜兰（Paph. hangianum）的杂交后代

Paph. Anja Bauch，陈莲兜兰（Paph. tranlienianum）和彩云兜兰（Paph. wardii）的杂交后代

Paph. Hung Sheng Venus，红旗兜兰（Paph. charlesworthii）和秀丽兜兰（Paph. venustum）的杂交后代

种得到了快速发展。

德国植物学家普菲策（E. H. Pfitzer）在1886年建立兜兰属后，于1894年和1903年对该属进行了全面的研究，但苦于当时发现种类太少，并没有建立起完善的分类系统。随着新发现种类的增加，植物学家对兜兰属的系统分类研究也在不断深化。20世纪70年代以后，越来越多的研究者开始系统地研究兜兰属的分类，如F. G. Brieger（1973）、K. Karasawa和K. Saito（1982）、J. T. Atwood（1984）、P. J. Cribb（1983, 1987, 1997, 1998）、G. J. Braem（1988）、G. J. Braem等（1998—1999）、L. V. Averyanov等（2003），这些研究极大地深化了人们对兜兰属植物的认识，这其中影响广泛的有K. Karasawa和K. Saito、J. T. Atwood、P. J. Cribb、G. J. Braem等人提出的分类系统。

日本植物学家唐泽耕司（K. Karasawa）和齐藤龟三（K. Saito）在1982年将兜兰属分为小萼亚属（Parvisepalum）、短瓣亚属（Brachypetalum）、多花亚属（Polyantha）、旋瓣亚属（Cochlopetalum）、单花斑叶亚属（Sigmatopetalum）、兜兰亚属（Paphiopedilum）6个亚属。

阿特伍德（J. T. Atwood）在1984年根据唇瓣的结构，将兜兰属分为2个亚属——短瓣亚属（Brachypetalum）和兜兰亚属（Paphiopedilum）。刘仲健等人在《中国兜兰属植物》一书中，也沿用了这一分类方法，将整个兜兰属只分成2个亚属8个组（Section）：宽瓣亚属（Brachypetalum）[包括小萼组（Parvisepalum）、绿叶组（Emersoniana）、同色组（Concoloria）]，兜兰亚属（Paphiopedilum）[包括兜兰组（Paphiopedilum）、单花斑叶组（Barbata）、多花短瓣组（Cochlopetalum）、多花长瓣组（Pardalopetalum）、多花无耳组（Coryopedilum）]。其所持理由是"在一个中等大小的属进行如此细致的划分似乎是太烦琐了"。

克里布（P. J. Cribb）在 The Genus Paphiopedilum (Second Edition)[《兜兰属植物》（第二版）]中所采用的是1975年由克兰兹林（Kraenzlin）所提出的分类系统，并在此基础上进行了修正，原来的分类系统是将兜兰属分为5个亚属4个组，即小萼亚属（Parvisepalum）、短瓣亚属（Brachypetalum）、旋瓣亚属（Cochlopetalum）、多花亚属（Polyantha）[下分为多花组（Polyantha）和多花长瓣组（Pardalopetalum）]、兜兰亚属（Paphiopedilum）[下分为兜兰组（Paphiopedilum）和单花斑叶组（Barbata）]；修正后的分类系统把整个兜兰属分为3个亚属5个组：小萼亚属（Parvisepalum）、短瓣亚属（Brachypetalum）、兜兰亚属（Paphiopedilum），兜兰亚属又分为多花组（Coryopedilum）、多花长瓣组（Pardalopetalum）、序花组（Cochlopetalum）、兜兰组（Paphiopedilum）、单花斑叶组（Barbata）5个组。

目前被大多数学者认可和采用的是布雷姆（G. J. Braem）等人在 The Genus Paphiopedilum Vol.1 - Natural History And Cultivation（《兜兰属植物第一卷——历史沿革与栽培》）一书中提出的分类系统，这个分类系统是在唐泽耕司（K. Karasawa）和齐藤龟三（K. Saito）分类系统的基础上，对兜兰属进行了进一步的划分，将兜兰属分为6个亚属13个组6个亚组。"亚属"与"组"及"亚组"的分类在于将歧异度相当杂乱的"属"做一个系统而明确的划分，能够更清楚地区分属内成员的异同，达到对属内种类一目了然的辨识。本书中采用的也正是布雷姆（G. J. Braem）等人提出的分类系统，再加上近几年新发表的2个亚属，共8个亚属，分类如下：

一、Subgenus *Parvisepalum* 小萼亚属

包括9个种，即 *Paph. armeniacum*、*Paph. delenatii*、*Paph. emersonii*、*Paph. hangianum*、*Paph. malipoense*、*Paph. jackii*、*Paph. micranthum*、*Paph.* × *fanaticum*、*Paph. vietnamense*。

二、Subgenus *Brachypetalum* 短瓣亚属

包括8个种，即 *Paph. bellatulum*、*Paph. concolor*（包含 *trungkienii*）、*Paph. godefroyae*（包含 var. *angthong*）、*Paph. leucochilum*、*Paph. myanmaricum*、*Paph. niveum*、*Paph. thaianum*、*Paph. wenshanense*（= × *concobellatulum*）。

三、Subgenus *Polyantha* 多花亚属

包括17个种，又分为3个组，分别是：

Section *Polyantha*：包括 *Paph. haynaldianum*、*Paph. lowii*（包含 *lynniae*、*richardianum*）。

Section *Mystropetalum*：包括 *Paph. dianthum*、*Paph. parishii*。

Section *Mastigopetalum*：包括 *Paph. adductum*、

Paph. anitum、*Paph. gigantifolium*、*Paph. glanduliferum*（包含 *preastans*）、*Paph. kolopakingii*（包含 *topperi*）、*Paph. ooii*、*Paph. philippinense*（包含 *lavigatum*、*roebbelenii*）、*Paph. randsii*、*Paph. rothschildianum*、*Paph. sanderianum*、*Paph. stonei*、*Paph. supardii*、*Paph. wilhelminiae*（包含 *gardineri*、*bodegomii*）。

四、Subgenus *Paphiopedilum* 兜兰亚属

包括18个种，又分为4个组，分别是：

Section *Paphiopedilum*：包括 *Paph. areeanum*、*Paph. barbigerum*、*Paph. charlesworthii*（包含 *vejvarutianum*）、*Paph. exul*、*Paph. gratrixianum*（包含 *christensonianum*）、*Paph. helenae*、*Paph. henryanum*、*Paph. papilio-laoticus*、*Paph. insigne*、*Paph. notatisepalum*、*Paph. spicerianum*、*Paph. stenolomum*、*Paph. tranlienianum*、*Paph. villosum*（包含 *annamense*、*boxallii*、*gratrixianum*、*cornuatum*）。

Section *Ceratopetalum*：包括 *Paph. fairrieanum*。

Section *Stictopetalum*：包括 *Paph. hirsutissimum*（包含 *esquirolei*）。

Section *Thiopetalum*：包括 *Paph. druryi*、*Paph. spicerianum*。

五、Subgenus *Sigmatopetalum* 单花斑叶亚属

包括35个种，又分为6个组5个亚组，分别是：

Section *Sigmatopetalum*：包括 *Paph. venustum*、*Paph. qingyongii*。

Section *Blepharopetalum*：包括 *Paph. mastersianum*（包含 *mohrianum*）、*Paph. nataschae*、*Paph. papuanum*、*Paph. sangii*（包含 *ayubianum*）、*Paph. violascens*（包含 *bougainvilleanum*、*wentworthianum*）。

Section *Punctatum*：包括 *Paph. tonsum*（包含 *breamii*）。

Section *Planipetalum*：包括 *Paph. purpuratum*、*Paph. sukhakulii*、*Paph. wardii*。

Section *Spathopetalum*

　　Subsection *Macronodium*：包括 *Paph. hookerae*

硬叶兜兰（*Paph. micranthum*）人工栽培场景

（包含 *volonteanum*）。

　　Subsection *Spathopetalum*：包括 *Paph. appletonianum*、*Paph. bullenianum*（包含 *amabile*、*celebesense*、*johorense*、*linii*、*tortipetalum*）、*Paph. robinsonii*。

　　Section *Barbata*

　　Subsection *Barbata*：包括 *Paph. argus*（包含 *parnatanum*）、*Paph. barbatum*、*Paph. bungebelangi*、*Paph. callosum*、*Paph. fowliei*、*Paph. hennisianum*、*Paph. inamorii*、*Paph. lawrenceanum*、*Paph. parnatanum*、*Paph. robinsonianum*、*Paph. zulhermanianum*。

　　Subsection *Loripetalum*：包括 *Paph. ciliolare*、*Paph. dayanum*、*Paph. superbiens*（包含 *curtisii*）。

　　Subsection *Chloroneura*：包括 *Paph. acmodontum*、*Paph. agusii*、*Paph. javanicum*（包含 *purpurascens*、*virens*）、*Paph. lunatum*、*Paph. urbanianum*、*Paph. schoserii*。

六、Subgenus *Cochlopetalum* 旋瓣亚属

包括7个种，即 *Paph. dodyanum*、*Paph. glaucophyllum*、*Paph. liemianum*、*Paph. moquettianum*、*Paph. primulinum*、*Paph. victoria-mariae*、*Paph. victoria-regina*（*chamberlainianum* 被列为 *victoria-regina* 的异名）。

七、Subgenus *Megastaminodium* 巨蕊亚属

仅1种：*Paph. canhii*。

八、Subgenus *Laosianum* 老挝亚属

仅1种：*Paph. rungsuriyanum*。

亨利兜兰（*Paph. henryanum*）人工栽培场景

第二章

兜兰的名字、评比和授奖

为使植物名称通用于全世界，国际上采用科学命名，即瑞典植物学家林奈于1753年所提倡使用的植物双名法。目前，国际上有标准的《国际植物命名法规》（*International Code of Nomenclature*），为植物学界所普遍遵守。每个名称只代表一种植物，在全世界范围内不会有同名异物和同物异名的现象出现。经过人工培育或杂交而成的植物种类，它们的命名同样受《国际植物命名法规》的约束，同时还要遵守《国际栽培植物命名法规》（*International Code of Nomenclature for Cultivated Plants*）（ICNCP）的规定。兰花的命名除了要遵循以上法规外，也有《兰花命名与登录手册》（*The Handbook on Orchid Nomenclature and Registration*）可供参考。

目前已公开发表并被认可的兰科植物原生种数量超过了28000个。19世纪以来，美丽的兰花得到各国园艺学家和爱好者们的培育和繁殖，目前已有超过10万个杂交和栽培品种。英国皇家园艺学会（The Royal Horticultural Society，简称RHS，网站：http://www.rhs.org.uk/）是兰科植物杂交属和杂交群（Grex）的国际登录权威机构（International Registration Authority for Orchid Hybrids）。自1893年开始，该协会负责兰科植物的登记和发表工作，登记新发现和新杂交出的兰花，这一登记制度对全世界的兰花杂交育种工作有极大的意义，使世界范围内的兰花杂交工作有条不紊地进行，避免混乱和重复的杂交工作。通过RHS的网站可以提交自己杂交育种的兰花进行登录（网站：https://plantregistration.rhs.org.uk/），但需要支付一定的费用。通过网站也可以免费查询杂交登录信息（网站：http://apps.rhs.org.uk/horticulturaldatabase/orchidregister/orchidregister.asp），比如输入两种兰花的属名和种名，便可查询到二者是否已经杂交登录；也可以反向查询，比如输入一个杂交种的名字，便可以获得其父母本的信息。目前世界上所有的兰花杂交种都能清楚无误地知道其血统来历，这对兰花育种工作有极大的参考价值。现在也有专门的兰花数据库查询软件——OrchidWiz，通过软件可以查询某种兰花的照片、所有杂交后代、获奖记录、资料来源等信息，非常方便，该软件价格较高，每隔一段时期会有更新，只有专业的兰花从业者才会购买。

一、兜兰的名字

在兜兰出售和评比过程中，可以见到附带的铭牌，铭牌上标示着名字及获奖信息等，这是世界上兜兰栽培的规范做法。然而，这种规范做法在商业生产中往往被忽略，以至于许多种类和品种查找不到其确切的名称，有的商家直接使用具有吉祥色彩的商品名，或者商家为了保护他们的育种信息，直接使用编号。要知道，载着名字的铭牌是每株兜兰的一部分，标示着兜兰的身份、血统、荣誉等信息。在当今国际兜兰市场上，一盆带有学名铭牌的兜兰的价格是同类没有学名铭牌者的数倍。同时，当参加兰花竞赛时，第一道关就是兰花名字审查，一般都是资深的兰花专家负责核对每一株兰花的名字是否正确、书写是否规范；商品类或者杂交种兰花由于无学名或学名不准确，可以参加展览，但是不能参与评奖。

2015年台湾国际兰花展览会兜兰组收花

2015年台湾兰花产销发展协会（TOGA）月例审查会收花现场

（一）原种的命名

通常，种名一般由属名加上种加词组成，属名除第一个字母必须大写外其余都是小写，种加词都是小写，且属名和种加词都是斜体书写。以一个全世界最被热衷收集栽培的兜兰原种 *Paphiopedilum armeniacum*（杏黄兜兰）来举例说明：

Paphiopedilum　　　　*armeniacum*
　属名　　　　　　　　　种加词

在学术性的场合，有时候会发现在兰花名字中包含了该种兰花命名人的名字，命名人书写在种名之后，园艺栽培上则常常省略：

Paphiopedilum　　*armeniacum*　　S. C. Chen & F. Y. Liu
　属名　　　　　　种加词　　　　　命名人

有时在种名之后还加上个体名（clone name），以表示这个"个体"是特别存在的、和其他同种的兄弟姊妹植株不同的、有不同身份历史故事等，这个"个体名"特别被规定以正体书写，并加单引号来表示：

Paphiopedilum　　*armeniacum*　　'China Star'
　属名　　　　　　种加词　　　　　个体名

为求书写快速、方便，或将学名简短化，属名通常会被简写，并加上缩写点：

Paph.　　　*armeniacum*　　　'China Star'
属名（缩写）　种加词　　　　　　个体名

有时在种名之后还会加上变种名（var.）或变型名（form，可简写为f.），表明这个植株是此原种的特殊变种或变型类型，特别强调它并非一般的常见普通类型，变种名或变型名以斜体书写，但var.或f.为正体。如：

Paph. philippinense var. *laevigatum* f. *album* 'New Star'
属名（缩写）种加词　变种名　变型名　个体名

此时已可完整陈述一个原种个体的兰花名，但是，有时在个体名之后还会加上授奖记录：

Paph. philippinense var. *laevigatum* f. *album* 'New Star' FCC / AOS

FCC / AOS指的是AOS（美国兰花协会）这个兰花团体曾发给这个兰花个体FCC（金牌）奖，奖名在前，单位团体名在后，中间以斜线"/"分隔。

（二）自然杂交种命名

在自然界中，有时会发现两种原生种自然杂交产生的后代。在整个兜兰发现历史中，出现过自然杂交种在被发现时被误认为是原生种来发表，比如 *Paph.* × *siamense*；也有最初被误认为是自然杂交种，后来才确认是原生种的，比如 *Paph. areeanum*（根茎兜兰）。在自然杂交种中，最负盛名的是 *Paph.* × *fanaticum*（梵天兜兰），其中"×"是杂交种

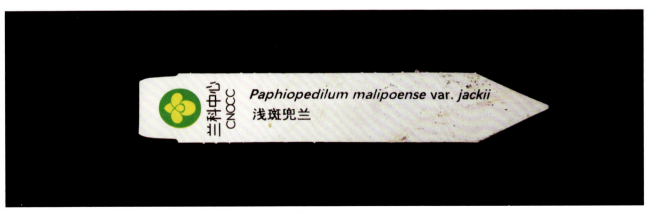

兜兰的铭牌

的表示法，一旦确认是自然杂交种并命名，在属名和种加词之间会有一个"×"，所有名字用斜体，但是"×"用正体。

（三）异名

除了因地域不同，同一种兜兰会有不同的地方名，即使是使用国际上统一的命名法，有时候也会出现一个兜兰原生种有几个名字的情况。一个新种的兜兰只要在正式公开的刊物发表即认为有效且合法，而有的刊物只是小范围流通，由于资讯不畅，当命名和发表某个新种兜兰的时候，并不知道已经有人命名了，所以导致一种兜兰有两个或更多的名字。同一种兜兰被不同学者命名时，根据命名优先原则，最早的且有效发表的名字成为该种兜兰的正式学名，而其他的只能算是异名。一个新种的发表，命名人不仅给新种命名自己中意的名字，而且作为命名人可以与新种永远联系在一起，这对首先命名的植物学家是莫大的荣耀，这也是为何许多植物学家抢先发表新种的原因之一。比如亨利兜兰，1987年以发现者的名字命名为 *Paphiopedilum henryanum*，仅仅2周后，又有人以 *Paphiopedilum dollii* 之名发表，根据命名规则，只能以 *Paphiopedilum henryanum* 作为有效且合法的名字。

另外一种情况是由于对物种的深入研究，使得原来本归某个属的物种被移到另一个属。兜兰原来都在杓兰属（*Cypripedium*），1886年移到新成立的兜兰属（*Paphiopedilum*），这一情况下，属名变化，种加词不变，新产生的学名成为正式合法的学名，而旧的学名则成为异名。

还有一种情况，某些发表的新种，经过植物学家的重新鉴定，认为该新种虽然与已经发表的某个兜兰在形态上存在一定差异，但还不足以成为一个新种，只能作为种下变种，也就是将不同的物种归并到同一个种。这种情况下，最早合法发表的种名成为正式的种名，而其后发表的种名则成为该种的异名。比如紫毛兜兰（*Paph. villosum*）发表后，在2002年又发表了密毛兜兰（*Paph. densissimum*），后来研究发现密毛兜兰还不足以成为一个新种，只能作为紫毛兜兰的变种（*Paph. villosum* var. *densissimum*）。反过来，也有变种提升为种的情况，比如长瓣兜兰（*Paph. dianthum*），原来是作为飘带兜兰的变种（*Paph. parishii* var. *dianthum*），后来提升为种，原有的变种名也相应成为异名。

分类学家之间的意见往往不统一，并且物种的概念也不是十分确定，由此造成了对于一些物种在分类学地位上的不同意见，这样也会产生许多不同的学名。这种情况下，如果某种意见在学界受到普遍赞同，也会据此意见重新修订学名，比如杰克兜兰（*Paph. jackii*），到底是作为麻栗坡兜兰的变种（*Paph. malipoense* var. *jackii*）还是独立成为种，一直争论不休，至今仍无定论。

（四）人工杂交种命名

人工杂交种命名和登记与原种略有不同，其一，杂交群（grex）品系的书写必须是正体；其二，在原种中可能会有变种名（var.）的书写，人工杂交种却不能出现"变种名"。譬如，以 *Paph*. Fanaticum 来说，一般是白花至粉红花，但是这些白花、粉红花却不能写成：*Paph*. Fanaticum var. *album* 或者 *Paph*. Fanaticum var. *semi-album* 等。要达到形容它不同于一般个体的目的，只能从"个体名"（clone name）去力求词达其意了。个体经市场认可并扩大繁殖，即可称之为品种（cultivars）。

兜兰杂交种正确的名称书写方式：属名（用斜体，第一个字母大写、其余字母小写）+杂交群附加词（即品系，用正体，每个单词第一个字母大写，其余字母小写）+个体名/栽培品种附加词（用正体，第一个字母大写，加上单引号）。例：*Paph*. Lady Isabel 'Beauty'。若此个体表现优秀，曾被AOS授予金奖，则表示为：*Paph*. Lady Isabel 'Beauty' FCC/AOS。注意，种名和授奖之间没有任何符号，授奖要正体。同一个种或品种，带授奖和不带授奖植株开花表现差别很大，带授奖的都是经过专家或业界认可的，其销售价格也会高于不带授奖的。

另外，杂交种的命名和书写还需要注意以下几点：

（1）按照兰花杂交种国际登记制度，每个杂交种的血统都可以通过RHS兰花登录查询网站查询，上面记载了父母本、杂交育种者和登记日期，然而对于观赏中最重要的花形和花色却没有记载。凡是人工杂交成功的杂种，只要所用的两个亲本的种类不变，不论正交、反交，其直接后代的全部个体都用一个名称，以表示它们整个集体是一个杂种，也就是杂交群，即品系。例如杏黄兜兰（*Paph. armeniacum*）和麻栗坡兜兰（*Paph. malipoense*）的杂交群名登录为 *Paph.* Norito Hasegawa，不论用哪个做父本或母本，用白变型或者种下其他变型，直接后代（杂种）都应是 *Paph.* Norito Hasegawa，要想更好地描述其杂交子代的开花特点，就只能体现在个体名的描述上。

（2）杂交登录杂交群名通常以1~3个英文单字（词）组成，最多也不得超过3个字（词），当然，在

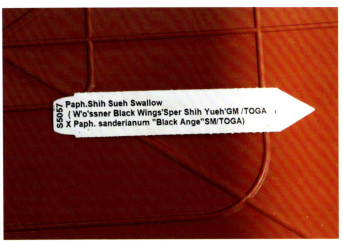

兰花的铭牌，这些铭牌完整表述了杂交种的亲本来源。一般商业上对铭牌字体的正斜体不要求，但在学术上却必须遵守

Paph. Norito Hasegawa，这是以麻栗坡兜兰做母本，其后代遗传母本长长的花梗及绿色基因比较多一些

Paph. Norito Hasegawa，这是以杏黄兜兰做母本，其后代遗传母本比较短的花梗及黄色基因比较多一些

最开始兜兰登录的时候还不如此规范，也有4个词的，比如 *Paph.* Prince Edward of York，注意，名字中的介词都要小写。应避免使用数字或符号作名称。如果习惯上必须用，则每个数字或符号均作1个字（词）计算，总数也不得超过3个字（词）。

（3）书写时必须以登录者正式登录记载的为准；并且不得为了贪图书写方便就擅自缩写，譬如 *Paph.* Wössner China Moon 不能简写为 *Paph.* China Moon，如 *Paph.* Memoria Larry Heuer 不能简写为 *Paph.* Larry Heuer。

（4）起名时须避免用太长的字（词）、夸大其词的字（词），如"最美"、"最好"的Finest、Best；以及含混不清的字（词），如"黄色"的Yellow，但"黄花"的Yellow Blossom可用。除非语言需要，不得用冠词，如"The Fabia Beauty"以及称呼如"Professor"、"Mr."等。

（五）人工杂交种的授奖记录规范

杂交种授奖的记录与原种的记录方式相同。杂交种尚未登录，但却已被授奖的，只能先以括号标写出父母本，母本在"×"前，父本在"×"后，括号之后写上个体名，最后是授奖记录。譬如，假设 *Paph.* Prince Edward of York 'Golden Prince'（= *rothschildianum* × *sanderianum*）尚未登录，如果它被授奖了，就会写成：*Paph.*（*rothschildianum* × *sanderianum*）'Golden Prince' AM/AOS。但是，几乎世界上所有正式的兰花团体，都会要求在一定的时间期限内完成登录，才会正式授奖。如果育种工作由自己完成，在开花后应及时地按照要求向RHS登记、发表，以优先取得全世界的认可。但如果是别人所做，就要请育种者赶快去登录，假如对方不愿花钱、花时间、花费心力去登录，必须征求育种者的同意才能去登录，并在登录申请表格上注明育种者的名字。

授奖记录是一株兰花个体光荣的身世、历史，是每位兰花栽培者，包括专业经营者和业余爱好者，都会追求的荣誉。分数越高、所授的奖等级越高，越代表了育种者独到的眼光及令人骄傲的栽培技术。在评比中，90分以上为金牌奖（FCC或GM），这一种级别的兰花是少之又少，属于育种获得突破性进步的兰花，一个协会有时候一年也不会颁发出一个金牌奖，获奖的兰花往往价值千金，属于育种级别的兰花，其后代也会笼罩在父母的荣光之下，价格

Paph. Wössner China Moon，汉氏兜兰和杏黄兜兰的杂交后代

Paph. Memoria Larry Heuer，麻栗坡兜兰和白花兜兰的杂交后代

2016年台湾国际兰展，*Paph.* Mount Toro 'Shin Yueh #5' 这个个体被美国兰花协会（AOS）审查得分87分，并被授予银牌奖（AM），同时它在这届国际兰展中获得银奖（第二奖）

2016年台湾国际兰展，*Paph. sanderianum* 'Shin Yueh #88' 这个个体被美国兰花协会（AOS）审查得分91分，并被授予金牌奖（FCC），同时它在这届国际兰展中获得金奖（第一奖）

往往也会比较高。80分以上为银牌奖（AM或SM），这个级别的兰花，也是育种级别的，可以通过杂交选配获得更优的后代，如果通过精心栽培，是有机会获得金牌奖的；75~80分为铜牌奖（HCC或BM），如果一株花被审查得了75分以上的分数，这代表它已跨进了"优秀花"的门槛，正式取得了步入"兰坛高手"的资格，可以继续精心栽培，来年继续参展、送审，寻求审查得更高的分数、晋级更高分数的授奖。

FCC与GM，AM与SM，HCC与BM是一样的，代表了同样的等级和荣誉，差别在于授奖团体的性质。FCC、AM、HCC由"兰花协会"、"兰艺协会"、"兰花爱好者协会"之类性质的兰花团体所授予，他们的英文一般是"Xxxxx Orchid Society"（简称—OS），是强调"兰花爱好者"（当然也包括专业的生产者）组成的协会。而GM、SM、BM则是由"兰花生产者协会"、"兰花业者组合"之类性质的兰花团体所授予，他们的英文一般是"Xxxxx Orchid Growers Association"（简称—OGA），是强调"兰花生产者"（当然一般趣味者也可以参加），所以在针对兰花优缺点的审查上，一般以商业市场考虑为导向。其实兰花的审查授奖不只这些，还有许多其他的奖项，我们将常见的兰花审查授奖奖项及其代表意义、授奖分数以及在栽培、欣赏兜兰时，可能会见到的兰花审查团体以及国际性兰展列于附录一，供读者们参考。

2016台湾国际兰展，*Paph. charlesworthii* 'MH-228' 获得银奖（第二名）

（六）关于铭牌上其他的标注

有时兰花铭牌上名字后面有这样的备注：OG，MC，×self，×sib。

OG：是指从母株分株，性状和母株完全一致，苗子基本都是成株。在所有的兰花中，只要备注OG，那肯定是非常优秀的兰花，由于是分株繁殖，繁殖系数小，价格会比较高。

MC：即mericlone的缩写，通过组织培养进行无性繁殖分生，可以保证性状基本和原母株一致。通过组织培养可以得到大量的苗子，所售苗子从小苗到成株都有，价格相对便宜。

×self：自交，以同一个个体的花粉块与柱头授粉，包括同一朵花、同株不同朵花、同一分株不同盆不同朵花、同一组培株不同盆不同朵花。

两种情况下，才会将原种进行自交，即①当只有一个个体，欲大量繁殖同种，却又不组培分生以达某种程度的变化时；②某个个体要筛选出、甚至纯化出某个优良性状时。

×sib：兄弟交，同一个种内，不管是原种或杂交种，以兄弟株（或称姐妹株）做交配授粉。

兄弟交的目的在于将一个种（品种）拢聚优点并筛除缺点；另外，还有一个目的在于产生变化丰富的大量同种植株（常使用于原种育种），其重点是选择两个差异性相当大的兄弟株作为父母亲本。

目前，在兜兰上MC还不常见，OG、×self、×sib比较常见，在购买成苗时注意是否是知名个体的OG苗，但往往价格不菲。在购买兜兰小苗时要认准那些比较知名或者得奖个体之间的自交或者互交，这种得到优秀后代的概率比较大，但是实生苗的性状不稳定，不能保证小苗长大后与亲本一样优秀，也可能大部分是普通个体，所以×self和×sib更多的是作为新个体的选育方式。同时这也让无良商家钻了空子，本来是普通个体之间的交配，但铭牌上写着知名个体之间的交配，用来欺骗消费者。业内经常有"照骗"的说法，照片上父母亲本都表现非常优秀，因此对其后代也充满希望，当斥巨资买断全部瓶苗，自小苗开始辛苦栽种，等到开花时却没有一棵中意的，受骗者经常自我解嘲说，花巨资买了两张照片。

二、兜兰的评比和授奖

（一）兰展比赛项目

兰展，一般分为两种基本形式，一是纯粹的兰花展示，没有比赛；另一是有比赛的，通常有奖品或奖金。大部分的兰展都属于后者，因为奖品或奖金是一个相当吸引人的因素，可以吸引四面八方的兰友提花来参展，而且，通常越高额的奖品或奖金才能吸引越高品质的兰花。但是，不管有没有奖品或奖金的吸引，一个知名度与号召力都甚高的兰展，其本身响亮的名气就已令人"与有荣焉"，当得了奖项时，获得的奖品或奖金更是一项锦上添花的肯定。

1. 个体花竞赛

所谓个体花，就是一盆一盆写上了名字的兰花，当然必须是开花株，特别称之为个体花竞赛。有些相关的事项要注意：

（1）花名正确。通常会由对各种类、品种相当了解的人担任收花人员，在收花的同时也进行着花名的校对、品种正确与否的把关。

2023年台湾国际兰展兜兰组展示

2018年台湾国际兰展兜兰组多花类展示

2019年台湾国际兰展兜兰组多花类展示

（2）病虫害植株不得参加比赛，否则可能造成大传染。

（3）合并株可参与展出但不得授奖，因为所谓"比赛"，除了比的是该兰株本身的表现外，也比着花主栽培的水平，栽培得越好其植株越健壮、越硕大。通常，越硕大、健壮的植株也代表着开越多的花，会强烈吸引着人们目光，直接影响到比赛成绩。评审员在评审时都会针对庞大的兰株仔细地检查，通常合并株这种投机取巧的做法是无法遁形的。

（4）整体的评比。花朵只是一部分，植株的健康与否、盆器植材是否干净清洁都会直接影响到比赛成绩，所以在比赛前，不仅兰株与花梗、花朵要予以适当地整理，兰盆外观的清洁与整理也很重要。

兜兰的评比和欣赏主要侧重于花形和花色两个方面。至于花香方面，有香者比无香者更受欢迎。我们下面所谈的几点，并不是评判一朵花的绝对标准，萝卜白菜，各有所爱，也许在一些人眼中不起眼、不入流的花朵，在另一些人看来则是可爱至极，爱不释手。相较而言，以目前市场的流行趋势、普通大众的喜爱程度总结如下：

在花朵形状方面，对于单花类兜兰，全花外观应趋于圆整，以假雄蕊为圆心，各花被片的末端应位于圆周之上，各部位应尽量填满该圆形。萼片应宽大而圆，宜微向内曲而不宜反卷扭曲，侧瓣应自然平展，宽大圆整，唇瓣面积应与侧瓣相称，平整浑圆。对于多花类兜兰，整个花形要左右均匀对称，萼片、侧瓣要以平展挺直为原则，若是卷曲的侧瓣则必须以垂直中轴为中心，两边对称协调、卷曲方向一致。

就花色方面，花色应追求清纯、明亮，均匀分布，色调一致。一般来说，单色花以艳丽色纯者为优良；白色花以纯白不带其他杂色者为上；黄色花以金黄色为上；杂色花、多色花则要求同一部位（一般指上萼片、侧瓣）色彩对比强烈。

兜兰花朵越大者其品位就越高，相反，花朵越小者则品位越低；多花类兜兰以花朵多、间距适中、排列整齐为佳，花朵少、排列稀疏者或拥挤者则较次。各类兜兰的花梗必须自然直立，能够支撑花朵使其能完全展开。

兜兰作为主要花材创作的景观布置（黔西南州绿缘动植物科技开发有限公司制作）

兜兰在花朵绽放后，因其花朵巨大、瓣质肉厚而重，常导致花梗在绽放过程中下压而弯拗，所以兜兰长出花梗后，常用铁签将花梗予以挺立，多花类兜兰要随着花梗的生长逐步用铁签固定，如果开花后再固定，花朵的姿态整个呈上扬态势，直接影响观赏效果。

我国台湾仙履兰协会制定的兜兰评审规则见附录二，这个评审规则不仅评判兜兰的优劣，同时也指导了兜兰的育种方向。

2. 景观布置竞赛

对于一个大型兰展来说，除了个体花竞赛外，景观布置也是民众参观的重点，对于兰花从业者来说，也是专业形象的表现与宣传。景观布置中，如果全部使用兜兰，其难度相当高，因此通常搭配一定比例的其他兰科植物。

3. 组合盆花竞赛

通常分为大型组与小型组。组合盆花也被视为桌上的景观布置，因此其重点和原则也与景观布置

兰友们可以将自己种植开花的兜兰，配置几棵绿植，就能组合成非常有意境的组合盆栽

多株兜兰合并而成的组合盆花(李进兴 供图)

兜兰

兰展组合盆花竞赛，每一个作品都是独特的花卉艺术作品

近似，但是更注重于制作者的技术性。

目前，组合盆花市场逐渐扩大，除了在兰展比赛中能够看到，在日常生活中，逢年过节以及各种喜庆时刻，由多株兰花组合而成的盆花是表达心意的最佳选择。兜兰简单小巧的组合盆花是每个人都可以随时尝试的乐趣，但是大型的组合盆花或礼盆花，则是技术难度较大，尤其有三层、甚至四层组合的大型礼盆花，更是名师巧手才能得以完成。当然，这些组合盆花，在组合之前都得先经过一系列的调试整理，加上组合创意设计，每一个组合盆花都是一件独特的花卉艺术作品。

（二）奖项的设置

一般一场兰展竞赛中，会有以下奖项：

（1）全场总冠军：1个。

（2）分组冠军：在综合性兰展竞赛中，通常有4个分组，即卡特兰属及其联属、兜兰属及其联属、蝴蝶兰属及其联属、其他兰属，分组下面再设小组。有时也会根据当地情况增设分组，比如在国内，考虑到国兰的规模和影响，一般会增列国兰分组，关于兰花的分组请参考附录三。

（3）金奖：每个小组一个或若干个。

（4）银奖：每个小组若干个。

（5）铜奖：通常每个小组铜奖数多于银奖数。

奖项的产生是以金字塔形堆叠的，也就是在每个小组里先评出金奖、银奖、铜奖之后，每个小组里的金奖再评出分组冠军，所有的分组冠军再评出一个全场总冠军。

金奖、银奖、铜奖也就是第一奖、第二奖、第三奖。在兰展比赛中，每小组获得第一、二、三名的植株通常都会被授予绶带，绶带一般包括蓝带、红带、白带。在西方传统中，蓝色绶带是最高荣誉的象征，通常把蓝色绶带同"功勋卓越"联系在一起，所以在兰展中蓝色绶带也等同于金奖或第一名，红色绶带对应银奖或第二名，白色绶带对应铜奖或第三名，这些绶带颜色代表的奖项基本是固定的，世界各国兰展也都达成共识；当然，还有其他的颜色，比如佳作奖、栽培奖、最佳育种奖等，这些绶带的颜色都没有硬性的规定，完全由组织方决定。

在受中国文化影响比较大的东南亚地区，印绶是古代官职的标志，绶带的颜色常标志不同的身份与等级，三公（中国古代地位最尊显的三个官职的合称）为金印紫绶，在兰展中，紫色绶带对应各分

Paph. Tachung White Knight 2023年台湾国际兰展获奖兜兰

组冠军（也不完全是，由组织方决定）。既然三公是紫色绶带，那比三公官职还要高的就只能是皇帝了，能代表皇权的也只有金碧辉煌的金色，在兰展中，金色绶带对应全场总冠军，傲视全场的金色绶带在整个兰展中只能有1个。

至于奖项与奖金的发放，则有重复授奖与不重复授奖的分别：

重复授奖：情形有二，①以全场总冠军来说，它同时也是分组冠军及小组的金奖，每一个阶段的奖项都发放奖品或奖金，如此一来，最杰出的那一株花将是一路开挂，更加突显其独特的尊荣地位，有利于兰展活动的推广及增加其新闻性；②不管金奖、银奖、铜奖，甚至分组冠军或全场总冠军，也有可能被另外颁发栽培奖、最佳人气奖等奖项，其奖品或奖金当然也是另外发放。

不重复授奖：全场总冠军同时兼具的分组冠军及小组金奖的奖品或奖金不另外发放，有的甚至连分组冠军及小组金奖的绶带都被拿掉了，不仅削弱其大众关注度，也失去了新闻宣传和商业运作的机会。

兜兰

2018年台湾国际兰展兜兰组获奖个体

2019年台湾国际兰展兜兰组获奖个体

兜兰

2023年台湾国际兰展兜兰组获奖个体

2014年台湾国际兰展大奖花展示区

2014年台湾国际兰展兜兰竞赛评审

2014年台湾国际兰展全场总冠军评审

2015年台湾国际兰展兜兰竞赛评审

2018年台湾国际兰展兜兰竞赛评审

台湾兰花产销发展协会（TOGA）月例审查会审查现场

2016年台湾国际兰展，Paph. Chou-Yi Winbell 'Star War' 被美国兰花协会（AOS）审查得分80分，并被授予银奖（AM），被台湾兰花产销发展协会（TOGA）授予银奖（SM），同时它在这届国际兰展中获得银奖（第二奖）

奖项的分配，除了全场总冠军与分组冠军原则上不可变动外，各小组的金奖、银奖、铜奖数目，可视现场各小组参赛花数量及水平做适度的调整，如参赛花数量较少或整体水平较差的小组，其奖数可酌减，而将之转移给参赛花数量较多或整体水平较高的小组。其奖项的重新分配或调整，通常由同组内评审讨论通过后，再由组长向审查长提出报告，而后施行。

（三）个体审查

个体审查（medal judging）并不包含在比赛项目之中。在国际性的大型兰展中，个体审查通常伴随在个体花竞赛之后进行。个体花竞赛指的是将所有参展花评审出名次，而个体审查则是选出部分优异的参赛株将其一一打分数，一般来说，达到75分以上即是优秀的个体，至少已是铜牌奖（HCC或BM）。

2018年台湾国际兰展，*Paph.* Shin-Yi Fireball 获得了兜兰组的冠军

2019年台湾国际兰展，*Paph.* Gloria Naugle 获得了兜兰组的冠军

上海国际兰展中的绶带

请注意，个体审查的金牌奖（FCC 或 GM）、银牌奖（AM 或 SM）、铜牌奖（HCC 或 BM），与个体花竞赛的金奖、银奖、铜奖并不相同，一个是分数，一个是名次。关于 TIOS 和 TOGA 个体审查请参阅附录四。

本章将介绍兜兰各个亚属及其原种。目前，在已知的约128种兜兰原种里，并非都是常见的，尤其是单花斑叶亚属（Subgenus Sigmatopetalum）很多的原种都是近些年新发现的，各个原种之间形态特征类似，尚未广泛流传，本书不做重点介绍。

第三章 兜兰属原种介绍

一、小萼亚属（Subgenus *Parvisepalum*）

拉丁文"*parivi*"的意思为"小的"，*sepalum*的意思为"萼片"，亚属名*Parvisepalum*即"小的萼片"的意思。本亚属的模式种为1924年发表的德氏兜兰（*Paph. delenatii*），本亚属其他成员如硬叶兜兰（*Paph. micranthum*）发表于1951年，但一直未在国际上被知悉，杏黄兜兰（*Paph. armeniacum*）发表于1982年，麻栗坡兜兰（*Paph. malipoense*）发表于1984年，白花兜兰（*Paph. emersonii*）发表于1986年，由于亚属内的大多数成员都是20世纪80年代以后被发现的，所以本亚属设立的比较晚。在本亚属设立之前，德氏兜兰被归类到短瓣亚属（*Brachypetalum*），也被视为短瓣亚属里较奇特的种类，直到1982年杏黄兜兰被发表后，唐泽耕司（K. Karasawa）和齐藤龟三（K. Saito）才于同年设立本亚属。后来，在1987年东京举办的第12届世界兰展中，杏黄兜兰与硬叶兜兰以"金童玉女"之姿联袂出现，本亚属才开始在栽培与育种上被重视；同时，也开始了被严重滥采的悲惨命运。

本亚属分布于中国南部与越南，生长于石灰岩地区的山林坡地、积贮腐殖质的岩石缝隙或多石而排水良好的地方。其特征：①长花梗，单花或双花；②两侧瓣短而圆、质地薄，唇瓣上缘内卷且呈圆兜状；③除了白花兜兰（*Paph. emersonii*）与汉氏兜兰（*Paph. hangianum*）外，其他种类叶片较短，具斑纹、质厚，叶面质感粗糙，不具革质。

包括*Paph. armeniacum*、*Paph. delenatii*、*Paph. emersonii*、*Paph. hangianum*、*Paph. malipoense*、*Paph. jackii*、*Paph. micranthum*、*Paph.* × *fanaticum*、*Paph. vietnamense*。

001 *Paphiopedilum armeniacum* 杏黄兜兰（金童兜兰）

本种1979年由我国植物学家张敖罗在云南省碧江县的悬崖峭壁上首次采集，1982年经陈心启、刘芳媛定名，种名*armeniacum*意即"杏黄色的"。杏黄兜兰的花苞呈青绿色，初开为绿黄色，全开时为杏黄色，就如杏由青涩转为成熟过程中的变色，不得不钦佩当初命名者的细心与准确。杏黄兜兰于1983年首次在美国展出时，人们无不为那金碧辉煌、令人炫目的花朵所折服，以致评委们给出美国兰花协会（AOS）历来大奖中破纪录的最高分（92分）。当时因为发现的比较少，克里布（P. J. Cribb）等在1983年提出杏黄兜兰可能是德氏兜兰（*Paph. delenatii*）的变种，因为稀缺，当时在欧美市场售价几千美元1株，随着大量植株被发现，杏黄兜兰终于被正名。其罕见的杏黄花色填补了兜兰中黄色花系的空白，在各大兰展获奖无数，曾经4年内7次获得美国兰花协会的最高奖（FCC奖），这在整个兰花史上是没有先例的。美丽的花朵也带来了被滥采的厄运，又加上近年来自然环境的变化及生境被破坏，杏黄兜兰已处于灭种边缘，现已被列入国家一级保护植物名录。

杏黄兜兰花朵的黄色基因能够强势遗传，目前被大量地用于育种，成为黄色花育种不可缺少的亲本。市面上花色为黄色的兜兰品种，大多数都是它的后代。

杏黄兜兰主要分布在我国云南西北部和西藏南部，尼泊尔、不丹和印度东北部，生于海拔1400~2100m的石灰岩壁积土处或多石而排水良好的草坡上，属于中高海拔兰花，花期3~5月。喜阴凉、弱光、高湿环境，尤其是夜晚温度要低，需要较大的日夜温差来促成花芽的分化。人工栽培时，虽然能够成活，但开花性不佳，就是因为在秋冬季缺少较大的昼夜温差所致。杏黄兜兰在开花结束后，除了母株会长出新的侧芽，在根部也会长出许多条状走茎，走茎顶端则会长出小苗，侧芽及小苗均可以用作分株繁殖材料，不过需要至少3年时间才能开花。

杏黄兜兰（*Paph. armeniacum* 'MC-Lai'）　　　杏黄兜兰（*Paph. armeniacum*）

杏黄兜兰白变型（*Paph. armeniacum* f. *album*），此变型叶背为绿色，不带斑纹　　　杏黄兜兰（*Paph. armeniacum*）及其原生境（韩周东 供图）

002　*Paphiopedilum delenatii*　德氏兜兰（德利兰特氏兜兰）

过去，一直认为德氏兜兰是在1913年由一位法国军官在越南北部东京（Tonkin）发现，并且让参加第一次世界大战的士兵带回了欧洲，但此植株在此后的战争中被毁，粉红色美丽花朵的兜兰也成为一个传说。后来植物学者们根据生物地理的分布，推测这棵传说中的兜兰可能是1998年在越南东北部太原省发现的越南兜兰（*Paph. vietnamense*）。有证据表明，德氏兜兰最早发现于1922年，由法国探险家欧仁·普瓦兰（Eugène Poilane）在越南中部发现，种名是为纪念法国圣日耳曼昂莱（Saint-Germain-en-Laye）植物园园长路易·德奈特（Louis Delenat），他是本种的第一个栽培者；但是从此在野外再也没有发现德氏兜兰，曾一度被认为其野生种群已灭绝了。1970年，贡岑豪尔（E. Gunzenhauer）成功地将1922年发现的那棵德氏兜兰进行了自交，后来再取其实生苗后代做了多次自交或兄弟交，繁殖出了不少个体，在1992年以前，所有的德氏兜兰都来源于同一母本，从现在的眼光看，这些后代的花形和花色都算不上一流，但由于相当稀少，且得来不易，可以说是捧金难求，这些后代纵横世界兰坛70年，一度被视为"兜兰之后"。直到20世纪末，当人们看到许多野生的德氏兜兰出现在兰花市场时，促使兰花专家到野外考察，发现德氏兜兰的野生种群在越南还有分布，靠近老挝和柬埔寨边界，生长于海拔750~1300m的森林河谷石灰岩石隙冲积土中，喜排水良好、空气湿气高、阳光明亮但不直射的环境，从而否决了过去将它作为已灭绝物种的看法，但也从此开始了被乱采滥挖的悲惨命运。由于花色比较清新淡雅和曾经的神秘，这个原种常被称作"越南美人"。

本种是小萼亚属中在低海拔地区最容易栽培的种类，其生长迅速，开花容易，花朵有时也有淡淡的香味。现有的杂交后代表明，其花形的遗传比较稳定，但香味在遗传上不能延续。根据唇瓣的花色，除了原种外，德氏兜兰尚有1个变型和1个变种，分别是白变型（f. *album*）及唇瓣深紫色的变种（var. *vinicolor*）。

德氏兜兰（*Paph. delenatii*）花色比较浅的个体

德氏兜兰（*Paph. delenatii*）花色比较深的个体

德氏兜兰的深紫色变种（*Paph. delenatii* var. *vinicolor*），植株叶背呈深紫色

德氏兜兰的白变型（*Paph. delenatii* f. *album*）

003　*Paphiopedilum emersonii*　白花兜兰（爱默森兜兰）

种加词意为"爱默森的"，1986年美国植物学家哈罗德·克帕维茨（Harold Koopowitz）和英国植物学家克里布（P. J. Cribb）为纪念首次栽培本种开花的美国人C. Emerson而命名。因其花朵是白色的，所以国内又称之为"白花兜兰"。国内还有一种叫法叫作"亚马孙兜兰"，因为emersonii的读音跟Amazon读音相似，所以误解为"亚马孙兜兰"，并且有传言当初发现白花兜兰时，为了获得最大的商业利益，故意将原产地隐去，误导原产地是亚马孙流域。实际上熟悉兜兰的爱好者都知道，亚马孙流域从来不产兜兰。白花兜兰和后面的汉氏兜兰（*Paph. hangianum*）在本亚属内是比较独特的，不像本属其他种的叶片正面有纵横交错的花纹、叶背面有紫红色斑块，这两种的叶片都是绿色的，所以有人提议将白花兜兰和汉氏兜兰单独设立一个组——绿叶组（Section *emersonianum*）。

白花兜兰（*Paph. emersonii*）

白花兜兰（*Paph. emersonii*）

白花兜兰的白变型
（*Paph. emersonii* f. *album*）
（李玉铭 供图）

　　白花兜兰是国家一级保护植物，被称为"植物界的大熊猫"，在我国仅产于贵州省荔波茂兰国家级自然保护区范围内，数量非常稀少。同整个兜兰属一样，白花兜兰因自然更新能力极弱，繁衍速度缓慢，人为盗采盗挖严重，随时都有灭绝的危险。目前，在越南北部也发现了新的居群，由于保护不力，市场上非法贩卖的植株大多来源于此。

　　本种花期为4~6月，花形圆整，花朵硕大，萼片和侧瓣为白色，假雄蕊奶油黄色并在边缘与前部有紫褐色斑纹，现在已经成为兜兰白花育种的重要亲本。在亲本选择上，以花形圆整和上萼片不后翻的个体为佳，但这种个体极少。生境为地生或半附生，常以半附生形式生长于海拔600~800m的石灰岩悬崖和断岩石壁上。喜高湿、排水良好的环境，栽培中要避免强烈的阳光直射。本种生长速度非常缓慢，不易开花，有的报道说本种一生只开一次花，纯属误导。

004 *Paphiopedilum hangianum* 汉氏兜兰（香花兜兰、汉姬兜兰、番薯兜兰）

这是个近年新出现的原种，于1999年才在越南北部的北太省（Bac Thai）海拔800~1000m的山区被发现，生长于石灰岩悬崖和断岩石壁上，半附生型，花期4~6月，花朵寿命约1个月。本种株高20~35cm，叶长12~25cm，属于中小型植株，却可开出花径13~18cm的超大型花朵，花瓣质地厚实，花色丰富，有黄白、浅绿色到浓黄色或带有赭红色网纹、色斑等变化，而且花香可人，脂粉甜香中又带着些许的青柠味，因而在我国被称作"香花兜兰"，被视为兜兰香花育种的重要亲本。2000年，在我国云南东南部靠近越南北部的地区发现一新种，被命名发表为心启兜兰（*Paph. singchii*），是以我国著名的兰花分类学家陈心启教授的名字命名，但后来发现是汉氏兜兰的同种。

本种由德国的植物学者豪格·帕奈（Holger Perner）和奥拉夫·格鲁斯（Olaf Gruss）共同发表于 *Die Orchidee*（《德国兰花》）。豪格·帕奈博士是德国科学院GKSS生态学家、兰科类植物权威、世界自然保护联盟兰科植物保护组专家，自2001年起，就长期在中国工作，并在四川成都安家落户，成功开发了杓兰属、兜兰属等兰科植物的一系列无菌播种技术和产品，并将杓兰和兜兰的观赏与当地的旅游业相结合，产生了极大影响力；可惜天妒英才，2017年豪格·帕奈博士在工作中因病去世。豪格·帕奈博士除了发表本种汉氏兜兰，越南兜兰（*Paph. vietnamense*）也是他同年发表的，这两个新种为已陷入瓶颈的兜兰育种改良注入了新鲜血液；此外，陈莲兜兰（*Paph. tranlimianum*）也是他发表的。

种名 *hangianum* 意为"汉姬的"，来自一位女士 Tong Ngoc Hang 的姓氏，她是兰花种植者及该

汉氏兜兰（*Paph. hangianum*）

汉氏兜兰（*Paph. hangianum* 'Chouyi Round' SM/TOGA）

汉氏兜兰（*Paph. hangianum*）

汉氏兜兰（*Paph. hangianum*），此个体虽然花朵硕大，但侧瓣后翻，在育种选择时要注意

汉氏兜兰的白变型（*Paph. hangianum* f. *album* 'Wan Shin' SM/TOGA）

种的发现者。巧的是其发音与闽南语的"番薯块"（hangico）相似，再加上汉氏兜兰的花朵硕大、花色偏黄，像是蒸熟、烤熟的番薯块，所以又被称为"番薯兜兰"；另外在国内，由于其过大的花朵与不匹配的植株大小，给人以憨憨的感觉，所以又有"傻大汉"的称呼，叫人好气又好笑。在所有的兜兰中，只有汉氏兜兰、德氏兜兰（*Paph. delenatii*）、麻栗坡兜兰（*Paph. malipoense*）、极少数的报春兜兰紫红花变种（*Paph. primulinum* var. *purpurascens*），部分紫毛兜兰（*Paph. villosum*）和雪白兜兰（*Paph. niveum*）具有香气，但只有汉氏兜兰普遍具备香气，而其他几种，因为产区不同，并非每一棵所开的花都有香气。

本种在杂交育种上表现较好，但个体差别比较大，极大的花径极易造成侧瓣和萼片后翻，亲本应选择比较圆整的花形，侧瓣和萼片不后翻者为佳，其与小萼亚属和短瓣亚属的杂交都比较成功，详见后续育种篇。

005　*Paphiopedilum malipoense*　麻栗坡兜兰

1947年，冯国楣教授在云南麻栗坡的西畴地区采集到本种，并栽培开花。但直至1984年，才由陈心启和吉占和教授以最先的发现地"麻栗坡"来命名发表。麻栗坡兜兰主要分布在我国广西那坡，贵州西南部的兴义，云南东南部的麻栗坡、文山、马关，以及越南北部。生长于海拔800~1600m的石灰岩地质的山坡灌木丛和堆积丰富腐殖质层的岩壁上。

麻栗坡兜兰具有类似杓兰属的花朵特征——椭圆状披针形有尾尖的萼片、较狭的侧瓣和水平伸展的唇瓣等，这些特征在杓兰属中很常见，但在兜兰属中则是罕见。陈心启教授在发表新种时曾指出麻栗坡兜兰是最接近杓兰属的一个种，是兜兰属现存种类中最为原始的类群，是从杓兰属向兜兰属演化的中间类型或过渡类型，在研究兰科植物系统发育和演化方面具有重要的科学价值。

麻栗坡兜兰对环境的适应力很强，栽培容易，但生长极为缓慢。花期为12月至翌年3月，花朵大而醒目，花径通常为8~12cm，少部分个体的花径可达20cm。麻栗坡兜兰从花芽形成到开花时间跨度较长，夏秋之际，成熟的植株自叶心形成一枚花苞，经过漫长的几个月时间，花梗慢慢抽长至40~60cm，每枝花梗顶生1~2朵花。在栽培过程中，从花芽形成到开花过程中应尽量避免移动植株，否则极易落蕾。1984年及1987年，麻栗坡兜兰分别在美国兰花协会和英国皇家园艺学会所主办的国际兰展上获得金奖，其花梗高长，侧瓣青绿，唇瓣乳黄色，赢得了"玉拖"的雅称。有的产地的麻栗坡兜兰具有淡淡的香气，许多育种家想用它培育具有香气的杂交后代，结果却未能如愿，其香气不能遗传给后代。在杂交育种上，其绿色色素和花形具有强烈的遗传优势，另外，长长的花梗也是其作为亲本的一大优势。

麻栗坡兜兰（*Paph. malipoense*）不同个体在花形和花色上有区别

麻栗坡兜兰的白变型（*Paph. malipoense* f. *album*）（兰桂坊 供图）

麻栗坡兜兰（*Paph. malipoense*）及其原生境（韩周东 供图）

006　*Paphiopedilum jackii*　杰克兜兰（浅斑兜兰）

1996年，广西兜兰研究及栽培者赵木华在麻栗坡地区初次发现本种，他认为是不同于麻栗坡兜兰的新种，将之赠送给我国植物学家胡松华，为纪念美国著名植物学者杰克·阿奇·福利（Jack Archie Fowlie），胡松华描述并命名为 *Paphiopedilum jackii*，发表在德国的兰花杂志 *Die Orchidee* 上，翌年，俄罗斯植物学者阿弗亚诺夫（L. V. Averyanov）将杰克兜兰由独立地位降为麻栗坡兜兰的变种，即 *Paph. malipoense* var. *jackii*，并获得英国植物学家克里布（P. J. Cribb）的支持，这也获得我国兰花分类学家陈心启教授的认可，在《中国植物志》（第17卷）中，它被并入麻栗坡兜兰，并称为浅斑兜兰，在附注中指出："本种叶的背面从完全紫红色到仅在基部有紫红色斑点，假雄蕊从先端具黑紫色斑块至不具斑块，均有一系列过渡，难以划分。"诚然，花色的变化不仅在兜兰属中，其他兰花中也是很常见的。若无其他可供区别的形态特征，应予以归并或被视为变种。在刘仲健教授的《中国兜兰属植物》中也将杰克兜兰列为麻栗坡兜兰的一个变种。及至2000年代初，RHS采认于1998年展开的被子植物APG（Angiosperm Phylogeny Group，被子植物种系发生学组）现代分类法，将 *Paph. jackii* 公告为独立种，因此在英国皇家园艺学会兰花登录中，杰克兜兰可以作为独立名进行登录。

其生境与麻栗坡类似。杰克兜兰和麻栗坡兜兰最大的不同点在于，花朵侧瓣较狭窄尖锐，唇瓣绿色，假雄蕊白色，假雄蕊中心部位及向下为绿色，只带有些许红黑色斑点。同时，其香气也与麻栗坡不同，在育种遗传上，后代表现也与麻栗坡兜兰不同。需要注意的是，由于其假雄蕊白色，一些侧瓣颜色较淡的植株易与麻栗坡兜兰白变型相混。

杰克兜兰（*Paph. jackii*）

杰克兜兰的白变型（*Paph. jackii* f. *album*）

007 *Paphiopedilum micranthum* 硬叶兜兰（玉女兜兰、银色兜兰）

1940年，王启无先生在云南麻栗坡发现并采集到本种，直到11年后的1951年，我国植物学家唐进和汪发缵正式描述并命名发表为 *Paphiopedilum micranthum*，因为当时依据的模式标本并不健壮，所以开出来的花朵也不大，比起当时在中国发现的其他兜兰，花朵偏小，便很冤枉地被命名为"micranthum"，意思是"小花的"，这个原种也因此未被重视。由于云南麻栗坡位于中国的西南边陲之地，路途艰险不便考察，直到30多年后，1982年，才由我国植物学者陈心启、刘芳媛重新进行了描述，

硬叶兜兰（*Paph. micranthum*）不同的花形和花色

硬叶兜兰象牙白变种（*Paph. micranthum* var. *eburneum* 'H. J'）

硬叶兜兰的白黄花变型（*Paph. micranthum* f. *alboflavum* 'Tristar'）

硬叶兜兰（*Paph. micranthum*）人工放归野化种群（邓振海 供图）

Paph. micranthum var. *eburneum* 'Lai' SM/TOGA（80P.）FCC/AOS（90P.）2010年台湾国际兰展全场总冠军

硬叶兜兰（*Paph. micranthum*）及其原生境（韩周东 供图）

由于叶片质地硬实,便定名"硬叶兜兰",才真正揭开它的神秘面纱,又因花色为浅粉红色或白色而被称为"银色兜兰"。"玉女兜兰"称呼的由来则是因为杏黄兜兰(Paph. armeniacum)的雅称,兰商为了便于推广将杏黄兜兰称为"金童",硬叶兜兰植株与杏黄兜兰相似,但花的颜色粉红色至白色,或冰清玉洁,或面泛桃花,或红妆映人,就像女性代表色,便将其称为"玉女",从此金童、玉女名满天下。

硬叶兜兰是小型斑叶种兜兰,植株较小,却有着大而美丽的花朵,在1987年东京举办的第12届世界兰展中,首度参展的一株硬叶兜兰获得了全场总冠军,从此灰姑娘成了白雪公主,绽放出了炫目灿烂的万丈光芒,但也同时开始了无止无尽被滥采的悲惨命运。

硬叶兜兰分布在我国广西西南部、贵州南部和西南部、云南东南部,越南也有分布。栖息在海拔1000~1700m的针叶林和阔叶林地区的石灰岩山坡草丛中或石壁缝隙积土处。栖息地处于中亚热带至南亚热带季风湿润气候,花期3~5月,每朵花可开放2~3周。栽培习性同杏黄兜兰,需弱光较温暖环境,基质要常保持湿润,不可太干,夏天要注意散热,温度不要超过30℃,也需要较大的日夜温差来促成花芽分化,同时根部也会长出许多条状走茎,走茎顶端则会长出小苗。

硬叶兜兰是杂交育种中非常重要的一个红花亲本,其红色条纹和花形有强烈的遗传优势,最知名的人工杂交后代是于1990年登录的"魔术灯笼"(Paph. Magic Lantern),是硬叶兜兰和德氏兜兰(Paph. delenatii)的杂交后代,花色为粉紫色至浓紫色。

硬叶兜兰有2个主要的类型,其一是广西硬叶兜兰(Paph. micranthum var. eburneum),变种名意为"象牙白的",仅产于广西西北部地区,唇瓣为象牙白色,侧瓣花色较淡,带有更多的黄绿色。有些学者指出这不应视为变种(var.)或亚种(subsp.),只能视为硬叶兜兰的一个变型(f.),如在《中国兜兰属植物》中即不认同此名。与之相对应的是云南产的正常花色硬叶兜兰,唇瓣深粉红色,市面常以广西玉女兜兰与云南玉女兜兰称呼来区分不同产地类型;还有一珍稀变型白花硬叶兜兰(Paph. micranthum f. alboflavum),变型名意为"白黄色化的",它的侧瓣黄色,花朵其他部分为纯白色,非常珍贵稀少。

在非花期时杏黄兜兰与硬叶兜兰植株形态及叶片非常相似,但仔细观察,两者仍有区别,杏黄兜兰叶片边缘有细齿,手感比较粗糙,而硬叶兜兰叶片边缘是光滑的;另外硬叶兜兰叶片尖端有金黄色鸟足状斑纹,而杏黄兜兰叶片尖端则没有。

杏黄兜兰(左)与硬叶兜兰(右)叶片的区别

008 *Paphiopedilum × fanaticum* 梵天兜兰

20世纪90年代，我国广西兜兰研究及栽培者赵木华在一批来自云南的麻栗坡兜兰中，发现一株叶片形态和叶片脉纹均有明显不同的植株，直至开花时确定是一种珍贵的自然杂交种兜兰，推测其亲本是硬叶兜兰（*Paph. micranthum*）和麻栗坡兜兰（*Paph. malipoense*），它们都在云南麻栗坡有分布。

1992年，由美国植物学家哈罗德·克帕维茨（Harold Koopowitz）和日本植物学者长川谷直树（Norito Hasegawa，当时世界最知名的兜兰育种园Orchid Zone园主）共同描述，命名为 *Paphiopedilum × fanaticum*，其种名 *fanaticum* 的意思是"狂热的、入迷的"。这两位植物学家都是兜兰育种史上的名人，Harold Koopowitz 及 Norito Hasegawa 也分别是两个超级有名的麻栗坡兜兰杂交子代的名字，*Paph.* Norito Hasegawa 和 *Paph.* Harold Koopowitz，详见后述。

不知从何时起，这个 *Paph. × fanaticum* 被称为"梵天兜兰"，然后就广为流传，究其因由，可能是 *fanaticum* 乍看像梵天的汉语拼音；到了1999年，硬叶兜兰和麻栗坡兜兰的人工杂交种在RHS上登录，登录名为 *Paphiopedilum* Fanaticum。验证了 *Paphiopedilum × fanaticum* 是一个真正的自然杂交种，目前，市面上所看到的梵天兜兰，基本都是通过人工杂交的方式培育出来的，野生的梵天兜兰是非常稀有罕见的。

Paph. × fanaticum 'In-Charm'，这是硬叶兜兰（*Paph. micranthum*）与麻栗坡兜兰（*Paph. malipoense*）的自然杂交种

Paph. Fanaticum 'Libra' = *malipoense × micranthum*，这是由人工杂交而来的子代

009　*Paphiopedilum vietnamense* 越南兜兰

1998年，一家经营越南本土兜兰的日本公司收到了一批野生山采的兜兰，其中就包含本种兜兰，然后走私到欧美各地。在第二年，至少有3个地方的兜兰开花了，由奥拉夫·格鲁斯（Olaf Gruss）和豪格·帕奈（Holger Perner）以 *Paphiopedilum vietnamense* 命名发表，因为在种加词中碰巧出现了"men"的字样，而被戏称为"越南人"。另外两个地方的开花植株分别命名为 *Paph. hilmari* 和 *Paph. mirabile*，根据《国际植物命名法规》的优先权原则，*Paphiopedilum vietnamense* 成为该物种的正式合法名称，其余两种被列为异名。越南兜兰被发现后价格居高不下，越南当地的采集者或许知道自己的行为是违法盗采，或许是为了保证货源的唯一性，一直对此种兜兰的采集地保密或语焉不详。2001年2月，一场大规模的科学考察活动在越南展开，最终在越南的太原市同喜县（Thai Nguyen, Dong Hy）发现本种。越南兜兰只分布于越南北部一个500多平方千米的狭域内，生长于海拔350~600m原始阔叶林边严重风化的垂直石灰岩崖壁，多见于较阴暗的潮湿石隙青苔中。生境初夏至仲秋为多雨期，而秋末至初春为4~5个月的干旱期。花期春季，顶生单花，花朵十分硕大，花径可达12cm，唇瓣圆整艳丽，花色自粉红色至紫红色，花色一般渐变，在侧瓣的尖端颜色最深。假雄蕊呈现出柠檬黄色，在中心呈橄榄绿色。本种栽培容易，开花性良好，喜略遮阴、排水良好、通风的环境，生长快速。在国内也被称作"越南红"或"越南新娘"。本种出现后，风头大大盖过了早年在越南发现的、被称为"越南美人"的德氏兜兰（*Paph. delenatii*），两者经人工杂交，后代以越南著名的政治家胡志明为名字，称为胡志明兜兰（*Paph. Ho Chi Minh*），可以说深深地烙上了越南的印记，后代兼具父母亲本双方的优点，是一个极为成功的人工杂交种兜兰。胡志明兜兰详见后述。

越南兜兰（*Paph. vietnamense*）

越南兜兰（*Paph. vietnamense* 'MH-11' BM/TOGA）

二、短瓣亚属（Subgenus *Brachypetalum*）

Brachys 在拉丁语中的意思就是"短的"，亚属名 *Brachypetalum* 就是"短的花瓣"的意思。本亚属的模式种为1865年发表的同色兜兰（*Paph. concolor*）。在刘仲健教授的《中国兜兰属植物》中，将短瓣亚属与小萼亚属合并而称为宽瓣亚属（也是 Subgenus *Brachypetalum*），一是强调侧瓣较其他亚属短（而宽）；二是强调侧瓣较其他亚属宽（而短），近似的概念，却使用了截然不同的词。

本亚属分布于我国南部与中南半岛诸国，向南到马来半岛南端及其东西两方诸群岛，生长于石灰岩地区，多长于山坡岩壁积贮腐殖质的岩石缝隙或灌木丛下多石而排水良好之地。其特征：①花梗短，单花或双花；②侧瓣短而质厚，唇瓣较小而短；③植株小型，叶椭圆形，较短，叶面有斑纹、呈革质。

包括 *Paph. bellatulum*、*Paph. concolor*（包含 *trungkienii*）、*Paph. godefroyae*（包含 var. *angthong*）、*Paph. leucochilum*、*Paph. myanmaricum*、*Paph. niveum*、*Paph. thaianum*、*Paph. wenshanense*（= × *conco-bellatulum*）。

001　*Paphiopedilum bellatulum*　巨瓣兜兰（大斑点兜兰、可爱兜兰）

早在1888年，由德国植物学家赖兴巴赫（Heinrich Gustav Reichenbach）描述命名为 *Cypripedium bellatulum*，种加词来源于拉丁文"*bellus*"，意为"可爱的、美丽的、吸引人的"，因而直译为"可爱兜兰"。其花白色，具紫红色或紫褐色粗斑点，侧瓣巨大，宽椭圆形或宽卵状椭圆形，活脱脱像一对招风耳，因其侧瓣较其他兜兰更宽大而又被称为"巨瓣兜兰"。另外，一些兰友们则因其花朵上有许多像大麦町犬身上的黑斑点，因而戏称为"大斑点兜兰"。

原产于缅甸及泰国（海拔300~1600m），以及我国广西西部、云南东南部至西部，海拔1000~1800m 的石灰岩岩隙积土处或多石土壤上，喜遮阴且具明亮散射光的潮湿环境。属地生或半附生植物，花期4~6月，没有香气，单朵花期约1个月。

本种栽培比较容易，是许多兜兰爱好者的入门

巨瓣兜兰（*Paph. bellatulum* 'Hau Jih #17'）

巨瓣兜兰（*Paph. bellatulum*）

巨瓣兜兰（*Paph. bellatulum*）的人工杂交优选后代（李进兴 供图）

巨瓣兜兰的半白变型（*Paph. bellatulum* f. *semi-album*）

巨瓣兜兰的白变型（*Paph. bellatulum* f. *album*）

巨瓣兜兰（*Paph. bellatulum*）及其生境（韩周东 供图）

种，由于原产地属于石灰岩地区，在栽培基质中加入石灰岩则更利于生长，需遮阴栽培，全年给予规律的浇水及薄肥，没有明显的休眠期，比较耐干旱，忌涝，栽培中宁干勿湿。

002 *Paphiopedilum concolor* 同色兜兰

1865年定名，种加词来源于拉丁语"con-color"，意思为"同种颜色的"，指的是整朵花的基底色是一致的，多以黄白色调为主，分布于泰国、缅甸、柬埔寨及我国南部（广西）、西南部（贵州、云南）等，生境为海拔300~1400m的石灰岩地质的丘陵及山谷森林。

本种花朵质地肉厚，花米白色至米黄色，全花分布细小的紫色斑点，假雄蕊圆钝三角形，前端具不明显齿裂，花梗直立，长5~15cm，着1~2朵花。由于分布地域广，种内的花形、花色、细斑点变异很大。其花径虽较本亚属其他种略小，但花形与黄色的遗传相当优秀，是兜兰育种的重要亲本。

本种栽培容易，适合平地栽培，栽培时应避免淋雨，否则极易感染软腐病。市场上有一种绿背同色兜兰，即叶子背面没有斑点，无花时与同色兜兰白变型相差无异，但开花时却是正常的颜色，在购买时要仔细甄别。也有的同色兜兰虽然叶色与正常植株一样，叶背面带有紫色斑点，但其花朵却是不带斑点的白变型花色，实属奇异。

同色兜兰（*Paph. concolor*）不同的花形和花色

同色兜兰的白变型（*Paph. concolor* f. *album* 'He'）

同色兜兰（*Paph. concolor*）的绿背种，花色正常

同色兜兰（*Paph. concolor*）及其生境

同色兜兰的白变型（*Paph. concolor* f. *album*）（李玉铭 供图）

003 *Paphiopedilum godefroyae* 古德兜兰（戈弗雷兜兰、郭德佛罗伊氏兜兰、鸟巢岛兜兰）

1876年，由受雇于英国皇家植物园邱园的穆顿（Murton）和阿拉巴斯特（Alabaster）在泰国发现本种，同年，法国园艺家亚历山大·戈弗雷·勒柏夫（Alexandre Godefroy-Lebeuf）将这未知名浓紫色斑纹兜兰引进欧洲并栽培开花，于1883年正式描述，宣称将此花献给他最亲爱的妻子凯瑟琳·戈弗雷

古德兜兰（*Paph. godefroyae* 'TN-Black Pride'）

古德兜兰（*Paph. godefroyae* 'HJ#12'）

古德兜兰的变种安童兜兰（*Paph. godefroyae* var. *ang-thong*）（沈义伟 供图）

古德兜兰的白变型（*Paph. godefroyae* f. *album* 'Hau-Jih#1'）

古德兜兰的白变型（*Paph. godefroyae* f. *album*）

古德兜兰（*Paph. godefroyae* 'Conspicuous'）（苏新发 供图）

古德兜兰（*Paph. godefroyae* 'Black Tuna'）（苏新发 供图）

（Catherine Godefroy）而命名为 *Cypripedium godefroye*（名义上是献给妻子，可还是以自己的姓命名），1892年德国植物学家贝特赫尔德·斯坦（Berthold Stein）将本种移转至兜兰属中。

原产于泰国南部的马来半岛地区及其附近岛屿，尤以鸟巢岛（The Bird's Nest Island）最为有名，所以本种又称为"鸟巢岛兜兰"，海拔0~100m，通常生长在石灰岩地质的热带雨林中，生境充满丰富的腐殖质及伴生许多苔藓，喜遮阴且具明亮散射光的环境。花期7~9月，单朵花期约1个月，无香。鸟巢岛是研究兜兰短瓣亚属的一个重要地点，在泰国南部的马来半岛地区东侧春蓬省（Chumphon），位于泰国湾（The Gulf of Siam）的一个小岛，以盛产海鸟、石灰质的鸟粪和古德兜兰而闻名于世。

植物学家罗尔夫（Robert Allen Rolfe）推测古德兜兰是一个自然杂交种，是雪白兜兰（*Paph. niveum*）和巨瓣兜兰（*Paph. bellatulum*）的自然杂交后代，抑或是雪白兜兰和同色兜兰（*Paph. concolor*）的自然杂交后代。但是，实际的杂交实验结果并不支持罗尔夫的推测。

另外，还有变种安童兜兰 *Paph. godefroyae* var. *ang-thong*，是由一名泰国兰花商贩Sukhakul（*Paph. sukhakulii* 就是以他的名字命名的）在泰国的安童岛（Ang-thong）发现，最初的时候，它被视为雪白兜兰的一个变种（*Paph. niveum* var. *ang-thong*），并且被贩售到欧美及亚洲各国。也有人认为它是雪白兜兰和巨瓣兜兰的自然杂交种，但是安童岛上并无雪白兜兰和巨瓣兜兰，也无古德兜兰。1977年，美国植物学者杰克·阿奇·福利（Jack Archie Fowlie）以 *Paphiopedilum* × *ang-thong* 的名字发表于 *Orchid Digest*，认为是古德兜兰和雪白兜兰的自然杂交种。虽然在1888年时，古德兜兰和雪白兜兰的人工杂交育种后代已被登录为 *Paph.* Greyi，但 *Paph.* × *ang-thong* 与 *Paph.* Greyi 明显不同，*Paph.* Greyi 侧瓣上出现的都是细斑点，假雄蕊带黄色，而 *Paph.* × *ang-thong* 是粗斑点，假雄蕊带绿色。英国植物学者克里布（P. J. Cribb）认为此种是古德兜兰的一个地理变种（*Paph. godefroyae* var. *ang-thong*）。目前，国际兰花登录机构——英国皇家园艺学会已经接受安童兜兰作为古德兜兰的一个变种。

古德兜兰浓紫色斑纹变化丰富，其浓紫色斑纹可以覆盖整个萼片和侧瓣，有的个体甚至整个花朵全是紫黑色的。本种栽植容易，喜明亮但不直射的阳光。由于其在原产地是长在石灰岩地质的环境中，所以在栽培中，需要加入石灰岩才能生长得更好。每次浇水间隔期基质必须相对干燥，但不能完全干燥，基质亦不可过湿。根部对盐分非常敏感，即使是春至秋季生长期，每月施肥不超过一次。当基质积累盐分过多，叶尖端将变成黑色，此时应立即更换新鲜的基质。开花后尤其是结过果荚的植株老化非常迅速，加之新芽生长速度缓慢，因此很少看到丛生的植株。在杂交育种上，选择其作为父本比较可靠。由于本种花梗比较长，侧瓣厚实，花朵圆整度比较高，已经成为短瓣亚属做亲本时的第一选择。

古德兜兰（*Paph. godefroyae* 'Black Diamond'）
（苏新发 供图）

古德兜兰（*Paph. godefroyae* 'Chimpanzee'）（苏新发 供图）

004　*Paphiopedilum leucochilum*　白唇兜兰（老沟兜兰）

种加词 *leucochilum* 意即"白色唇瓣的"，所以该种名直译为"白唇兜兰"，而"老沟兜兰"则是国内兰友将其种名的音译。本种唇瓣是纯白色，萼片和侧瓣上具有深紫色至紫红色斑点，对比非常明显。分布于泰国、越南和马来西亚等地区中低海拔的森林边缘，生长在石灰岩地质腐殖层丰富处。以前，曾经将白唇兜兰视为古德兜兰的变种，即 *Paph. godefroyae* var. *leucochilum*，现在白唇兜兰已经提升为一个独立的新种，即 *Paphiopedilum leucochilum*，除了其洁白无瑕的唇瓣与古德兜兰有明显区别外，两者的生境和花期也明显不同，虽然英国植物学家克里布（P. J. Cribb）认为这些微小的不同还不足以将白唇兜兰提升为一个新种，但是，英国皇家园艺学会依据APG分类系统，已经确定白唇兜兰是一个独立的种，在杂交登录上接受 *Paphiopedilum leucochilum*。

白唇兜兰（*Paph. leucochilum* 'YF1041' BM/TOGA）

005　*Paphiopedilum niveum*　雪白兜兰（妮维雅兜兰）

种加词 *niveum* 来源于拉丁语"*niveus*"，意为"雪白的、白雪的"，指的是其花朵亮白如雪的基底色。早在1868年，雪白兜兰就被发现并引入到欧洲。1869年，德国植物学者赖兴巴赫（Heinrich Gustav Reichenbach）命名并发表为 *Cypripedium niveum*，当时欧洲所引入的兜兰中，只有这种兜兰呈现白色，足以可见当时人们见到白色兜兰时的兴奋。当时归属于杓兰属，1892年德国植物学者贝特霍尔德·斯坦（Berthold Stein）将它移转至兜兰属中。

原产于马来半岛中北部及其东西两侧岛屿，主要发现于半岛西侧的马来西亚兰卡威岛（Langkawi Island）与槟榔屿（Penang Island）北部，生长于海拔0~200m的石灰岩上，性喜高温、阳光充足、空气湿度高且通风的环境。花径6~8cm，花色雪白，无香味，萼片和侧瓣上散布紫色细小斑点，假雄蕊中央有醒目的黄斑。本种与古德兜兰（*Paph. godefroyae*）在花形和花色上比较相似，但本种花梗较长，花近纯白色，仅在假雄蕊周围带细斑点。雪白兜兰的白色基因在育种上有很强的遗传优势，是白色兜兰的重要育种亲本，但其后代花朵质地比较薄，开花性也不甚理想。

雪白兜兰（*Paph. niveum* 'Nae San' SM/TPS）

雪白兜兰（*Paph. niveum*），此个体花形圆整，个体极优

雪白兜兰（*Paph. niveum* 'Ruey Hua #8' SM/TOGA）

雪白兜兰的白变型（*Paph. niveum* f. *album*）

雪白兜兰（*Paph. niveum*）植株形态，个体间瓣形差别较大，在育种上要选用花形圆整的个体作亲本

006　*Paphiopedilum thaianum*　泰国兜兰

2006年发现的迷你兜兰,它是短瓣亚属里植株与花朵都最小的原种,种加词*thaianum*意为"泰国的",乃是泰国的特有种,有人认为它是雪白兜兰(*Paph. niveum*)的变种,从植株和花朵形态上来说,本种非常像迷你版的雪白兜兰,但本种有显著特点,即从外侧就可以观察到在唇瓣内侧底部有许多褐色斑点,并且假雄蕊呈绿色。

原产于泰国南部的马来半岛中北部,主要发现于半岛西侧的安达曼海(Andaman)沿岸地区,生境为海拔350~450m的热带雨林朝北的山坡灌木丛下,生长于石灰岩石缝腐殖质层中。泰国兜兰仅在8km²的范围内零星分布,常见与白唇兜兰(*Paph. leucochilum*)及边远兜兰(*Paph. exul*)共同生长。泰国兜兰的原产地年均温为22~25℃,4~5月为开花高峰期。目前,由于非法采集、森林砍伐和栖息地破坏等,种群数量急剧减少。本种可以用于兜兰的迷你育种,其相对较小的植株配较高的花梗是可利用的优点。

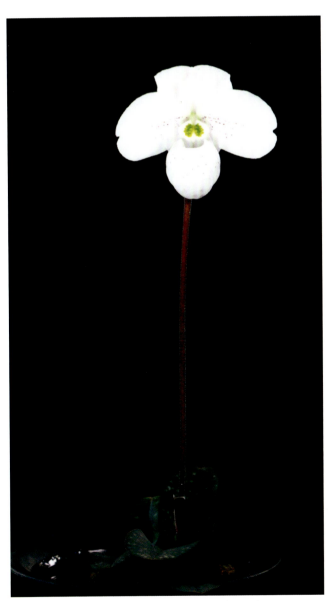

泰国兜兰(*Paph. thaianum* 'N.S.')

泰国兜兰(*Paph. thaianum* 'Chouyi #229'),此个体花形比较圆整

泰国兜兰（*Paph. thaianum*），植株较小，有相对较高的花梗，作为亲本时要选择花形比较圆整的个体

泰国兜兰（*Paph. thaianum*）（李进兴 供图）

007 *Paphiopedilum wenshanense* 文山兜兰

1891年，知名兰花育种家希思（Heath）将同色兜兰（*Paph. concolor*）和巨瓣兜兰（*Paph. bellatulum*）的人工杂交后代登录为 *Paph. Concobellatulum*，后来在泰国与缅甸发现大量株形、花形、花色、斑点变化介于同色兜兰与巨瓣兜兰的中间种，认为这是同色兜兰与巨瓣兜兰的自然杂交种，所以称作 *Paph.* × *conco-bellatulum*。在原产地，大量的同色兜兰与巨瓣兜兰分布区互相重叠，巨瓣兜兰的花期是4~6月，同色兜兰的花期是6~8月，这中间至少有1个月的时间是花期重叠期，因此，自然杂交是有可能发生的。2000年，刘仲健教授在云南发现一个野生兜兰种群，经过基因比对，确认是同色兜兰和巨瓣兜兰的自然杂交种，同年发表为 *Paph. wenshanense*，意为"文山的、文山产的"，其所持主张乃"这个物种有自己相当稳定的基因库，以云南文山地区的最为典型，应被视为一个正式的种"。目前国际兰花登录机构——英国皇家园艺学会已经接受 *Paphiopedilum wenshanense* 作为亲本进行杂交登录。

分布于泰国、缅甸和我国的云南、广西等地，生长在海拔1000~1200m的石灰岩地区有茂密灌木丛和草丛的山坡上。

值得注意的是，文山兜兰的花朵斑点有细碎斑点、中斑点，乃至粗斑点，而人工杂交培育出的 *Paph. Conco-bellatulum*，花朵斑点均为细碎斑点，还没有出现粗斑点的植株。

文山兜兰（*Paph. wenshanense* 'Xiushui Ching #1' SM/TOGA）

文山兜兰（*Paph. wenshanense*）不同的花形和花色

文山兜兰的白变型（*Paph. wenshanense* f. *album*）

文山兜兰（*Paph. wenshanense*）及其原生境（韩周东 供图）

文山兜兰（*Paph. wenshanense*），可见各种花色混生（韩周东 供图）

由于短瓣亚属中的巨瓣兜兰（Paph. bellatulum）、文山兜兰（Paph. wenshanense）、同色兜兰（Paph. concolor）的花形、花色和植株形态极为相似，尤其是文山兜兰和同色兜兰，非常容易造成混淆，这给许多兰花爱好者造成很大困惑，其实观察它们的花色、斑点和假雄蕊特征，还是能够将它们辨识出来的，现将它们的区别特征整理如下：

	巨瓣兜兰（Paph. bellatulum）	文山兜兰（Paph. wenshanense）	同色兜兰（Paph. concolor）
花色	白	白、黄、乳黄	黄、乳黄
斑点	中斑、粗斑	细斑、中斑、粗斑	细斑
假雄蕊	上端中线呈凹槽型，白色带斑点，中间会有一小点黄色，尖端钝状凸起	颜色和形状变化较大。上端中线呈凹槽型，尖端有锯齿，然后再锐状凸起	上端中线呈极深峡谷型，底色为黄色或乳黄色，尖端锐状凸起

巨瓣兜兰（Paph. bellatulum）、文山兜兰（Paph. wenshanense）、同色兜兰（Paph. concolor）的假雄蕊比较

三、多花亚属（Subgenus *Polyantha*）

亚属名中"*poly*"意思为"多的、聚合的"，"*antha*"来源于拉丁语"*anthum*"，是"花朵"的意思，亚属名的意思就是"一花梗上着花多朵的种类"。其特征：①长花梗，一梗多花；②侧瓣细长；③叶片全绿，不具斑纹，革质略肉厚，叶形呈带状瘦长，大多是大型的植株。分成3个组：

（一）Section *Mastigopetalum* 鞭毛瓣组

本组也叫头盔组，因为本组兜兰花朵的唇瓣就像一个倒置的头盔。另外，本组的上萼片和唇瓣在颜色和形态上相似，唇瓣都具有内弯侧裂片。本组是本亚属中最主要的组，涵盖了本亚属中大部分种类，分布地域从加里曼丹岛以东、菲律宾以南到巴布亚新几内亚岛以西及以北。

包括 *Paph. adductum*、*Paph. anitum*、*Paph. gigantifolium*、*Paph. glanduliferum*、*Paph. kolopakingii*、*Paph. philippinense*、*Paph. randsii*、*Paph. rothschildianum*、*Paph. sanderianum*、*Paph. stonei*、*Paph. supardii*、*Paph. wilhelminae*。

001　*Paphiopedilum adductum*　马面兜兰（棉岛兜兰）

种加词 *adductum* 意为"内缩、并拢"，指的是其假雄蕊内缩，角度狭小。本种于1933年被发现，1983年被命名发表，原产于菲律宾南部的民答那峨岛（Mindanao Island），又叫棉兰老岛，所以本种又称"棉岛兜兰"。因为其唇瓣两侧向内凹，唇瓣口宽于唇瓣底部，整个形态像马头，所以又称为"马面

马面兜兰（*Paph. adductum*）花朵特写

兜兰"。其花期在每年的春末夏初。本种新芽生长缓慢，从发出新芽到成熟需要2年的时间，本种栽培难度较大，忌强光，喜中低等强度光照，栽培中应避免长时间的日晒，以免晒伤。

马面兜兰（*Paph. adductum*）（李进兴 供图）

002 *Paphiopedilum anitum* 黑马兜兰（雅尼兜兰）

1998年，菲律宾兰学家安德烈斯·葛拉姆克（Andres S. Golamco Jr.）根据原生环境条件、花期、开花表现以及地理分布等差异，描述了一种具有黑色花朵的兜兰，并命名为 *Paphiopedilum anitum*，种名来自菲律宾神话中一位神祇的名字，称为"雅尼兜兰"。本种花朵具有橘褐色至黑褐色线条，上萼片为深咖啡色至黑色，花朵以"黑"而出名，在英文之中也有"Black Orchid"或"Black Paphiopedilum"的说法，在兰界都称之为"黑马兜兰"。2000年，美国植物学家哈罗德·克帕维茨（Harold Koopowitz）认为，这与已经发表的马面兜兰（*Paph. adductum*）虽然在植株形态和开花表现上有些细微的差异，但这些差异并不能支撑黑马兜兰成为一个独立的种，故将黑马兜兰降为马面兜兰的变种：*Paph. adductum* var. *anitum*。2009年，英国皇家园艺学会正式赋予黑马兜兰一个独立种的地位，即 *Paphiopedilum anitum*。除了形态和开花有差异，在生长环境上马面兜兰喜中低等日照，而黑马兜兰则喜相当阴暗的环境，栽培时需要遮光80%以上，并营造一个空气湿度较高的生长环境，人工栽培困难，对栽培技术要求较高。

本种为菲律宾特有种，地理分布非常狭隘，分布于民答那峨岛东北的苏里高（Surigao）南部，主要生长于海拔800m的常绿阔叶密林，花期春季至夏季（当地每年4~9月）。在兜兰的育种里被视为培

黑马兜兰（*Paph. anitum* 'Chouyi #4' SM/TOGA）

育深色、黑色品种的绝佳新亲本,其子代深色花色表现非常优秀,并且已广泛地获得证实,譬如它与洛斯兜兰(Paph. rothschildianum)的杂交子代 Paph. Wössner Black Wings,多株个体在短短数年内即获得 AOS、TOGA、TPS 等国际上高公信力审查团体授予的 FCC、GM 等金牌奖。

黑马兜兰(*Paph. anitum* 'Black Magic')

003　*Paphiopedilum gigantifolium*　巨叶兜兰

　　本种1997年被发现，种加词 *gigantifolium* 意为"巨叶的"，植株属于大型兜兰，其叶片长而宽大，花朵数量多，一花梗通常开花4朵以上。原产于苏拉威西岛（Sulawesi Island）西北部海拔700~980m的石灰岩地带，多生长于有水流经过的石灰岩峭壁或是积贮腐殖质丰富的岩缝。本种是近年来多花性兜兰育种的新亲本，多花性、长花梗及弯曲的侧瓣是其特点。本种与洛斯兜兰（*Paph. rothschildianum*）的杂交后代 *Paph.* Hung Sheng Eagle，广受好评，为多花亚属的杂交育种开辟了新方向。

巨叶兜兰（*Paph. gigantifolium*）（李进兴 供图）

巨叶兜兰（*Paph. gigantifolium*）的花朵

巨叶兜兰（*Paph. gigantifolium* 'Miao Hua #2'）

004　*Paphiopedilum glanduliferum* 疣点兜兰（腺疣兜兰）

本种被发现比较早，在1849年就已经以 *Cypripedium glanduliferum* 之名发表。这个原种以前多写为 *Paph. preastans*，甚至与 *Paph. gardineri*、*Paph. bodegomii*、*Paph. wilhelminae* 等也混为一谈。目前已正式正名，*Paph. preastans* 为异名，杂交登录上不再使用，*Paph. wilhelminae* 则正式分出，成为独立种，*Paph. gardineri*、*Paph. bodegomii* 皆为其异名。

原产于新几内亚岛西部及西北方诸岛，生境为海拔0~1500m的大落差范围石灰岩岩壁。本种属于中型绿叶种，多花性，花呈黄底带深咖啡色线条，侧瓣卷曲，唇瓣稍长，呈胭脂色，在杂交育种上，黄色基因遗传性强。

疣点兜兰（*Paph. glanduliferum* 'Bear'）

疣点兜兰（*Paph. glanduliferum* 'Nei Shan #2'）

疣点兜兰（*Paph. glanduliferum*）（李进兴 供图）

疣点兜兰（*Paph. glanduliferum*）花朵特写

005 Paphiopedilum kolopakingii 柯氏兜兰

本种在1984年被发表，种加词来自印度尼西亚爪哇岛（Java Island）的一名兰花种植者A. Kolopaking，他首先栽培本种兜兰开花。Kolopaking家族在兜兰历史上之所以有名，除了在爪哇岛经营苗圃久负盛名，还牵扯到历史上第一起兰花走私案中。1994年，本种命名者的儿子哈托克·洛帕金（Harto Kolopaking），将216株稀有的野生兜兰装入行李箱中，顺利通过洛杉矶海关，在机场附近的旅馆打算以13000美元的价格售卖此批兜兰，结果被美国渔业与野生动植物管理局的乔装探员抓获，被判5个月监禁，哈托克·洛帕金因此也成为第一个因为走私兰花被判刑的人。

本种属于大型兜兰，有8~10片带状叶，叶长可以达到80cm，但是开花也多，是兜兰属中一梗花朵数量最多的兜兰，最多可以达到12朵。虽然本种栽培容易，但开花却不易，从发出新芽到开花要经历4~5年的时间。本种原产于加里曼丹岛（Kalimantan Island）中部，生于海拔600~1100m的陡峭河流峡谷的岩石上，花期7~9月。本种是多花性育种的一个重要亲本。

柯氏兜兰（*Paph. kolopakingii*）（沈义伟 供图）

柯氏兜兰白变型（*Paph. kolopakingii* f. *album*）（沈义伟 供图）

006　*Paphiopedilum philippinense*　菲律宾兜兰

1862年由德国植物学家赖兴巴赫（Heinrich Gustav Reichenbach）正式描述命名，种加词意为"菲律宾的"，广泛分布于菲律宾群岛，包含北部的吕宋岛（Luzon Island）、民答那峨岛北部、巴拉望岛（Palawan Island）西部和南端、加里曼丹岛北部。通常生长在海拔500m以下的林下、石灰岩悬崖和潮湿岩壁上，喜光线明亮的开放空间，花期1~4月。

本种属于大型多花类兜兰，常一梗6朵以上，上萼片线条暗咖啡红色，其花朵特征在于长达12~20cm向下悬垂如丝的咖啡色侧瓣，侧瓣通常如麻花卷般扭转，显得有趣而吸引人。本种栽培容易，比较耐热，开花性也好，是栽培多花性绿叶型兜兰的极佳入门种。

菲律宾兜兰有2个变种，一种是 *Paph. philippinense* var. *roebbelenii*，原产于吕宋岛，其花朵较模式种略大，上萼片线条较粗密，略晕开，侧瓣较宽而挺立且不扭转或稍扭转，呈咖啡红色，侧瓣长度可达18cm以上；另一种是 *Paph. philippinense* var. *laevigatum*，花朵及植株都较为小型，侧瓣平行开展，不像前两种呈下垂状，上萼片的咖啡色线条晕开，侧瓣的色泽较模糊，其子代幼年期较短，是商业栽培育种的可利用之处。值得注意的是，这3种类型经过互相杂交之后，就只能写为一般的 *Paph. philippinense*，而不再有变种名的标示。菲律宾兜兰咖啡红色和绿黄色遗传优势强，花朵数量多，是非常好的兜兰育种亲本，其杂交后代也都有很好的表现。另外，白变型的绿花品系通常多作为绿花兜兰的育种亲本。

菲律宾兜兰（*Paph. philippinense*）

菲律宾兜兰 *roebbelenii* 变种（*Paph. philippinense* var. *roebbelenii*）（沈义伟 供图）

菲律宾兜兰 *laevigatum* 变种（*Paph. philippinense* var. *laevigatum*）

菲律宾兜兰白变型（*Paph. philippinense f. album* 'Angel Hair' SM/TOGA），绿黄色的唇瓣和侧瓣，与白底绿线的上下萼片，形成很优美的对比

Paph. philippinense f. *album* 'Miao Hua'，此个体是菲律宾兜兰白变型与 *laevigatum* 变种的白变型杂交所得

007　*Paphiopedilum randsii* 然氏兜兰（兰兹兜兰）

本种于1968年在菲律宾被发现，1969年，美国加利福尼亚州的R. J.兰园园主兰兹（Ray Rands）首先栽培开花，同年，美国植物学家，同时也是兜兰爱好者杰克·阿奇·福利（Jack Archie Fowlie）以兰兹姓氏命名发表。

原产于菲律宾的民答那峨岛（Mindanao），生长于海拔460~500m的茂密森林中。这个原种近似菲律宾兜兰（*Paph. philippinense*），但本种的植株更大，叶也比较宽阔，侧瓣具有棕色条纹，较短且下垂，花朵较小而花朵数量更多，能够达到10朵，可以与柯氏兜兰（*Paph. kolopakingii*）媲美，可以作为多花性育种的亲本。本种花期在春末夏初，生长缓慢，栽培难度大。

然氏兜兰（*Paph. randsii* 'Chou-Yi' BM/TOGA）

008 *Paphiopedilum rothschildianum* 洛斯兜兰（国王兜兰、帝王兜兰）

1887年，一批来自马来西亚的山采植株首次被输入英国，开花后引起了极大的轰动，1889年，以维多利亚时代最知名的兰花栽培者，也是当时英国园艺界的幕后大金主洛斯契尔德（F. J. de Rothschild）的姓氏命名发表，即 *Cypripedium rothschildianum*。虽然同年也有以 *Cypripedium elliottianum* 之名发表的新种兜兰，但英国植物学家克里布（P. J. Cribb）认为从所描述的这个种特殊假雄蕊判断，这个种应该就是洛斯兜兰，现 *Paph. elliottianum* 已被列为异名。原产于加里曼丹岛的沙巴（Negeri Sabah），只局限于京那巴鲁山（Kinabalu）区域，生于海拔500~1200m茂密森林中石上或腐殖土中，花期4~5月。

本种植株大型，花朵也巨大，花径可达30cm，花梗长40~60cm，着生3~6朵花，花朵霸气十足、精神饱满，十足王者气息，素有"兜兰之王"的美誉，因此本种也称为"国王兜兰"、"帝王兜兰"，是兜兰栽培者热衷追寻收集的种类，也是兜兰育种者必备的亲本。

本种栽培容易，需要较强的光照，才能容易成花，但是生长相当缓慢，即使以人工繁殖的容易栽

洛斯兜兰（*Paph. rothschildianum* 'Chou-Yi' SM/TOGA）

洛斯兜兰（*Paph. rothschildianum* 'Big Wings'）

洛斯兜兰（*Paph. rothschildianum*）

培的品系来说，通常自小苗栽培起5~7年才能初次开花。在遗传特性上，本种是多花类育种的最佳亲本选择，可以毫不夸张地说，几乎所有的兜兰原种都跟本种有杂交子代，目前市场上见到的大多数多花类兜兰品种都有其血统。

本种是各个兰展的常胜将军，获得GM奖、FCC奖无数。通过查阅得奖时的得分记录，可以明显地看到整个兜兰育种历程和育种进步，这是一个优中选优、精中挑精的过程。AOS最早记录的1969年获得最高奖FCC的洛斯兜兰，其花径只有26.7cm，上萼片宽6.4cm，侧瓣宽1.3cm，现在能够获奖的洛斯兜兰花径基本都在32cm以上，上萼片宽可以超过7.0cm，侧瓣宽2.0cm以上，真正有玉树临风、君临天下的霸气！当然，在评分时，除了看花径的大小，花朵的数量、颜色、光泽、平整度、挺拔度以及整个花序的排列都是需要考量的因素。

兜兰作为受保护的旗舰种类，其野生植株一直遭到盗采盗挖，也一直困扰着植物保护相关部门。其实洛斯兜兰就是一个很好的范例，目前随便一个知名兰园出品的洛斯兜兰，其开花性、花朵大小、花朵颜色都远胜山采株，这导致山采株无人问津，其野生植株不再受到侵扰，反而受到了保护。

009　*Paphiopedilum sanderianum*　桑德氏兜兰（皇后兜兰）

1885年，英国"兰花大王"弗雷德里·桑德（Henry Frederick Conrad Sander）公爵资助兰花学者福斯特曼（J. Forstermann）到加里曼丹岛去寻找当时欧洲最有价值的史东兜兰变种（*Paph. stonei* var. *platyphyllum*），因福斯特曼并不知那株史东兜兰是一特殊变种，他在加里曼丹岛遍寻不着，却在加里曼丹岛西北部古农姆鲁（Gunung Mulu）陡峭山坡上发现一特殊兜兰物种，他采集后寄回英国。翌年春天，这一株兜兰在桑德公爵的温室中开花了，其花朵前所未见，非常引人注目。德国植物学家赖兴巴赫（Heinrich Gustav Reichenbach）以"Sander"之名命名这株兜兰并正式描述发表在 *Gardener's Chronicle*（《园艺家年鉴》），当时归在杓兰属，学名为 *Cypripedium sanderianum*。桑德氏兜兰约1m长的侧瓣引起兰界轰动，当时一些大型兰花公司纷纷派遣兰花猎人到发现地采集，不过，当时一些新发现的物种，为了提高其稀有性和商业价值，以及避免其他同业者的竞争，商人们会刻意隐藏它的真实产地，桑德氏兜兰的原产地被误导为马来西亚群岛。由于被误导，不仅在野外难觅踪迹，人工栽植时没有原生地环境比对也困难重重，可惜这批栽种的桑德氏兜兰在几年后因栽植不当死亡。到了1900年左右，桑德氏兜兰从人们视线中消失，只剩下文字记录和素描图及标本，人们只能在图片中或者干燥的标本里欣赏它美丽惊艳的风采，以表示它曾经存在过。不过从后来的杂交登录记录看，此后也出现过桑德氏兜兰的杂交后代登录，当时在其他人手上可能还存活几株桑德氏兜兰，只是未公开展览出现过。

将近100年间，人们在野外再也没有发现桑德氏兜兰，植物学者们甚至开始怀疑，桑德氏兜兰根本不存在于世界上。1974年，有学者提出，桑德氏兜兰其实是洛斯兜兰（*Paph. rothschildianum*）的花朵变异，或是洛斯兜兰和某种兜兰的自然杂交后代等种种臆测。直到1978年，艾凡·尼森（Ivan Nielsen）在砂拉越州（Negeri Sarowak）北部靠近文莱（Brunei）边界的古农姆鲁山（现为马来西亚国家公园）重新发现桑德氏兜兰，生境海拔150~900m，附着于东南坡向潮湿苔藓覆盖的石灰岩悬崖峭壁，偶尔生长在长满苔藓离地较近的树干上，呈现半气生半地生的石生生态习性，光线明亮但不直射，生长气候从热到温暖，全年有雨，潮湿，日夜温差大，露水量大，花期4~6月，单朵花期5~7周。

桑德氏兜兰的故事，成就世界各国政府之间一项知名的国际协议，即1975年生效的CITES协议（《濒危野生动植物物种国际贸易公约》）。这项协议的目的在于确保珍稀野生动植物活体和标本（全部或部分）在国际贸易上不会威胁到它们的生存。目前，兰科的全部物种均被归入CITES附录Ⅰ，这是国际贸易上最高等级的保护。

本种有"兜兰之后"的美称，其侧瓣呈飘带状，螺旋下垂，姿态潇洒飘逸，长度可达70cm以上，甚至可达100cm，侧瓣长度是所有的兰花之最。但是本种生长缓慢而娇贵，很难一睹其芳容，在原产地的自然环境下，实生苗开花需要10年的时间，在人工栽培环境下，也需要6~8年的时间。本种喜通风良好、明亮但不直射、温暖潮湿的环境，全年均可生长，休眠期不明显。全年须充分浇水，基质应持续保持湿润。尽量避免打扰根部，如果需要分株可于冬季进行，使植株于翌年夏季前恢复生机及根部生长。

在育种上，其长长的侧瓣无疑是一大被利用的亮点，可以说，如果要培育具有长长侧瓣的杂交后代，桑德氏兜兰是第一选择。其与菲律宾兜兰（*Paph. philippinense*）的杂交后代 *Paph.* Michael Koopowitz 综合了两个原种的优点，虽然侧瓣长度比不上桑德氏兜兰，但栽培更加容易，开花性也更好。

兜兰

桑德氏兜兰（*Paph. sanderianum*）

桑德氏兜兰（*Paph. sanderianum* 'Shin-yeh'），2014年1月TOGA扩大兰展兜兰组冠军

010 *Paphiopedilum stonei* 史东兜兰（斯通兜兰）

19世纪60年代初，曾经做过殖民地官员的英国人休·洛（Hugh Low）自加里曼丹岛进口了一批娄氏兜兰（*Paph. lowii*），其中一株被约翰·迪（John Day）购得并种植于花园里，并于1862年开出不一样的花，为了感谢并褒扬他堪称"绿拇指"的花园管理者罗伯特·斯通（Robert Stone），在由英国皇家植物园首任园长威廉·杰克逊·虎克（William Jackson Hooker）命名发表时提出以史东姓氏（Stone）来命名，在兜兰属尚未设立的当时被发表为 *Cypripedium stonei*。

原产地位于砂拉越州与加里曼丹岛边界近海湾的一块局限地域上，海拔60~700m，多生长于风化的石灰岩峭壁夹有薄层腐殖质的苔藓中，原生地常有小溪流淌而过。除了模式种 *Paph. stonei* 之外，尚有 *Paph. stonei* var. *latifolium* 及 *Paph. stonei* var. *platytaenium* 两个变种。本种上萼片为白色带明显的黑色条纹，侧瓣黄色底色上有黑色斑纹，唇瓣和上萼片有向前倾的特性，这也会遗传给下一代。在花色遗传表现上，能够使后代色彩柔和，质地较细腻，后代的花色表现比较淡雅，而且在色泽对比度上更加明显；在线条的遗传上，后代会遗传史东兜兰线条比较少的特点，但线条颜色表现会比较深且明显。

1995年5月，台湾兜兰业者筛选出一株轰动兜兰界的史东兜兰白变型 *Paph. stonei* f. *album*，这也是

史东兜兰（*Paph. stonei* 'S.' BM/TOGA）

史东兜兰（*Paph. stonei* 'In-Charm'）

史东兜兰（*Paph. stonei*）

史东兜兰的白变型（*Paph. stonei* f. *album*）

史东兜兰的白变型（*Paph. stonei* f. *album*）（苏新发供图）

当时全世界唯一的史东兜兰白变型，除了自交出现百分之百的白花，这个白变型与其他兜兰白变型杂交时，其杂交后代因为栽培困难而成活率过低，与大型菲律宾兜兰白变型（*Paph. philippinense* f. *album*）杂交时，后代百分之百的出现杂色。转机直到2012年秋出现，以 *Paph. stonei* f. *album* 为母本与小型菲律宾兜兰 *Paph. philippinense* var. *roebblenii* f. *album* 杂交，后代出现百分之百的白花，即白花的 *Paph.* Mount Toro，轰动整个兜兰界。

011　*Paphiopedilum supardii*　曲蕊兜兰

本种在1983年被发现，1985年被发表，种加词来自一名兰花种植者Mr. Supard。原生于加里曼丹岛海拔600~1000m的石灰岩缝隙中，花期5~6月。本种属于大型绿叶多花类兜兰，一支花梗通常有4~8朵花，但大部分上萼片圆整度不佳，存在基部后翻的现象，所以在杂交育种上较少使用。

曲蕊兜兰（*Paph. supardii*）

曲蕊兜兰（*Paph. supardii*）（李进兴 供图）

012 *Paphiopedilum wilhelminae* 威后兜兰（威廉敏娜女王兜兰）

1942年威廉姆斯（L. O. Williams）以荷兰威廉敏娜女王（Queen Wilhelmina）名字命名本种，1988年被布雷姆（G. J. Braem）修正为疣点兜兰（*Paph. glanduliferum*）的同种异名，后来又被改为 *Paph. preastans* 的同种异名；直到1998年，克里布（P. J. Cribb）将 *Paph. preastans* 并为 *Paph. glanduliferum* 的同种异名，但将 *Paph. wilhelminae* 独立出来，这个方案被英国皇家园艺学会在杂交登录上正式采用。本种与疣点兜兰的差别是花朵有着更黑红色的光泽，并且会遗传给子代。

本种属于中小型绿叶种，多花性，上萼片较圆整，花朵较小，花朵间距大，有迷人的咖啡色泽。原产于新几内亚岛西部至东部的中央地带石灰岩地区，多生长于海拔1700~1800m的多碎石草原，喜光。本种在杂交育种上也非常有特点，它能够使后代的色彩加重，而其花朵间的距离也明显大于一般绿叶多花种类，在遗传上也有强势表现；本种的劣势是花朵比较小，这个特性也会遗传给后代。其与洛斯兜兰（*Paph. rothschildianum*）的杂交后代 *Paph.* Susan Booth，在花形、花色和花朵大小上都超过了本种，现在已经很少以威后兜兰作亲本，而是以 *Paph.* Susan Booth 作亲本。

威后兜兰（*Paph. wilhelminae* 'Y-2'）

威后兜兰（*Paph. wilhelminae* 'Miao-Hua' BM/TOGA）

威后兜兰（*Paph. wilhelminae*）（李进兴 供图）

威后兜兰（*Paph. wilhelminae*）

（二）Section *Mystropetalum* 谜瓣组

本组原种的特点是上萼片基部后翻严重，下垂的侧瓣基部逐渐变细。本组和多花组（*Polyantha*）都是上萼片后翻严重，这在育种上是致命的缺点，所以在分类上有时候也把这两个组并为一组。本组除了花朵形态与其他组相区别，还有个特殊的生态习性，即近于附生的习性。

本组只有两个原种：*Paph. dianthum*、*Paph. parishii*。

013　*Paphiopedilum dianthum*　长瓣兜兰

本种于1940年在我国云南被发现，是由我国最早的兰科植物研究者和奠基人唐进和汪发缵教授发表的。因当时所发现的植株是一梗开着两朵花，因而种加词被定为*dianthum*，意即"二朵花的"，其实它的每支花梗最多可以达到4朵花，因此在中文名上直接使用习惯称呼的"长瓣兜兰"。最近，在国内销售市场上，又时兴起长瓣兜兰，因为长瓣兜兰的花期在夏末秋初，此时正好与我国的情人节——七夕撞在一起，销售商按照"长伴兜兰"的名字销售，反而备受青睐。似乎也正暗合了当初命名者的意思——"两个的、成双的"。

过去本种曾被视为飘带兜兰（*Paph. parishii*）的变种：*Paph. parishii* var. *dianthum*。但本种与飘带兜兰形态有明显差异，长瓣兜兰子房和花梗无毛，而飘

长瓣兜兰（*Paph. dianthum*）

长瓣兜兰（*Paph. dianthum* 'Nei Shan'）

长瓣兜兰的白变型（*Paph. dianthum* f. *album*）

长瓣兜兰（*Paph. dianthum*）及其生境（韩周东 供图）

带兜兰子房和花梗有毛。长瓣兜兰花期是7~9月，每梗着花2~4朵，相继开放，花朵的中萼片近椭圆形，为白色；而飘带兜兰花期是6~7月，每梗着花3~9朵，几乎同时开放，花朵的中萼片是椭圆形或宽椭圆形，为黄绿色。

本种的上萼片后翻严重，这在育种上是无法改变的致命缺点，很少用作亲本。原产于我国云南、贵州、广西，以及越南北部，生境海拔800~2250m，多生长于石灰岩地区常绿阔叶林或灌木林树干基部，以及林下的岩石上或荫蔽的石壁上。

长瓣兜兰（*Paph. dianthum*）及其生境（邓振海 供图）

飘带兜兰（*Paph. parishii*，左）和长瓣兜兰（*Paph. dianthum*，右）的区别

014　*Paphiopedilum parishii* 飘带兜兰（派瑞许兜兰）

1859年在缅甸工作的英国传教士查尔斯·派瑞许（Charles Parish）发现本种，1868年由休·洛（Hugh Low）的公司开始将本种输入英国，为纪念查尔斯·派瑞许牧师，1869年德国植物学家赖兴巴赫（Heinrich Gustav Reichenbach）描述命名发表为 *Cypripedium parishii*，1892年德国植物学者贝特霍尔德·斯坦（Berthold Stein）将其改归入兜兰属。

本种原产于缅甸、泰国，以及我国云南西南部至南部的耿马傣族佤族自治县、勐腊县，于云南多生长于海拔1000~1300m的林中树干上，以及苔藓覆盖的岩石缝隙中。飘带兜兰的花期在夏季，开花性良好，一梗着花最多可以达10朵，可以用作多花性育种亲本，但本种的上萼片后翻严重，是一个无法避免的缺点。

飘带兜兰（*Paph. parishii* 'Ruey Hua #1'）

飘带兜兰（*Paph. parishii*）

飘带兜兰（*Paph. parishii*）及其生境（韩周东 供图）

(三) Section *Polyantha* 多花组

本组是多花亚属中花朵形式较特殊的组：一茎多花，花朵同时开放，假雄蕊倒卵形；上萼片基部后翻严重；下垂的侧瓣基部逐渐变宽。

只有两个原种：*Paph. haynaldianum*、*Paph. lowii*。

015　*Paphiopedilum haynaldianum*　海氏兜兰（黑氏兜兰、海纳德氏兜兰）

1873年由英国的Veitch园艺公司输入欧洲，隔年德国植物学家赖兴巴赫（Heinrich Gustav Reichenbach）描述命名为*Cypripedium haynaldianum*，1892年德国植物学者贝特霍尔德·斯坦（Berthold Stein）将其改归入兜兰属。种名为纪念匈牙利业余植物学家海纳德（Haynald）。本种花朵形态与娄氏兜兰（*Paph. lowii*）相似，但本种上萼片基部为黄绿色，顶部为白色，有粉红色及褐色斑点，与娄氏兜兰有明显的区别。

本种因为种名的音译，在国内被叫作"海南兜兰"，使人误以为这是原产于我国海南省的兜兰，其实在我国有真正的海南兜兰——*Paph. appletonianum* var. *hainanense*，为避免引起混淆，建议本种此后只能称为"海氏兜兰"。本种原产于菲律宾的吕宋岛及内格罗斯岛（Negros），从低地到海拔1400m都有分布，常见于大树基部苔藓中及表面有腐殖质层的岩石上生长。本种其上萼片后翻，这在育种上是不易改变的致命缺点。

海氏兜兰（*Paph. haynaldianum*）

海氏兜兰的白变型（*Paph. haynaldianum* f. *album*）

016 *Paphiopedilum lowii* 娄氏兜兰（洛氏兜兰）

1846年英国的殖民地官员及博物学家休·洛（Hugh Low）于砂拉越州发现本种，本种是多花亚属最早被发现的原种，也是多花亚属及多花组的模式植物。休·洛被认为是第一个在马来西亚取得成功的英国参政司，其家族从事苗圃生意，从马来西亚进口了大量的兜兰。1847年，林德利（Lindley）以休·洛的姓氏命名发表为 *Cypripedium lowii*，1892年德国植物学者贝特霍尔德·斯坦（Berthold Stein）将其改归入兜兰属。原产于马来半岛南部到苏门答腊岛、爪哇岛、加里曼丹岛、苏拉威西岛，生境海拔250~1200m，生态习性介于地生到气生。除了模式种 *Paph. lowii* 外，还有 *Paph. lowii* var. *lynniae*（原产于加里曼丹岛）及 *Paph. lowii* var. *richardianum*（原产于苏拉威西岛）两个变种。本种上萼片基部暗红色，有明显的后翻，顶部黄绿色，侧瓣向两边延伸呈船桨状，近基部有黑点，尾端呈紫红色。在遗传上，其后代强烈遗传本种的花形和花色，但上萼片后翻的特性也一样遗传。

娄氏兜兰（*Paph. lowii*）

娄氏兜兰（*Paph. lowii*）（李进兴 供图）

娄氏兜兰变种（*Paph. lowii* var. *richardianum*）
（李进兴 供图）

娄氏兜兰的白变型（*Paph. lowii* f. *aureum*）

娄氏兜兰的白变型（*Paph. lowii* f. *aureum*）（沈义伟 供图）

四、兜兰亚属（Subgenus *Paphiopedilum*）

本亚属分布于印度东北部到中南半岛西半部、向东到中国西南、向南到马来半岛北段，印度南端则有南印兜兰（*Paph. druryi*）孤零零地分布。其特征：①中长花梗，一花梗单花，偶有双花；②花朵多带蜡质，上萼片一般较大而圆、部分会后卷，侧瓣较短；③植株小至中型，叶全绿、不具斑纹、细长型。分成4个组：

（一）Section *Paphiopedilum* 兜兰组

包括 *Paph. areeanum*、*Paph. barbigerum*、*Paph. charlesworthii*、*Paph. exul*、*Paph. gratrixianum*、*Paph. helenae*、*Paph. henryanum*、*Paph. herrmannii*、*Paph. insigne*、*Paph. papilio-laoticus*、*Paph. tigrinum*、*Paph. tranlienianum*、*Paph. villosum*（包含 *annamense*、*boxallii*、*densissimum*）。

001　*Paphiopedilum areeanum*　根茎兜兰

本种在2001年由德国兰科植物专家奥拉夫·格鲁斯（Olaf Gruss）发表，种加词意为"秋天的"，意指本种兜兰是秋天开花的。不过在国内更具影响力的是2002年由陈心启和刘仲健教授发表的 *Paphiopedilum rhizomatosum*，种名中"rhizome"是"根状茎"的意思，所以国内称该种为"根茎兜兰"。根据《国际植物命名法规》的优先权原则，*Paphiopedilum rhizomatosum* 被列为异名。本种具有8~10cm长、8~1.2cm粗的根状茎，花的形态表明与小叶兜兰（*Paph. barbigerum*）有较近的亲缘关系，但本种叶片更大，宽至2.5~3.5cm，假雄蕊先端近截形，具短尖，易于区别。分布于云南西南部至西部，以及缅甸北部。花期10~11月。

本种也被认为是小叶兜兰和安南兜兰（*Paph. villosum* var. *annamense*）的自然杂交种，但此说法没有被兰界广泛认可。

根茎兜兰（*Paph. areeanum*）

根茎兜兰（*Paph. areeanum*）具有很明显的根状茎

根茎兜兰（*Paph. areeanum*）
（兰科中心 供图）

002 *Paphiopedilum barbigerum* 小叶兜兰（小男孩兜兰、芭比兜兰）

小型的迷你种，种加词源自拉丁语"*barba*"，意思是"胡须"，因每个侧瓣的底部有毛簇似胡须而得名，但因为种名与芭比娃娃的英文（barbie）太相似，整个植株和花朵也都十分小巧可爱，因而被昵称为"芭比兜兰"，而因为花有"胡须"，国内称之为"小男孩兜兰"，多少保留了一点种名的本意；值得注意的是，很多本亚属的种类在侧瓣的底部都具有毛簇，比如红旗兜兰（*Paph. charlesworthii*）、格力兜兰（*Paph. gratrixianum*）、波瓣兜兰（*Paph. insigne*）等。另外，由于本种的叶片在本亚属算是比较小的，国内又称之为"小叶兜兰"。本种于1940年由我国植物学家唐进和汪发瓒先生发表，植物体源自法国植物学家在贵州采集的标本，但发表后一度在野外寻不着踪影，直到1986年才再度被发现。

小叶兜兰（*Paph. barbigerum*）的花色变化甚大，很难根据花的大小和色泽进行更细地划分

小叶兜兰（*Paph. barbigerum* 'Miao Hua' SM/TOGA）

小叶兜兰的白变型（*Paph. barbigerum* f. *album* 'Wan Chiao' SM/TOGA）

小叶兜兰的变种（*Paph. barbigerum* var. *vejvarutianum*），侧瓣比较宽

　　本种上萼片基部底色绿黄，外缘白色大覆轮向后翻，侧瓣棕绿色，唇瓣棕色，上宽下窄。原产于我国广西北部和贵州，海拔1500m以上，多生长于遮阴的石灰岩山坡多石地或腐殖质堆积的岩石缝隙中，花期9~10月。

　　2000年，豪格·帕奈（Holger Perner）和罗尔夫·赫尔曼（Rolf Herrmann）发表了原产于越南北部的一新种 *Paphiopedilum coccineum*，种名来源于拉丁语"*coccineus*"，意思是"猩红的、深红的"，指的是其萼片中心是深红色，1年后，被并入小叶兜兰中，成为小叶兜兰的红花变种（*Paph. barbigerum* var. *coccineum*），因为原产于越南，国内称之为"越南小男孩"。在老挝还发现整个萼片都呈褐色的变种 *Paph. barbigerum* var. *sulivongii*。正如刘仲健教授在《中国兜兰属植物》中所称：小叶兜兰是一个广布和变化幅度大的种，它的花通常较小，但有时甚大；它的白色上萼片下部分中央通常呈黄褐色，但有时为绿褐色。因此很难根据花的大小和色泽进行更细的划分。

　　2003年奥拉夫·格鲁斯（Olaf Gruss）等人在 Die Orchide 上发表了新种 *Paphiopedilum vejvarutianum*，当初是作为红旗兜兰（*Paph. charlesworthii*）被引入，但开花后却明显不同，花朵形态与小叶兜兰相似，在2013年被确认为小叶兜兰的变种 *Paph. barbigerum* var. *vejvarutianum*。

小叶兜兰（*Paph. barbigerum*）及其原生境（韩周东 供图）

003　*Paphiopedilum charlesworthii* 红旗兜兰（查氏兜兰、查尔斯沃思兜兰）

本种于1893年在缅甸被发现，种加词为纪念20世纪初英国非常重要的兰花收藏者约瑟夫·查尔斯沃思（Joseph Charlesworth），他是首位将这种小型绿叶兜兰栽培开花的欧洲人。本种全名为"查尔斯沃思兜兰"，简称"查氏兜兰"，因为花朵的上萼片布满红色的网纹和色晕，像是一面扬起的红色旗帜，也被称为"红旗兜兰"。原产于印度的阿萨姆邦（Assam）东部、缅甸、泰国北部及我国云南，海拔1200~1700m，多生长于有较强光照的石灰岩地区西坡。花期夏末至冬季，顶生单花，花朵寿命可达1个月。

红旗兜兰植株虽小，却是红花与迷你品系育种的重要亲本，其特点包括宽阔的上萼片、蜡亮的质地、迷你的植株、稳定遗传的红花色基因。目前，在个体选择上更注重其宽阔的上萼片及红色蜡质的颜色，优秀个体的上萼片宽度可以接近整个花朵的宽度。

红旗兜兰（*Paph. charlesworthii*），个体选择上要注重其宽阔的上萼片及红色蜡质的颜色

红旗兜兰（*Paph. charlesworthii* 'In-Charm' SM/TOGA），本个体上萼片宽大，颜色蜡质红色，是非常优秀的个体

兰展上非常优秀的红旗兜兰（*Paph. charlesworthii*）个体

红旗兜兰的白变型（*Paph. charlesworthii* f. *album*）

红旗兜兰（*Paph. charlesworthii*）及其生境，可见野生植株的花形、花色远不及人工育种植株（韩周东 供图）

004　*Paphiopedilum exul*　边远兜兰（流放兜兰、耶库苏兜兰、X兜兰）

种加词来源于拉丁语"*exsillium*"，意为"流放的、隔离的"，这是因为在1891年本种被发现后，曾经一度作为波瓣兜兰（*Paph. insigne*）的变种，英国的"兰花大王"弗雷德里·桑德（Henry Frederick

边远兜兰（*Paph. exul* 'Yang Ji' BM/TOGA）

Conrad Sander）疑惑这么美的花为何没被特别地重视，其生长于泰国南部海边及岛屿，相比较于波瓣兜兰的典型地理分布显得偏远荒僻，显然是"边远的"，是被"流放的"。exul发音与英文"X"谐音，因而也被称为"X兜兰"。

原产于泰国普吉岛（Phuket）、泰国南部（马来半岛北中部）西海岸的甲米府（Krabi）以及两地之间的岛群，多生长于海拔10~60m通风且日照充足或略遮阴的石灰岩坡地及峭壁。

边远兜兰白变型（*Paph. exul* f. *album*）（Thanakrit Aah Kitkulthong 供图）　　边远兜兰（*Paph. exul*）

005 *Paphiopedilum gratrixianum* 格力兜兰（瑰丽兜兰、滇南兜兰）

此种在1905年基于从老挝采集到的植株命名并被发表，种加词来自当时英国曼彻斯特的兰花种植者Gratrix，"格力兜兰"、"瑰丽兜兰"的来由是其种名的音译，而"滇南兜兰"则源于其产地在云南南部。格力兜兰重要的识别特点是上萼片白色，中间有几排紫色斑点，但不同产区的格力兜兰上萼片颜色也有不同，比如思茅兜兰（*Paph. gratrixianum* var. *simaoense*）上萼片的底色为黄色；上萼片紫色斑点的大小也有不同，有的甚至没有紫色斑点，变化非常丰富。格力兜兰曾一度被兰花分类学家布雷姆（G. J. Braem）认为是紫毛兜兰（*Paph. villosum*）的变种，日本植物学家唐泽耕司（K. Karasawa）和齐藤龟三（K. Saito）则认为格力兜兰是一个自然杂交种。在原生地，格力兜兰和紫毛兜兰混生在一起，因此，格力兜兰与紫毛兜兰的几个变种，到底是独立的种还是自然杂交种，还需要进一步的研究以厘清它们之间的关系。

分布在我国云南东南部的麻栗坡、老挝、越南北部，生境是海拔1800~1900m湿润的常绿阔叶林中，生长在丹霞地貌的岩石上。花期为9~12月。

2002年奥拉夫·格鲁斯（Olaf Gruss）等人发表了一个新的自然杂交种——维腾兜兰（*Paph.* × *vietenryanum*），认为是格力兜兰和亨利兜兰（*Paph. henryanum*）的自然杂交种，就笔者观察，相较于格力兜兰丰富的颜色变化，这可能只是格力兜兰的一个变型或者变种，而且格力兜兰和亨利兜兰的人工杂交种 *Paph.* New Vietenryanum 在2009年也已经国际登录，其花形和花色与 *Paph.* × *vietenryanum* 还是有很大的不同。

格力兜兰（*Paph. gratrixianum*）上萼片颜色和斑点变化甚大

格力兜兰的变种思茅兜兰（*Paph. gratrixianum* var. *simaoense*）（兰科中心 供图）

格力兜兰（*Paph. gratrixianum*）及其原生境（韩周东 供图）

紫毛兜兰（*Paph. villosum*）和格力兜兰（*Paph. gratrixianum*）在原生地混生在一起，很有可能会产生自然杂交种，而且在原生境中可以看到有明显不同的个体

Paph. Trixivil，此为紫毛兜兰（*Paph. villosum*）和格力兜兰（*Paph. gratrixianum*）的人工杂交种

维腾兜兰（*Paph.* × *vietenryanum*）（兰科中心 供图）

Paph. New Vietenryanum

Paph. New Vietenryanum（四川横断山生物技术有限公司 供图）

006 *Paphiopedilum helenae* 海伦兜兰（巧花兜兰、海莲娜兜兰）

1995年发现于越南北部的迷你种，1996年由俄罗斯植物学者阿弗亚诺夫（L. V. Averyanov）命名和发表，种名来自其妻子的名字Helen Averyanova（这才是真正献给妻子的花，真正以妻子的名字命名），从此这种娇小可爱的兰花被叫作"海伦兜兰"，"海莲娜兜兰"则是来自种名的音译。几年后，在我国云南、广西等地也发现有分布，2001年以*Paphiopedilum delicatum*（巧花兜兰）之名发表，后被认定为海伦兜兰的同物异名，但"巧花兜兰"的名字却深入人心，并一直被保留。生境海拔600~900m，花期9~11月，多生长于高度风化的石灰岩峭壁。

本种曾与泰国兜兰（*Paph. thaianum*）并列为最迷你的两个兜兰原种，现在又增加了两个迷你原种——朗氏兜兰（*Paph. rungsuriyanum*）和耿氏兜兰（*Paph. canhii*）。本种在育种上多被使用于迷你花的杂交，尤其是"中小型肉饼"的育种，如黄花色系的 *Paph.* In-Charm Gold（= Emerald Magic × *helenae*），详见育种篇介绍。

海伦兜兰（*Paph. helenae*）不同花色的个体

海伦兜兰（*Paph. helenae* 'Crown#2' SM/TOGA）

海伦兜兰的白变型（*Paph. helenae* f. *album* 'Wan Chiao' SM/TOGA）

海伦兜兰的白变型（*Paph. helenae* f. *album*）

海伦兜兰（*Paph. helenae* 'Bear' BM/TPS）

海伦兜兰（*Paph. helenae*）及其生境（韩周东 供图）

007 *Paphiopedilum henryanum* 亨利兜兰

英国植物学家亨利·阿札戴德尔（Henry Azadehdelia）在中越边境发现本种，随后他将这批植株运往德国，1987年首次开花后布雷姆（G. J. Braem）以发现者名字命名发表，仅仅2周后，鲁克（Lückel）也以 *Paphiopedilum dollii* 名字发表，根据命名规则，只能以 *Paphiopedilum henryanum* 作为有效且合法的名字。

原产于中越边界，分布于越南北部、我国云南东南部的麻栗坡和马关一带，生境海拔1000~1200m，多生长于朝北的草坡上。根据花朵上萼片的颜色，亨利兜兰可分为不同的变型，这也极大地丰富了这一物种。2017年3月，王美娜博士等人发表了紫斑兜兰（*Paph. notatisepalum*），在形态上与亨利兜兰相似，不同之处在于叶上有大的黄色斑点，花朵萼片白色，浅紫红色的侧瓣有较大的紫色斑点和黄白色的边缘。考虑到亨利兜兰的花朵变异丰富，笔者认为还是把紫斑兜兰作为亨利兜兰的一个变型为妥。

亨利兜兰（*Paph. henryanum*）不同个体

亨利兜兰的白变型（*Paph. henryanum* f. *album*）

亨利兜兰红花变型（*Paph. henryanum* f. *red*），此个体上萼片的底色变为红色

亨利兜兰的半白变型（*Paph. henryanum* f. *christae*）

亨利兜兰的三唇瓣变型（*Paph. henryanum* f. *trilip*）

紫斑兜兰（*Paph. notatisepalum*）（兰科中心 供图）

亨利兜兰（*Paph. henryanum*）及其生境（韩周东 供图）

008 *Paphiopedilum herrmannii* 赫尔曼兜兰（禾曼兜兰）

在1995年，奥地利林茨市立植物园以带叶兜兰（*Paph. hirsutissimum*）之名引进了一批兜兰，却开出了不一样的花朵，随后福克斯（F. Fuchs）和雷辛格（H. Reisinger）以德国兰花种植者罗尔夫·赫尔曼（Rolf Herrmann）的名字命名为 *Paphiopedilum herrmannii*。1998年，英国植物学家克里布（P. J. Cribb）认为赫尔曼兜兰是带叶兜兰和小叶兜兰（*Paph. barbigerum*）之间的自然杂交种，2003年，俄罗斯植物学家阿弗亚诺夫（L. V. Averyanov）认为赫尔曼兜兰可能是带叶兜兰和波瓣兜兰（*Paph. insigne*）或海伦兜兰（*Paph. helenae*）之间的自然杂交种，并且与海伦兜兰杂交的概率大一些，因为发现赫尔曼兜兰的原产地同时存在带叶兜兰和海伦兜兰。但布雷姆（G. J. Braem）认为，本种在自然界稳定广泛的存在，可以作为一个独立的种，所持观点跟刘仲健教授对文山兜兰（*Paph. wenshanense*）的观点一样。目前，英国皇家园艺学会已经接受赫尔曼兜兰作为一个独立的种进行登录。

赫尔曼兜兰（*Paph. herrmannii*）（四川横断山生物技术有限公司 供图）

009 *Paphiopedilum insigne* 波瓣兜兰（美丽兜兰）

此种在1819年被采运到英国，翌年开花，1821年以 *Cypripedium insigne* 之名发表，种加词源自拉丁语"*insigne*"，意为"荣誉的、勋章的"，以表示花的醒目特别，虽然现在看波瓣兜兰在众多的兜兰原种中没那么出众，但在当时这是第二个被命名的兜兰，相较于第一个被发表的秀丽兜兰（*Paph. venustum*）当然醒目特别。因为其侧瓣向两侧垂下，边缘波状，在国内故名"波瓣兜兰"。分布于孟加拉国、印度东北部及我国云南西南部，生境为海拔1200~1600m的杂草丛生的多石山坡上或常绿阔叶林下多石之处，每年10~12月开花，以初冬时开花最为集中，花朵寿命近一个半月。

波瓣兜兰（*Paph. insigne*）（四川横断山生物技术有限公司 供图）

波瓣兜兰（*Paph. insigne*）

波瓣兜兰三唇瓣变型（*Paph. insigne* f. *trilip*）

波瓣兜兰的白变型（*Paph. insigne* f. *album*）（四川横断山生物技术有限公司 供图）

010　*Paphiopedilum papilio-laoticus*　凤蝶兜兰（老挝兜兰）

此种在2018年被发现，"*papilio*"意为"像凤蝶一样的"，指的是此种的上萼片宽大美丽并带有突出的紫色斑点，犹如凤蝶的翅膀，"*laoticus*"意为"老挝的"，说明其原产于老挝，名字带有浓浓的地域色彩。发表此新种的作者说，首先发现这个新种的并不是植物学家，而是那些商业性的兰花商人，为了保护此珍稀物种，避免遭到乱采滥挖，作者并没有透露发现地点和栖息地信息。

此种与格力兜兰（*Paph. gratrixianum*）十分相像，但本种的上萼片明显更宽大，占整个花朵的比例可以与红旗兜兰（*Paph. charlesworthii*）相媲美，平均达到8.6cm，上萼片有紫色眼斑，假雄蕊白色；而格力兜兰上萼片宽只有4.4~4.6cm，上萼片有实心的黑紫斑，假雄蕊浅黄色。

凤蝶兜兰（*Paph. papilio-laoticus*）

011　*Paphiopedilum tigrinum*　虎斑兜兰

这是1990年才被发现的原种，1990年6月美国植物学家哈罗德·克帕维茨（Harold Koopowitz）和日本植物学者长川谷直树（Norito Hasegawa）以"*tigrinum*"之名发表，意为"虎斑状的"，乃是指花朵上的褐色斑块及条纹，就如同老虎身上的斑纹。同年9月，美国植物学家，同时也是兜兰爱好者的杰克·阿奇·福利（Jack Archie Fowlie）以 *Paphiopedilum markianum*（麦氏兜兰）之名发表了一个新种，但后来发现是虎斑兜兰的同物异名。根据《国际植物命名法规》的优先权原则：*Paphiopedilum tigrinum* 成为该物种的正式合法名称，*Paph. markianum* 被列为异名。但目前这两个学名还有争议，因为 *Paph. markianum* 在9月被发表，作者曾将正式打印稿于5月24日寄往美国与德国的重要学术机构，*Paph. tigrinum* 在6月被发表，作者未说明模式标本采集人、标本号、采集日期等，有瑕疵。本书采用 *Paph. tigrinum* 作为虎斑兜兰的学名。2003年，中国的兰花专家刘仲健和陈心启教授，在云南西部泸水县（现泸水市）的高黎贡山海拔约2500m处，发现一株开花特殊的兜兰，发表为翡翠兜兰（*Paphiopedilum smaragdinum*），现已经被列为虎斑兜兰的白变型 *Paph. tigrinum* f. *smaragdinum*。

本种原产于我国云南东南部至西部，邻近的缅甸也有发现。通常生长在海拔1500~2200m的常绿阔叶林荫蔽多石处、山谷灌丛边或覆盖苔藓的岩石上。当年或前一年发育成熟的植株，通常在秋季出现鞘苞，经过约8个月的漫长生长，于翌年夏季（6~8月）开花。野生虎斑兜兰的结实率低，加上生境破坏和过度的人工采集，致使野生数量极为稀少，在国内野外已经难觅踪迹。人工授粉所得果荚至少需经1年之久才能达到无菌播种要求，种子发芽后生长缓慢，小苗对温度极为敏感，容易因温度过高而褐化，成

虎斑兜兰（*Paph. tigrinum*）

苗喜冷凉、遮阴、空气湿度高的环境，被认为是栽培困难的种类。

在栽培中，应选用疏松、透气、排水好的基质，浇水掌握干湿分明的原则，每次浇水前确认基质已经完全干燥，浇水之后，确保根部不会积水，能够快速排干水分。

虎斑兜兰的白变型（*Paph. tigrinum* f. *smaragdinum*）（兰科中心 供图）

012 *Paphiopedilum tranlienianum* 陈莲兜兰（陈氏兜兰、天伦兜兰）

1998年，华裔越南人Tran Ngo Lien（中文名陈玉莲）女士将一批兜兰寄往德国，这批兜兰在1个月内相继开放，奥拉夫·格鲁斯（Olaf Gruss）和豪格·帕奈（Holger Perner）便以这位女士"陈莲"之名命名发表为 *Paphiopedilum tranlienianum*，国内因为音译，称之为"天伦兜兰"。

原产于我国云南东南部和越南北部的高平省（Cao Bang），生境海拔40~100m，多生长于灌木丛中多石和排水良好之处，花期9月。

陈莲兜兰（*Paph. tranlienianum*）不同个体

陈莲兜兰的白变型（*Paph. tranlienianum* f. album）

013 *Paphiopedilum villosum* 紫毛兜兰

早在1854年即被发表，种加词来源于拉丁语"*villosus*"，意为"茸毛的"，乃是指花梗、子房、花朵上长而柔软、因映色而成为紫色的长毛。自早期的"肉饼兜兰"杂交育种起，本种即为最重要的亲本之一。原产地广阔，从印度东北的阿萨姆邦至中南半岛的老挝、缅甸、越南、泰国，到我国云南南部都有分布，生长地海拔1100~1700m，生于透光的林间空隙树干基部或多石的地面上，花期11月至翌年3月。紫毛兜兰种内有许多的变异，有数个变种相当知名，其中某些还具有怡人的花香，诸多变种中以原变种紫毛兜兰（*Paph. villosum* var. *villosum*）、包氏兜兰（*Paph. villosum* var. *boxallii*）、安南兜兰（*Paph. villosum* var. *annamense*）最常见。其中，紫毛兜兰上萼片具有浅黄色、浅绿色或绿色边缘；包氏兜兰上萼片具有醒目的黑栗色粗斑点；安南兜兰上萼片具有宽阔的白色边缘，尤其上半部。此外，还有比较少见的密毛兜兰（*Paph. villosum* var. *densissimum*），主要特点是花梗上有极密的白色长柔毛。

2003年，刘仲健和陈心启教授发表了泸水兜兰（*Paphiopedilum* × *lushuiense*），认为是白旗兜兰（*Paph. spicerianum*）和紫毛兜兰的自然杂交种。此外，2011年刘仲健教授等人还发表了无量山兜兰（*Paph.* × *wuliangshanicum*），这可能是紫毛兜兰和格力兜兰（*Paph. gratrixianum*）的自然杂交种。

紫毛兜兰（*Paph. villosum*）

包氏兜兰（*Paph. villosum* var. *boxallii*）

安南兜兰（*Paph. villosum* var. *annamense*）

包氏兜兰（*Paph. villosum* var. *boxallii*）及其生境（韩周东 供图）

包氏兜兰（*Paph. villosum* var. *boxallii*）及其生境（韩周东 供图）

密毛兜兰（*Paph. villosum* var. *densissimum*）（兰科中心 供图）

无量山兜兰（*Paph.* × *wuliangshanicum*）
（兰科中心 供图）

紫毛兜兰的白变型（*Paph. villosum* f. *aureum*）
（兰科中心 供图）

泸水兜兰（*Paph.* × *lushuiense*）（兰科中心 供图）

兰展中的泸水兜兰（*Paph.* × *lushuiense*）

（二）Section *Ceratopetalum* 角状瓣组

组名来源于拉丁语"*ceras*"，意思是"角状的，号角状的"，*Ceratopetalum*指的是侧瓣向上弯曲翘起就像水牛的角一样。

只有1种：*Paph. fairrieanum*。

014　*Paphiopedilum fairrieanum*　费氏兜兰（胡子兜兰、翘胡子兜兰、费尔里兜兰）

1857年英国的费尔里（R. Fairrie）自印度的阿萨姆邦首次采集到本种并栽培开花，在英国皇家园艺学会展示后，这棵兜兰被判定为新种，林德利（Lindley）便以采集者的姓氏命名发表为*Cypripedium fairrieanum*，1892年德国植物学者贝特霍尔德·斯坦（Berthold Stein）将之归入兜兰属。但此后在野外一直没有再发现新的费氏兜兰，曾经一度被认为已经灭绝。直到40年后，由西赖特（G. C. Searight）在不丹西部重新发现，但这也给费氏兜兰带来了厄运，印度的园艺栽培者查特吉（Chutterjee）为了独占这一原种，雇用了大批工人对原产地进行了扫荡式挖掘，尽可能多地将费氏兜兰打包运走，不能带走的

费氏兜兰（*Paph. fairrieanum*）

就地毁坏或者直接丢弃到河流中，同时原生地的森林也被毁坏殆尽。在早期的兜兰新种发现与栽培中，往往遭遇暴力地乱采滥挖，金钱与名誉也伴随着谎言与贪婪，有时候为了达到对某个新种的独有，获得可观的商业利润，除了尽可能多地采集活体植株外，还对新种的原产地进行保密，有时候也散布虚假消息，误导人们前往错误的地点寻找。

费氏兜兰原产于喜马拉雅地区的印度东北的阿萨姆邦、锡金邦以及不丹西部，生境海拔1200~3000m，多发现于海拔1300~2000m的潮湿森林的落叶层或腐殖层，或在覆有苔藓层的石灰岩环境，花期为秋季至翌年春季。

这是一个较纤细的原种，植株十分矮小，叶片质地略薄略软，花梗长而细，长15~25cm，最长可以达到50cm，相较于低矮的植株显得比较醒目。花朵上萼片为宽大的卵形，边缘具明显的波浪，多纵脉及网状线纹，两个侧瓣先下拉，而后往上翘起，唇瓣为深奶油黄色至紫红褐色，整个花朵就像个翘着胡子的人脸，花形整体而言非常古典可爱，被形象地称为"胡子兜兰"、"翘胡子兜兰"。由于其花朵上的筋脉线纹别致特殊，在杂交育种上颇受重视。

费氏兜兰被认定为栽培困难。在印度原生环境中，夏季有丰沛的雨量，即使冬季的降雨明显地减少，但在森林的底层仍保有足够的水汽。在人工栽培时，宜选择排水良好且具有高度保水力的基质，同时应维持较高的空气湿度及避免闷热的环境。

费氏兜兰的白变型（*Paph. fairrieanum* f. *flavum* 'MH-1'）

（三）Section *Stictopetalum* 细毛瓣组

组名来源于拉丁语"*sictos*"，意思是"刺穿"，指的是植物具有纤细的白毛，看起来像被细针刺过的。*Stictopetalum* 意指花朵上密布细毛。本组特征是密被毛的侧瓣呈倒匙状披针形，水平展开；萼片呈波浪状，但不后翻；其唇瓣相对本亚属其他组兜兰相对较长。

只有1种：*Paph. hirsutissimum*。

015　*Paphiopedilum hirsutissimum*　带叶兜兰（官帽兜兰）

1857年由林德利（Lindley）命名，种加词源自拉丁语"*hirsutus*"，意思是"毛茸茸的"，以花朵、苞片、子房生有毛状物而命名，国内根据其带状的叶片称为"带叶兜兰"，而在我国台湾地区，因为此种两个侧瓣细长平展，上萼片平整呈褐色，像极了宋代官员的帽子，所以此种又称"官帽兜兰"。1919年，兰科分类大师德国植物学家施莱希特（Friedrich Richard Rudolf Schlechter）根据法国传教士埃斯基罗尔（Joseph Henri Esquirol）在我国贵州省采集到的兜兰命名为 *Paphiopedilum esquirolei*，与带叶兜兰的主要区别在于子房上毛的浓密、叶的颜色及宽度、花梗是否在叶面之上、侧瓣狭长与否、花期等，刘仲健教授等人通过对模式标本查阅及原生地实地调查，认为带叶兜兰是一个变异幅度很大的种，建议将 *Paph. esquirolei* 列为带叶兜兰的变种：*Paph. hirsutissimum* var. *esquirolei*。虽然在兰界多写为 *Paph. esquirolei*，但是在杂交登录上只能写为 *Paph. hirsutissimum* 才能被英国皇家园艺学会所认可。

原产于印度东北至老挝、越南、泰国，以及我国的云南、贵州、广西，花期4~5月。

带叶兜兰（*Paph. hirsutissimum*）

带叶兜兰 (*Paph. hirsutissimum* 'Taka' FCC/AOS)　　带叶兜兰的白变型 (*Paph. hirsutissimum* f. *album*)

Paph. hirsutissimum var. *esquirolei*（左）与 *Paph. hirsutissimum*（右），可以看到花梗上的细毛有长短之别

带叶兜兰三唇瓣变型（*Paph. hirsutissimum* f. *trilip*）

广西雅长兰科植物国家级自然保护区中的带叶兜兰（*Paph. hirsutissimum*）及其生境（邓振海 供图）

（四）Section *Thiopetalum* 硫黄色瓣组

组名来源于拉丁语"thion"，意思是"硫黄色的"。*Thiopetalum* 意为"硫黄色侧瓣"，乃指其整个花呈硫黄色的，这是以南印兜兰（*Paph. druryi*）为基准而设立的组名，本组花朵特征为上萼片的中央与侧瓣中肋各具一条醒目的深咖啡色条纹。

只有两种：*Paph. druryi*、*Paph. spicerianum*。

016 *Paphiopedilum druryi* 南印兜兰（三撇兜兰、德鲁里兜兰）

种名为纪念一名叫德鲁里（Col. H. Drury）的英国上校军官，他被误认为是本物种的最早发现者，实际上他是在1865年从布朗夫人（J. A. Brown）那里获得了该植物。1874年拜德（Bedd.）以其姓氏命名为 *Cypripedium druryi*，1892年德国植物学者贝特霍尔德·斯坦（Berthold Stein）将之归入兜兰属。只产于印度南部特拉凡格尔丘陵（Travancore Hills），原生地为海拔1000~2000m的草原地区，多发现于多石灰质土壤的地面与长满青苔的树干基部，这是唯一原产于印度南部的兜兰，所以国内称之为"南印兜兰"，又因为其上萼片的中央与侧瓣中肋各具一条醒目的深咖啡色条纹，又称为"三撇兜兰"。花期5~6月，在野外可能已经灭绝。性喜冷凉、光线明亮略遮阴的环境，无特定休眠期，人工栽培时可全年给水给肥。

南印兜兰（*Paph. druryi*）

南印兜兰（*Paph. druryi* 'Mei Chuan'）

017　*Paphiopedilum spicerianum*　白旗兜兰（小青蛙兜兰、史派瑟兜兰）

1878年英国的赫伯特·史派瑟（Herbert Spicer）收到一批来自印度的野生兰花，其中一棵兜兰被挑选出来，同年栽培开花，1880年德国植物学家赖兴巴赫（Heinrich Gustav Reichenbach）以其姓氏命名发表为 *Cypripedium spicerianum*，1888年德国植物学者普菲泽（Ernst Hugo Heinrich Pfitzer）将之归入兜兰属。本种栽培容易，不喜强光烈日，需遮阴栽培。其可爱的花朵广受青睐，但也带来不幸的命运。有资料记载，仅在1884年，英国桑德兰花公司采集了约4万棵的野生植株，并运送至英国进行贩卖。

本种原产于印度东北阿萨姆邦至缅甸西部及中印之间的边境，海拔300~1300m，生长在树林下很厚的苔藓层和腐殖层，或是生长在覆盖着苔藓的石灰岩上以及潮湿滴水的环境，通常会被中大型的蕨类所掩蔽。近年来本种在我国也有发现，产于云南南部至西南部，海拔900~1400m，生于林下多石之地或岩石上。花期秋至冬季。

因为本种上萼片白色，具一条紫红色的中肋，国内称之为"白旗兜兰"；又因为本种假雄蕊紫色，中央黄色，通常卷成箍状，像极了一只坐着的小青蛙，所以又被称为"小青蛙兜兰"；另有一称为"大青蛙兜兰"的 *Paph.* Bruno，乃是白旗兜兰同波瓣兜兰（*Paph. insigne*）的子代再回交白旗兜兰所得，有75%白旗兜兰的血统。

2003年刘仲健和陈心启教授发表了一个自然杂交种，波缘兜兰（*Paph.* × *undulatum*），认为是根茎兜兰（*Paph. areeanum*）和白旗兜兰的自然杂交种，通过图片和人工杂交得到的植株验证，笔者认为这可能是波瓣兜兰（*Paph. insigne*）与白旗兜兰的自然杂交种，具体的亲本是谁，还需要进一步的分子检验。

白旗兜兰（*Paph. spicerianum*），其假雄蕊形态像极了一只坐着的小青蛙

白旗兜兰（*Paph. spicerianum*），此个体获得2018年台湾国际兰展兜兰组冠军

白旗兜兰三唇瓣变型（*Paph. spicerianum* f. trilip）

波缘兜兰（*Paph.* ×*undulatum*），被认为是根茎兜兰（*Paph. areeanum*）和白旗兜兰的自然杂交种（兰科中心 供图）

Paph. Leeanum，这是人工培育的波瓣兜兰（*Paph. insigne*）与白旗兜兰的杂交种

大青蛙兜兰（*Paph.* Bruno）

五、旋瓣亚属（Subgenus *Cochlopetalum*）

亚属名 *Cochlopetalum* 是由拉丁文 "*cochlea*"（蜗牛状的）和 "*petalum*"（花瓣）合并而来，意为"蜗牛壳形旋转的侧瓣"，指的是本亚属的侧瓣如蜗牛壳般旋转。本亚属是群特殊的种类，其特殊在于开花性，同一花梗上一朵花开完之后又会有一朵接着开，开花无定期。长久以来，本亚属各种之间的种名混淆颇为严重，每一个分类学家都有自己的分类理由与分类方法，直到近年来才开始重新厘清。本亚属分布区域局限于苏门答腊岛北端至爪哇岛东部这一狭长的南北纵向岛群。主要特征：①连续性花序，一朵一朵开放，同一花梗可持续开花多朵；②侧瓣如蜗牛壳般旋转；③中型植株，叶型较宽，薄质或革质，斑叶或绿叶上具有浅色斑纹。

包括 *Paph. dodyanum*、*Paph. glaucophyllum*、*Paph. liemianum*、*Paph. moquettianum*（= *Paph. glaucophyllum* var. *moquettianum*）、*Paph. primulianum*、*Paph. victoria-mariae*、*Paph. victoria-regina*（= *Paph. chamberlainianum*）。

001　*Paphiopedilum dodyanum*　多迪兜兰

2017年由威廉·卡韦斯特罗（William Cavestro）命名和发表的新种，原产地位于印度尼西亚苏门答腊岛北部亚齐省，生境海拔约1300m，种加词来源于多迪·努格罗霍（Dody Nugroho）的名字，他是印度尼西亚兰花栽培者和爱好者。本种与廉氏兜兰（*Paph. liemianum*）相似，但不同之处在于本种叶片具有斑点，上萼片绿色具有带褐色的斑点，假雄蕊呈菱形。

多迪兜兰（*Paph. dodyanum*）

002　*Paphiopedilum glaucophyllum*　苍叶兜兰（白粉叶兜兰）

1897年贝金（Herrn J. Bekking）发现本种，1900年史密斯（J. J. Smith）命名发表。种加词 *glaucophyllum* 由拉丁文"*glaucous*"（覆白粉的）与"*phyllum*"（叶）合并而成，指的是它叶表似有一层薄薄的白粉，其叶片在本亚属之中略窄和略薄，持续开花的花朵数量也略少。原产于爪哇岛东部，生境海拔200~700m，多生长于火山山地石灰岩峭壁有渗水的腐殖土中。

本种开花续花性，很少能看到两朵花同时在一花梗上开放，通常是一朵谢了约2周后，下一朵才开始开放，花朵数量在8朵左右，其续花性不及后面介绍的女王兜兰（*Paph. victoria-regina*），但本种在育种上有一个优点，其后代会遗传亲本上萼片比较宽大而且不易后翻的特点。

苍叶兜兰（*Paph. glaucophyllum*）

苍叶兜兰的白变型（*Paph. glaucophyllum* f. *album*）

003　*Paphiopedilum liemianum*　廉氏兜兰（连氏兜兰、李氏兜兰）

1971年，连克伟（Liem Khe Wei，又名A. Kolopaking，连克伟是中文名，A. Kolopaking是印度尼西亚名）在印度尼西亚苏门答腊西北部首次采集到本种，同年美国植物学者杰克·阿奇·福利（Jack Archie Fowlie）以其姓氏Liem命名本种。上萼片圆整、深绿色、有白色覆轮为本种的特征。原来本种被列为 Paph. chamberlainianum（现为 Paph. victoria-regina）的变种，其生态习性也极为相似，但在形态上本种叶表有绿色、黄绿色相间的淡色斑纹，叶背面则有断断续续的黑紫色横缟斑，叶缘有细齿状的细毛。本种原产于苏门答腊岛北部的古农·西纳邦（Gunong Sinabung），生境为海拔600~1000m的雨林，多生于长满青苔的石灰岩峭壁，其分布区域在本亚属里是较狭窄的。

廉氏兜兰（*Paph. liemianum*）

廉氏兜兰（*Paph. liemianum*）（李进兴 供图）

廉氏兜兰（*Paph. liemianum*）

004　*Paphiopedilum moquettianum*　魔葵兜兰（莫氏兜兰、莫奎兜兰）

1906年由史密斯（J. J. Smith）命名发表，种加词来自爪哇岛的园艺经营者M. Moquette的姓氏。魔葵兜兰曾被视为苍叶兜兰的变种（*Paph. glaucophyllum* var. *moquettianum*），现在已经成为独立物种 *Paphiopedilum moquettianum*，与苍叶兜兰的区别主要在于中萼片的细斑点，另外其植株、花朵、叶片都比苍叶兜兰更大，叶缘常出现波浪形状。本种是旋瓣亚属中花朵最大的，其上萼片表现也最为优秀，圆整又没有波浪，可以说是本亚属育种亲本首选。

原产于印度尼西亚爪哇岛的南半部，多生长于侵蚀严重的石灰岩峭壁接近水流处。

魔葵兜兰（*Paph. moquettianum*）

魔葵兜兰（*Paph. moquettianum*）的花梗，每一苞片代表开过一朵花

005 *Paphiopedilum primulinum* 报春兜兰（樱草兜兰）

1973年印度尼西亚的连克伟（Liem khe Wei）在苏门答腊岛海拔400~500m的低海拔山区发现本种。种加词来自"primula"，是报春花属的学名，又称樱草属，所以种名primulinum是"似樱草状的、似报春花状的"的意思，用来形容本种就像报春花一样清纯可爱，国内兰友习惯上称之为"报春兜兰"，也有兰友按照字面意思直接称之为"樱草兜兰"。

报春兜兰不同于所有的其他兜兰，黄绿色花是首先被发现描述的，因此黄绿色花被认为是"典型的"模式种。变型 *Paph. primulinum* f. *purpurascens* 为紫红色花，于1974年被发现，按照正常理解，黄绿色花应该是紫红色花的白变型，但因为黄绿色花的命名顺序早于紫红色花，依照《国际植物命名法规》，紫红色花作变型处理。两种植物在未开花的时候可以从植株叶片区分，变种叶片带紫红色斑点，而模式种叶片则无。

本种由于花朵大小不及旋瓣亚属的其他种类，仅在黄花育种上比较受重视。

报春兜兰（*Paph. primulinum*）

报春兜兰紫红花变型（*Paph. primulinum* f. *purpurascens*）

006　*Paphiopedilum victoria-mariae* 玛丽兜兰

1893年英国著名植物学家麦查理茨（W. Micholitz）发现本种，而他效力于大名鼎鼎的兰花采集和销售公司Sander，本种在1893年5月9日展示，恰逢是英国Victoria Mary公主订婚的那一天，所以本种命名为*Paphiopedilum victoria-mariae*。虽然很多学者将本种归入女王兜兰（*Paph. victoria-regina*），但本种与女王兜兰有明显区别，本种侧瓣具有褐色至浅紫色晕，无斑点，唇瓣呈卵状圆锥形，而女王兜兰的侧瓣有黑紫色斑和斑块，唇瓣近椭圆形，下部稍大。

原产于印度尼西亚西部的苏门答腊岛，生境为海拔2000~2200m的陡峭峡谷崖壁上。

玛丽兜兰（*Paph. victoria-mariae*）

007　*Paphiopedilum victoria-regina*　女王兜兰（多花兜兰、维多利亚女王兜兰）

1892年本种被发表，种加词来自当时的英国女王Victoria，而*regina*意为"女王的"。同年，*Paphiopedilum chamberlainianum*被发表，种加词为纪念英国遗传学者查尔斯·张伯伦·赫斯特（Charles Chamberlain Hurst），他同时还是一位兰花爱好者，也是最早将遗传学理论及分析方法应用在兰花育种上的人之一。本种长久以来都被写为*Paph. chamberlainianum*，并且*Paph. chamberlainianum*与*Paph. victoria-regina*两个种名同时并存，分类学界一直存在纷争，杰克·阿齐·福利（Jack Archie Fowlie）和布雷姆（G. J. Braem）认为*Paph. chamberlainianum*学名有效，但克里布（P. J. Cribb）认为正确学名应该是*Paph. victoria-regina*。直到近年多位学者将本亚属内种类重新厘清后正名为*Paph. victoria-regina*，另有var. *kalinae*与var. *latifolium*等变种。

原产于印度尼西亚苏门答腊岛，生境为海拔900~1800m的森林林下，岩生性。本种栽培容易，喜高温强光，对基质要求不严，但忌湿，不可长期积水。本种的特性是开一朵谢一朵，很少有两朵同时在花梗上，如果栽培得当，植株健壮，一花梗可连续开花10朵以上，整体花期达9个月之久，几乎全年无休。

本种被发现较早，也较早用于杂交育种，其优点是栽培容易、成花快，其子代也会遗传这些特性，而且其花比较小和色泽比较淡的特点会被另一亲本所覆盖，呈现对方亲本的特性，其杂交后代的缺点是所有花朵无法同时开放，总是在最后一朵还没有开放的时候，第一朵已经凋谢，这也是遗传本种续花性的特点。

女王兜兰（*Paph. victoria-regina*）

兜兰

女王兜兰（*Paph. victoria-regina*）

兰展中旋瓣亚属的魔葵兜兰（*Paph. moquettianum*）（中）、廉氏兜兰（*Paph. liemianum*）（右）、女王兜兰（*Paph. victoria-regina*）（左），可以比较植株大小和形态

六、单花斑叶亚属（Subgenus *Sigmatopetalum*）

又称巴巴塔亚属（Subgenus *Barbata*），属于薄质斑叶单花类兜兰，而本亚属内的杂交种就是所谓的魔帝型（Maudiae-type）兜兰，以早在1900年即已登录且最知名的 *Paph. Maudiae*（= *callosum* × *lawrenceanum*）为代表种。此类兜兰除了作盆花栽培外，也常见作为切花生产，因具许多优点而被视为能商业化栽培的种类，如苗株幼年期短、单朵花期长、开花性佳、植株可密植且栽培管理容易等。

本亚属分布范围极广，从印度东北到中南半岛、我国南部、马来西亚、菲律宾、印度尼西亚，向东一直到新几内亚岛东部的布干维尔岛（Bougainville）。其主要特征：①一梗一花，偶有一梗双花；②花具蜡质，上萼片通常宽大，侧瓣带形、略长；③植株中型，叶形呈梭状、有斑纹、质地较薄并具蜡质，分为6个组：

（一）Section *Sigmatopetalum* 西格马瓣组

侧瓣扭转如希腊文 σ（sigma，西格马），只有1种：*Paph. venustum*。

001　*Paphiopedilum venustum*　秀丽兜兰（龟壳兜兰、维纳斯兜兰）

种加词意为"优美的、标志的、秀丽的、迷人的"，乃由美神维纳斯（Venus）而来。1820年，由丹麦纳萨尼尔·瓦立奇（Nathaniel Wallich）及英国约翰·西姆斯（John Sims）两位植物学者共同命名发表，模式标本采自孟加拉国，这是兜兰属第一个被命名的成员，虽然当时被归属于杓兰属（*Cypripedium*）中。因它的唇瓣上具有清晰而美丽的龟壳般脉纹，因而有"龟壳兜兰"的俗称。

原产于喜马拉雅山麓地带的印度东北的阿萨姆邦及锡金邦，以及孟加拉国、不丹、尼泊尔，生境为海拔1000~1500m的森林边缘或灌木丛，生于土壤腐殖层丰富处，地生或半附生。近年来于我国的西藏东南部至南部（墨脱县和定结县）也有发现。花期为冬季至春季，单朵花期约1个月，无香。其白变型整体花色为金绿色，也非常迷人。

2010年，刘仲健教授等人发表了清涌兜兰（*Paphiopedilum qingyongii*），本种与秀丽兜兰极为相似，区别在于清涌兜兰的叶淡绿色，叶面没有深浅相间的网格状绿色斑，花朵侧瓣下垂并布满斑点，假雄蕊宽椭圆形。有人建议将清涌兜兰并入秀丽兜兰，但德国植物学者、兰花专家奥拉夫·格鲁斯（Olaf Gruss）支持清涌兜兰作为独立物种。

秀丽兜兰（*Paph. venustum*）

秀丽兜兰的白变型（*Paph. venustum* f. *album*）

本个体花朵形态与清涌兜兰（*Paph. qingyongii*）极为相似，但本个体叶片具有网格状绿色斑，清涌兜兰叶片则没有绿色斑

（二）Section *Spathopetalum* 匙瓣组

侧瓣中段以后略为偏扭，因而形如汤匙之匙面。包含2个亚组：

1. Subsection *Macronodium* 大结亚组

侧瓣中段两侧有瘤突，形似膨大的肿结。

只有1种：*Paph. hookerae*（包含 *Paph. volonteanum*）。

002　*Paphiopedilum hookerae* 虎克兜兰

　　以姓氏 Hooker 命名，乃1863年当时的第一任英国皇家植物园邱园园长威廉·杰克逊·虎克（William Jackson Hooker）送给他的妻子虎克女士。原产于砂拉越州（属马来西亚，海拔300~500m）与加里曼丹岛的神山区域（属印度尼西亚，海拔2000m）。生长于比较潮湿、有持续水分供应的树下腐殖层深厚处，或附生于悬崖底部的风化严重的岩石裂隙。花期3~5月。

　　原产于加里曼丹岛北部的沙巴（属马来西亚），发表于1890年的 *Paphiopedilum volonteanum* 目前已被作为虎克兜兰的变种，即 *Paph. hookerae* var. *volonteanum*。

虎克兜兰（*Paph. hookerae*）

虎克兜兰变种 *Paph. hookerae* var. *volonteanum*
（李进兴 供图）

虎克兜兰变种（*Paph. hookerae* var. *volonteanum*）植株形态

2. Subsection *Spathopetalum* 匙瓣亚组

侧瓣中段以后形如汤匙之匙面。

包括 *Paph. appletonianum*、*Paph. bullenianum*、*Paph. robinsonii*。

003　*Paphiopedilum appletonianum*　卷萼兜兰（海南兜兰）

种加词是为了纪念在欧洲第一个把此物种培育开花的阿普尔顿（W. M. Appleton），发表于1893年。1987年，在我国的海南岛发现新的兜兰，以 *Paphiopedilum hainanense* 之名发表，相比较卷萼兜兰，海南兜兰有更鲜艳的花色，叶子上的斑点更加清晰粗大，考虑到海南岛的地理隔离足以认定海南兜兰是卷萼兜兰的变种，于是在1999年把海南兜兰降为卷萼兜兰的变种 *Paph. appletonianum* var. *hainanense*。另外，陈心启和刘仲健教授在2014年发表了齿瓣兜兰 *Paphiopedilum tridentatum*，两种植物虽然外形相似，

卷萼兜兰（*Paph. appletonianum*）

但卷萼兜兰的假雄蕊倒心形或新月形，唇瓣前端边缘具有深的缺刻；齿瓣兜兰假雄蕊近横矩圆形，先端具短尖，唇瓣前端不具缺刻。考虑到两种兜兰在同一地区分布，所以把齿瓣兜兰作为卷萼兜兰的变种 Paph. appletonianum var. tridentatum。2002年，雷嗣鹏等人发表了毛蕊兜兰 Paphiopedilum puberulum，此新种与卷萼兜兰类似，区别点在于本新种唇瓣囊口有深紫色长缘毛，假雄蕊长度超过宽度，先端具短尖头，但同样也被认为是卷萼兜兰的变种 Paph. appletonianum var. puberulum；2001年郭荣发等人发表了狭叶兜兰 Paphiopedilum angustifolium，跟毛蕊兜兰的区别就是无毛，目前也被视为卷萼兜兰的变种 Paph. appletonianum var. angustifolium，这足以看出卷萼兜兰种内变异非常丰富。其实，整个匙瓣亚组的种间归类还存在很大分歧，包括 Paph. appletonianum、Paph. bullenianum、Paph. robinsonii 等数个原种都有重新厘清的必要。

此物种分布广泛，印度东北的阿萨姆邦到中南半岛、马来半岛、苏门答腊岛，以及我国南部的广西、云南、海南等都有分布，生于海拔300~1200m的林下阴湿、富含腐殖质的土壤中或岩石上，花期3~5月。

卷萼兜兰的变种齿瓣兜兰（*Paph. appletonianum* var. *tridentatum*）

卷萼兜兰的变种毛蕊兜兰（*Paph. appletonianum* var. *puberulum*）（兰科中心 供图）

(三) Section *Blepharopetalum* 睫毛瓣组

侧瓣前后宽度变化不剧烈，没有紫黑色的瘤突，侧瓣基部上缘犹如睫毛线之边缘。上萼片上部的边缘平顺、弯曲弧度小，近浅白色。

包括 *Paph. mastersianum*、*Paph. papuanum*、*Paph. sangii*、*Paph. violascens*。

004　*Paphiopedilum mastersianum* 马氏兜兰（马斯特斯兜兰）

本种于1892年被发表在 *Gardener's Chronicle*，种名来自麦斯威尔·马斯特斯（Maxwell T. Masters）博士的姓氏，他是 *Gardener's Chronicle* 的主编，任职时间长达40多年，对于当时的欧洲园艺界有相当大的贡献。

原产于印度尼西亚的马鲁古群岛（Moluccas Islands）和小巽他群岛（Lesser Sunda Islands），生长于海拔900~2000m、富含腐殖质的悬崖峭壁上，喜全年湿润、凉爽至温暖的生长环境。

马氏兜兰（*Paph. mastersianum* 'Shye Fong'）

马氏兜兰（*Paph. mastersianum* 'Hsinying' BM/TPS）

005　*Paphiopedilum sangii*　桑氏兜兰

1987年布雷姆（G. J. Braem）命名发表在兰花杂志 *Die Orchidee* 上，种加词来自德国的兰花爱好者赫尔穆特·桑吉（Helmut Sang），他将该种从苏拉威西岛带回到德国，并悉心栽培，于1987年首次开花。原产于印度尼西亚的苏拉威西岛，喜冷凉、腐殖质肥沃环境，花期秋季至翌年早春。

桑氏兜兰（*Paph. sangii*）

006　*Paphiopedilum violascens* 青紫兜兰（紫瓣兜兰）

1911年德国植物学家施莱希特（Friedrich Richard Rudolf Schlechter）描述并发表本种，种加词来源于其侧瓣的颜色。本种仅产于巴布亚新几内亚东北部，生长在海拔200~1200m的火山岩或石灰岩地形的林下，具有丰富腐殖层及苔藓的陡峭岩壁裂缝或裸露的岩块裂缝处。

青紫兜兰栽培困难。喜明亮的散射光，喜温暖、通风良好、空气湿度高且昼夜温差达3℃以上的环境。当气温达27℃以上时，需增加通风及空气湿度，以利于植株散热。如空气湿度不足，根尖容易受伤而停止生长，叶片也会出现脱水现象。

青紫兜兰（*Paph. violascens*）

（四）Section *Punctatum* 小斑点组

侧瓣上排布稀疏的细斑点，侧瓣自中段至末端形如长形的匙面。
只有1种：*Paph. tonsum*。

007　*Paphiopedilum tonsum* 东森兜兰（洁净兜兰）

1883年，由德国植物学家赖兴巴赫（Heinrich Gustav Reichenbach）描述命名发表在 *Gardener's Chronicle*，模式标本为查尔斯·柯蒂斯（Charles Curtis，有以他的名字命名的兜兰 *Paph. curtisii*）从苏门答腊岛所带回的植株。*tonsum* 来源于拉丁文 "*tondeo*"，意为"剃除的、已修剪的"，指其花朵尤其是侧瓣的疣点无毛，就像被剃除修剪过一样，不像本亚属其他种类，国内兰友称之为"洁净兜兰"，也有直接音译为"东森兜兰"。原产于印度尼西亚的苏门答腊岛，生长于海拔1000~1800m的森林地面或石灰岩和其他岩石裂缝中，喜遮阴环境，花期1~2月。

东森兜兰（*Paph. tonsum* 'Chouyi#85'）

东森兜兰的白变型（*Paph. tonsum* f. *album* 'Green Daya'）

兜兰

兰展中的东森兜兰（*Paph. tonsum*）

东森兜兰（*Paph. tonsum*）（李进兴 供图）

(五) Section *Planipetalum* 平瓣组

相较于本亚属的其他组，本组的侧瓣近乎平顺不扭转。

包括 *Paph. purpuratum*、*Paph. sukhakulii*、*Paph. wardii*。

008　*Paphiopedilum purpuratum*　紫纹兜兰（香港兜兰）

此种早在1837年就被林德利（Lindley）命名发表为 *Cypripedium purpuratum*，当时还是属于杓兰属，1892年被德国植物学者普菲泽（Ernst Hugo Heinrich Pfitzer）移入兜兰属。种名意为"紫色的"，指整个

紫纹兜兰（*Paph. purpuratum*）

紫纹兜兰（*Paph. purpuratum*）及其原生境（兰科中心 供图）

花朵的基色是紫色，尤其是白底的上萼片呈现紫色的条纹。紫纹兜兰分布在我国和越南，我国主要分布在广东南部（阳春）、香港、海南、广西南部和云南东南部，生于海拔700m以下的林下腐殖质丰富多石之地或溪谷旁苔藓砾石丛生之地或岩石上。花期6~9月，曾经以夏花兜兰（*Paphiopedilum aestivum*）作为新种描述，现已作为异名不再采用。

因为模式标本采自香港，是兜兰属中最早被发现的种类之一，也被称为"香港兜兰"，被誉为花中的"香港小姐"，是我国兜兰属植物中唯一不生长在石灰岩地区的物种，也是我国兜兰属植物分布海拔最低的物种。栽培容易，是兜兰栽培爱好者的入门种类，现已经实现人工大规模繁殖，也是目前为数不多的实现野外回归的兜兰种类。

009 *Paphiopedilum sukhakulii* 苏氏兜兰（苏卡库尔兜兰）

1964年一批从泰国采集的兜兰被运送至德国，当时是以胼胝兜兰（*Paph. callosum*）的种名引进的，开花时却开出不一样的花朵，这批苗最初来源清晰地指向泰国曼谷的园艺家巴颂·苏卡库尔（Prasong Sukhakul），第二年法国植物学家古斯塔夫·修洛塞（Gustav Schoser）以其姓氏命名发表。本种具有宽大的侧瓣，其上均匀分布大斑点，这个特点在兜兰育种中强势遗传。原产于泰国东北部及缅甸，生境海拔250~1000m，喜温暖湿润的半荫环境。在低海拔的区域，经常与胼胝兜兰混生在一起。

苏氏兜兰（*Paph. sukhakulii* 'MH-3'）

苏氏兜兰（*Paph. sukhakulii* 'Daya'）

苏氏兜兰的白变型（*Paph. sukhakulii* f. *album*）

010　*Paphiopedilum wardii* 彩云兜兰（沃德氏兜兰）

1922年，英国的著名植物采集家兼探险家弗兰克·金登-沃德（Frank Kingdon-Ward）从缅甸北部采集到本种。但是本种在运输过程中不慎丢失，此后的几年中多次寻找未果，直到1930年冬天至1931年之间，终于在同一地区再次发现此种，并终于顺利带回英国。在邱园栽培下于1932年开花，由英国植物学家萨默海斯（V. S. Summerhayes）描述并以金登-沃德之名命名，发表在 *Gardener's Chronicle*。原产于缅甸北部及我国云南西部（泸水市和保山市西北部），生境海拔1200~2500m，多发现于沿山谷长有树木的多石山坡或是林缘杂草灌木丛生多石的地方，花期为12月至翌年3月。国内称之为"彩云兜兰"，乃缘于云南有"彩云之南"的称呼，本种与苏氏兜兰（*Paph. sukhakulii*）形态近似，区别在于侧瓣颜色不同。

在2001年和2002年，本种曾经以 *Paphiopedilum brevilabium*（短唇兜兰）、*Paphiopedilum burmanicum*（缅甸兜兰）、*Paphiopedilum microchilum*（玲珑兜兰）、*Paphiopedilum multifolium*（多叶兜兰）等名发表，但后来均被认定为是彩云兜兰的同物异名，现在这些异名已经不被采用，但也充分说明了彩云兜兰种内变异丰富，其形态变化多样。日本植物学家唐泽耕司（K. Karasawa）等人提出彩云兜兰可能是秀丽兜兰（*Paph. venustum*）与苏氏兜兰（*Paph. sukhakulii*）的自然杂交种，但也有植物学家不认同此看法，认为这些近缘物种所在地都有高山阻隔，昆虫不可能越过这些山区进行授粉，截至目前彩云兜兰还是被认可为独立物种。

2007年刘仲健和陈心启教授发表了盈江兜兰（*Paph. × yingjiangense*），认为这是一个自然杂交种，

彩云兜兰（*Paph. wardii*）

彩云兜兰（*Paph. wardii*）种内变异丰富，这曾经被当作新种玲珑兜兰（*Paph. microchilum*）（兰科中心 供图）

彩云兜兰的白变型（*Paph. wardii* f. *album*）

其父母本一度被认为是紫毛兜兰（*Paph. villosum*）和彩云兜兰，但根据其侧瓣的波状边缘和其上萼片的栗色中脉，其父母本大概率是白旗兜兰（*Paph. spicerianum*）和彩云兜兰。

彩云兜兰（*Paph. wardii*）及其野外生境（韩周东 供图）

盈江兜兰（*Paph. × yingjiangense*）（兰科中心 供图）

（六）Section *Barbata* 巴巴塔组

上萼片有极分明的纵脉，侧瓣边缘有发达的纤毛，假雄蕊半圆形至椭圆形，且大部分被唇瓣所遮蔽。分为3个亚组。

1. Subsection *Barbata* 巴巴塔亚组：上萼片宽阔，侧瓣两缘有明显的纤毛、瘤突。

包括 *Paph. argus*、*Paph. barbatum*、*Paph. callosum*、*Paph. fowliei*、*Paph. lawrenceanum*、*Paph. hennisianum*。

011　*Paphiopedilum argus*　阿古斯兜兰（千眼兜兰、斑瓣兜兰）

1872年沃利斯（G. Wallis）在菲律宾吕宋岛发现本种，1873年，由德国植物学家赖兴巴赫（Heinrich Gustav Reichenbach）以 *Cypripedium argus* 命名和发表。种加词来源于阿古斯（Argus），在希腊神话中，阿古斯是一位有着100只眼睛的巨人，用来说明本种侧瓣上布满如眼睛般的斑点。

生境海拔1000~1600m，分布于菲律宾吕宋岛。

阿古斯兜兰（*Paph. argus*）

012 *Paphiopedilum barbatum* 髯毛兜兰

种加词源于拉丁语"*barba*",意思是胡须,有人认为是指侧瓣上沿黑色疣状突起带毛(本组的所有种类都有这个特征),也有人认为是指其侧瓣形态,就如人的八字胡须。本种早在1841年就被林德利(Lindley)发表为 *Cypripedium barbatum*,1888年被德国植物学者普菲泽(Ernst Hugo Heinrich Pfitzer)移入兜兰属。这是本组最早被发现的种类,也是作为本组的模式种,所以当林德利第一次见到本种时,侧瓣上沿黑色疣状突起带毛是比较奇特的特征,所以以此命名。

分布广泛,原产于印度尼西亚、马来西亚、泰国等地。生境海拔200~1300m,生于排水良好的山坡上低矮灌丛下。

髯毛兜兰(*Paph. barbatum*)

013 *Paphiopedilum callosum* 胼胝兜兰（瘤突兜兰、卡路神兜兰、可乐珊兜兰）

早在1886年就已被发表，种加词callosum来源于拉丁文"callosus"，意为"胼胝体、瘤突的"，是指其侧瓣上黑色的形如黑痣的瘤突，国内多称之为"胼胝兜兰"、"瘤突兜兰"，也有以学名读音直接称为"卡路神兜兰"、"可乐珊兜兰"。本种多见于泰国、柬埔寨、越南和老挝，是中南半岛到马来半岛西北部的单花斑叶亚属代表种，种内有很大的变异，包括茎叶与花朵大小、色彩都有不同的变化，因而有许多的变种，其中以 Paph. callosum var. *sandera*、Paph. callosum var. *sublaeve*、Paph. callosum var. *thailandense*、Paph. callosum var. *potentianum* 最知名。

喜温暖、遮阴、多湿但不积水的环境，多生长在海拔300~2000m富含花岗岩和沙子的林下，花期4~6月。栽培容易。

胼胝兜兰（*Paph. callosum*）

胼胝兜兰（*Paph. callosum*）

014 *Paphiopedilum fowliei* 佛氏兜兰（福利兜兰）

1981年兰斯·比尔克（Lance Birk）命名发表于 *Orchid Digest*，种加词用于纪念美国植物学家兼 *Orchid Digest* 主编杰克·阿奇·福利（Jack Archie Fowlie），杰克兜兰（*Paph. jackii*）也是以他的名字命名的。本种在分类上一度存在争议，曾经认为是髯毛兜兰（*Paph. barbatum*）或者汉尼兜兰（*Paph. hennisianum*）或者劳伦斯兜兰（*Paph. lawrenceanum*）的一个变种，直到现在，学界已经达成共识，*Paphiopedilum fowliei* 是一个独立的种。

为菲律宾特有种，仅分布于巴拉望岛西南面的布鲁克斯波因特（Brooks Point），生长在海拔600~1000m的石灰岩地腐殖层丰富处，喜明亮散射光环境。

佛氏兜兰（*Paph. fowliei*）

佛氏兜兰白变型（*Paph. fowliei* f. *album*）
（Paph Paradise Orchids 供图）

015 *Paphiopedilum lawrenceanum* 劳伦斯兜兰

1878年，伯比奇（F. W. Burbidge）在砂拉越州发现本种，为纪念当时英国皇家园艺学会会长劳伦斯爵士（James John Trevor Lawrence，也是当时著名的兰花专家），德国植物学家赖兴巴赫（Heinrich Gustav Reichenbach）将其命名为 *Cypripedium lawrenceanum*，1888年德国植物学者普菲泽（Ernst Hugo Heinrich Pfitzer）将其归入兜兰属。

本种上萼片宽大，白底色上均匀分布棕红色线条，侧瓣近端绿色，远端浅红色，唇瓣暗咖啡色，是单花斑叶类兜兰的代表。原产于砂拉越州海拔300~500m的低地山区，生境为森林地面，偶尔生长在覆盖有苔藓的石灰岩上。

劳伦斯兜兰与胼胝兜兰（*Paph. callosum*）的杂交子代，在1900年由英国知名的查尔斯沃斯公司栽培开花并登录为 *Paph. Maudiae*（魔帝），原本只是尝试性的杂交之作，却意外地因杂种优势（容易栽培及开花）而成为单花斑叶类杂交大家族的源头，几经岁月流转，发展出一系列长梗、单花、上萼片有条纹的人工杂交种兜兰，并被特称为"Maudiae-type Paphiopedilum"（魔帝型兜兰），具有生长速度快、易栽培、易开花、花形漂亮等特点，是目前市场上最常见，也是最常用于组合盆栽、切花的兜兰种类。

劳伦斯兜兰（*Paph. lawrenceanum*）（李进兴 供图）

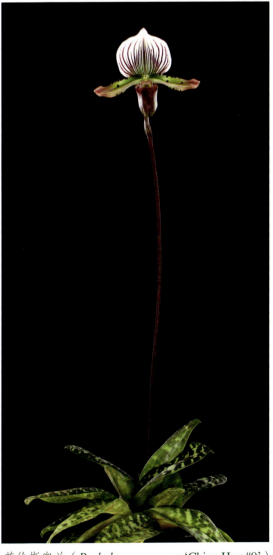

劳伦斯兜兰的白变型（*Paph. lawrenceanum* f. *hyeanum* 'Tradition'）

劳伦斯兜兰（*Paph. lawrenceanum* 'Ching Hua #9'）

2. Subsection *Loripetalum* 小舌瓣亚组：侧瓣细狭，没有明显的纤毛、瘤突。包括 *Paph. ciliolare*、*Paph. dayanum*、*Paph. superbiens*。

016　*Paphiopedilum dayanum*　迪氏兜兰（沙巴兜兰）

最先为英国的殖民地官员及博物学家休·洛（Hugh Low）所发现，1860年英国著名的兰花爱好者兼画家约翰·迪（John Day）首次栽培开花，1862年德国植物学家赖兴巴赫（Heinrich Gustav Reichenbach）描述命名发表在 *Gardener's Chronicle*。原产于加里曼丹岛北部的神山区域，国内多以原产地名称呼其为"沙巴兜兰"。生境海拔300~1500m，生长在陡峭悬崖的树荫下，花期3~5月。

迪氏兜兰（*Paph. dayanum* 'C.H.#1'）

迪氏兜兰（*Paph. dayanuym* 'Tostin'）

迪氏兜兰（*Paph. dayanuym*）

017 *Paphiopedilum superbiens* 华丽兜兰

本种在1855年被发表，种加词来源于拉丁文"*superus*"，意为"华丽的、卓越的"，指其花朵又大又漂亮。原产于印度尼西亚的苏门答腊岛（海拔1000~1300m）及马鲁古群岛（海拔约300m），生长于靠近水源的热带雨林。花期6~7月。

1882年英国植物学家查尔斯·柯蒂斯（Charles Curtis）在苏门答腊岛（海拔900~1300m）发现一种新的兜兰，第二年以其名字发表为 *Paphiopedilum curtisii*，由于其与华丽兜兰形态相似而且地理分布重叠，目前已经被列为华丽兜兰的变种，这也被英国皇家园艺学会所接受，*Paph. superbiens* var. *curtisii* 的侧瓣比起华丽兜兰显得更加窄和短，而且其侧瓣总是短于唇瓣，另外华丽兜兰的花色更浓，侧瓣末端更为扭转。

华丽兜兰（*Paph. superbiens* 'C.H.# 12'）

Paph. superbiens var. *curtisii*

华丽兜兰（*Paph. superbiens*）

华丽兜兰的白变型（*Paph. superbiens* f. *album* 'Tokyo'）

3. Subsection *Chloroneura* 克罗农亚组：

Chloroneura 意为"绿色脉纹"，直译无意义，因而音译为"克罗农亚组"。包括 *Paph. acmodontum*、*Paph. javanicum*、*Paph. schoseri*、*Paph. urbanianum*。

018 *Paphiopedilum schoseri* 修氏兜兰

1988年布雷姆（G. J. Braem）等人命名发表本种在 *Schlechteriana*。种加词 *schoseri* 是为了纪念法兰克福棕榈花园的园长古斯塔夫·修洛塞（Gustav Schoser），他是位杰出的园艺学家和分类学家，前面介绍的苏氏兜兰（*Paph. sukhakulii*）就是他命名的。实际上此种早在1978年曾经以 *Paphiopedilum bacanum* 的名字出现，*bacanum* 来源于 Bacan，即巴占岛，属于印度尼西亚北马鲁古县，这也说明了最初的采集地，但是 *Paph. bacanum* 这个名字只是指代了这种兜兰，没有公开发表描述过，所以 *Paphiopedilum schoseri* 才是最终有效命名。

生境海拔1200~1300m，生长在树林下很厚的苔藓层和腐殖层中，或是生长在覆盖着苔藓的石灰岩上，喜荫蔽的环境。

修氏兜兰（*Paphiopedilum schoseri*）

019 *Paphiopedilum urbanianum* 厄本兜兰（民岛兜兰）

1975年，菲律宾的兰花经营者哈辛塔·厄本（Jacinta Urban）女士所经营的Tecson兰花公司采集到本种，一度消失后再于1980年被重新发现，1981年美国植物学者杰克·阿奇·福利（Jack Archie Fowlie）以其姓氏Urban命名发表。原产于菲律宾的民答那峨岛（海拔约500m），国内多以原产地称呼其为"民岛兜兰"，多生长在郁闭度比较高的林中树下石隙中，花期12月至翌年3月。

厄本兜兰（*Paph. urbanianum* 'Tzeng's'）

厄本兜兰（*Paph. urbanianum*）
（李进兴 供图）

七、巨蕊亚属（Subgenus *Megastaminodium*）

这是近几年新成立的亚属，其所依据的是亚属内的单种：*Paph. canhii*。

001 *Paphiopedilum canhii* 耿氏兜兰（千禧兜兰）

2009年越南兰花专家及生态摄影师耿楚轩（Canh Chu Xuan）在越南北部发现一个具有短瓣亚属植株外形特征的兜兰群落，翌年这种微型的兜兰开花，花朵与已知的兜兰种类差异较大，2010年，德国植物学者奥拉夫·格鲁斯（Olaf Gruss）和俄罗斯植物学者阿弗亚诺夫（L. V. Averyanov）等人对此兜兰进行描述发表，以发现者耿楚轩先生的姓氏命名为 *Paphiopedilum canhii*，在国内，本种

耿氏兜兰（*Paph. canhii*）

耿氏兜兰变种富宁兜兰（*Paph. canhii* var. *funingense*）（兰科中心 供图）

还被称为"千禧兜兰"，缘由是 *canhii* 的音译。经过研究鉴定，耿氏兜兰不属于现有已知的任何兜兰亚属，耿氏兜兰植株特征近于短瓣亚属，而花朵特征却大半近似于单花斑叶亚属，小半近似于多花亚属，因此被设立成新亚属——巨蕊亚属（Subgenus *Megastaminodium*）。2013年刘仲健教授等人在云南东南部发现了一个新变种富宁兜兰（*Paphiopedilum canhii* var. *funingense*），此变种在萼片和唇瓣颜色上与耿氏兜兰有明显差异。

生境为海拔1500m左右的石灰岩地质山区，生长于悬崖垂直面的底层、腐殖质丰富的阴凉处。花期3~4月。

八、老挝亚属（Subgenus *Laosianum*）

这是近几年新成立的亚属，其所依据的是亚属内的单种：*Paph. rungsuriyanum*。

001 *Paphiopedilum rungsuriyanum* 朗氏兜兰（朗鲁安兜兰）

种名来自本种的发现者，也是第一个将其成功种植开花的泰国兰学家尼瓦·朗鲁安（Niwat Rungruang）的姓氏。2014年5月，尼瓦·朗鲁安收集到一批来自老挝北部的耿氏兜兰（*Paph. canhii*），在这批微型兜兰开花后，发现一种从未见过的种类，这种兜兰花色为非常明显的亮紫色，上萼片呈三角状，具有对称的纵向半月形花纹，侧瓣椭圆形，唇瓣开口呈"V"字形，假雄蕊近卵形，可以明显区别于耿氏兜兰。此外，这种兜兰虽然叶面也布满浅绿色大理石纹，但叶片背面呈灰绿色，有紫色脉纹，而耿氏兜兰的叶片背面具有相当密集的紫红色斑点。后来由德国的植物学者奥拉夫·格鲁斯（Olaf Gruss）等人以 *Paphiopedilum rungsuriyanum* 之名描述发表在德国兰花期刊 *Orchideen Journal*。

从外观特征来看，朗氏兜兰明显不属于目前兜兰各亚属，难以以现有的分类单元加以分类。后来，通过系统发育分析结果显示，朗氏兜兰可归类于短瓣亚属的一个姊妹组，依据植物学者李勇毅博士（Yung-I Lee）等的研究，另设立成一个新的亚属——老挝亚属（Subgenus *Laosianum*）。

虽然朗氏兜兰已经实现人工实生繁殖，栽植难度也不高，但是由于其生长速度非常缓慢，本种在市场上仍是一种非常珍稀的种类。在杂交育种上，其株形矮小，但具有相较于植株比较巨大的花朵，可用作迷你兜兰的育种。目前已经有杂交后代开花，后代强烈遗传其紫红色的花色，也遗传了其侧瓣下凹的特点。

朗氏兜兰（*Paph. rungsuriyanum*）

第四章 兜兰的杂交育种

兜兰，是形形色色庞大缤纷的兰花家族里一个很独特的类群，以单纯的一个兜兰属，只有100来个原生物种，却杂交衍生成独领风骚的一方兰花天地，虽然其产值无法与世界最大的花卉作物蝴蝶兰相比拟，目前其普及程度也与石斛兰类、卡特兰类、文心兰类等兰花大类有所差距，但因其独特的花形与丰富的花色，佐以植株叶片的绿色飘逸或斑纹炫彩，组成让人惊艳不已的美，越来越受到全世界爱花者的喜爱，已成为兰花里后来居上的主要种类之一。我国原产的很多兜兰种类，已于近年来成为兜兰育种的极重要亲本。遍观国外的兜兰育种者，以他们所搜罗的有限植株个体，已能取得兜兰育种的夺目成绩，更遑论身为这些兜兰原生地，拥有丰富多样遗传种质的我国了。

兜兰的育种，自然是以商业栽培的大量生产为主要导向，这些商业品系兜兰的育种，关注的重点主要有：

关于植株方面：

（1）栽植容易，生长快速，能抗病虫害及环境逆境。

（2）植株大小及形态，适合包装、搬放及运输。

（3）容易大量繁殖，易于大量生产。

关于开花方面：

（4）幼年期短，其中迷你型品种设定于一年内初次开花，中小型品种设定于两年内整齐开花，而大型的多花性品种则设定于三年内整齐开花。

（5）开花性良好，开花率与开花整齐度高。

（6）更长的花朵寿命，有效的开花观赏期。

（7）花朵大小，同一类型的兜兰，以大花作为筛选目标。

（8）花梗长度太短或太长都是缺点，以植株和花朵大小、花梗长度比例适宜、搭配优美为选育方向，而作为切花的种类，则以市场要求为基准。

（9）近年来兜兰育种的重点花色，依序为绿色、黄色、红色及斑点。

（10）单花种类里，开单朵花与能开两朵花的植株作亲本时的取舍，则依对方亲本而异，与单花种类杂交时可忽略，若与多花种类杂交时，能开两朵花的亲本更益于杂交子代的多花性。

当我们探讨兜兰的育种时，因其亲缘远近的差异，在杂交亲和性上具有绝对性的关键作用，所以在此，我们以亚属作为提纲挈领之分项，分述于下。

（1）单花斑叶亚属（Subgenus *Sigmatopetalum*）单花类杂交育种，即魔帝型兜兰。

（2）兜兰亚属（Subgenus *Paphiopedilum*）单花类杂交育种，以标准型兜兰为代表。

（3）短瓣亚属（Subgenus *Brachypetalum*）的杂交育种。

（4）小萼亚属（Subgenus *Parvisepalum*）的杂交育种。

（5）旋瓣亚属（Subgenus *Cochlopetalum*）的杂交育种。

（6）多花亚属（Subgenus *Polyantha*）的杂交育种。

另外，巨蕊亚属（Subgenus *Megastaminodium*）、老挝亚属（Subgenus *Laosianum*），均是只有单独1种的新亚属，对应的耿氏兜兰（*Paph. canhii*）和朗氏兜兰（*Paph. rungsuriyanum*），截至目前虽然已经有新的杂交种被登录，因其物种及杂交种都尚未流通于市，我们在本书之中暂未予以探讨。

一、单花斑叶亚属（Subgenus *Sigmatopetalum*）单花类杂交育种

此即所谓的"魔帝型"（Maudiae Type）兜兰，因为在单花斑叶亚属的亚属内初期杂交育种里，最具代表性的是1900年英国Charlesworth公司所杂交登录的 *Paph.* Maudiae，由胼胝兜兰（*Paph. callosum*）与劳伦斯兜兰（*Paph. lawrenceanum*）两个原种杂交而来，因为杂种优势，在栽培及开花上都有极大的突破，从此激化本亚属内杂交育种的热烈程度，而 *Paph.* Maudiae 也一再作为亲本用于杂交育种，成为单花斑叶亚属的"模式育种"，也成为魔帝型兜兰的早期热门亲本，100多年来不曾间断，甚至直至10多年前，国外还有许多兜兰育种者主张，在单花斑叶亚属的杂交育种后代里，*Paph.* Maudiae 的血统不及50%的，就不该视为魔帝型兜兰。在本书里，我们不纠结魔帝型兜兰的定义，毕竟育种的目的，是追求更优秀品种，而 *Paph.* Maudiae 只是单花斑叶亚属育种的一个里程碑环节，并非全部，以本亚属里其他重要亲本原种，如 *Paph. sukhakulii*、*Paph. acmodontum*、*Paph. barbatum*、*Paph. superbiens*、*Paph. mastersianum* 等，以及我国原产的 *Paph. wardii*、*Paph. venustum*、*Paph. appletonianum*、*Paph. purpuratum* 等，都能极高效地优化及异化魔帝型兜兰原本太过于单纯的花朵样貌，使得本类兜兰的形色更缤纷更多变，实在不必画地自限。

单花类兜兰，除了作为盆花观赏之外，从很早以前就已被用于切花生产，尤其是花朵质地肉厚而花朵寿命长的种类。观察近年来国外市场交易，兜兰的切花已占有固定的份额，其中，单花斑叶类的魔帝型兜兰，以及单花绿叶类的复合杂交品系（标准型兜兰），已成兜兰切花的两大主流，这两类单花类的兜兰，除了更易于包装运输及花期持久，其花朵半似蜡质半似漆器的质地因不同观赏角度所闪现的光泽感，也深受消费者的青睐。

单花斑叶亚属成为商业化大量栽培的兜兰种类，除了本亚属内的"魔帝型"或"非魔帝型"育种外，具有的四大优点使其应用于与其他亚属兜兰的杂交育种：

①苗株幼年期短；②单朵花花期长；③开花性佳，开花整齐度高；④株形紧凑。这是商业性盆花不可或缺的重要优势，因为可以密植，既适合单盆栽植成丛，也适宜多盆并置，栽培管理容易。

株形紧凑的单花斑叶亚属杂交育种，*Paph.* William Ward = William Mathews × *wardii*，1992年 A. Mochizuki 育种登录。花形深受彩云兜兰（*Paph. wardii*）的影响。*Paph.* William Mathews（= *lawrenceanum* × *mastersianum*，1899年Charlesworth Ltd. 育种登录），于本亚属里比 *Paph.* Maudiae 更早一年杂交登录，但因胼胝兜兰（*Paph. callosum*）的生长优势远高于马氏兜兰（*Paph. mastersianum*），使得 *Paph.* Maudiae 作为亲本的使用率远高于 *Paph.* William Mathews，后来居上成为主流；其他如 *Paph.* Moussetianum（= *callosum* × *superbiens*，1894年 Mantin 育种登录），也是同理

当我们探讨兜兰的育种时，不论哪个亚属，昵称"帽子"的上萼片都处于最关键的视觉位置，其性状评价重点有5项：①宽大优于窄小；②平展优于内卷或外翻；③完全绽放时能挺直；④色彩鲜丽或清爽；⑤如果有线条则要求干净且对比分明。这些重点，我们将在正文及图片说明中进一步分析。

株形紧凑的单花斑叶亚属杂交育种，*Paph*. Maudiae 'The Queen' = *callosum* × *lawrenceanum*，1900年 Charlesworth Ltd. 育种登录。此为绿花型品系的 *Paph*. Maudiae

Paph. Macabre 'Tristar'= *sukhakulii* × Voodoo Magic，T. Root 育种，1990年 Orchid Zone 登录。虽然一般情况下，兜兰上萼片的挺直与否，会因绽放时的日照、温湿度、搬动等因素而受到影响，但仍是以其本身的先天遗传为基准，因此在亲本选择时，针对上萼片的筛选，是不可忽视的重点。在此，我们以同一朵花的正面及侧面来对比展示，由右图里的横线，可以明显看出上萼片的内卷程度，影响花朵开展度及上萼片大小，也直接影响视觉上的观赏效果；如果上萼片的两侧是外翻，其影响亦相同。右图里的前后两条竖线，用于比对上萼片的挺直程度，左侧长竖线是外竖线，自上萼片尖端，至唇瓣的缺口中央，直至唇瓣末端，可交互比对上萼片及整朵花的挺直程度；右侧短竖线是内竖线，从蕊柱顶端的假雄蕊，上至上萼片，下至唇瓣内面下方的中央线，可交互比对上萼片的挺直程度

单花斑叶亚属兜兰的杂交育种，我们以下面5项作概述：

1. 以 *Paph.* Maudiae 为基底的杂交育种

Paph. Maudiae 典型花色品系，这是来自基本花色的胼胝兜兰（*Paph. callosum*）与劳伦斯兜兰（*Paph. lawrenceanum*）所产生的典型花色子代，以前常被忽视，因为大多数育种者都以红色及绿色为追求的目标，近年来因市场的需求，以及其普遍更易生长、更易开花，而重新广被喜爱

Paph. Maudiae 绿花型品系，这是由白变型绿花的胼胝兜兰（*Paph. callosum* f. *album*）与白变型绿花的劳伦斯兜兰（*Paph. lawrenceanum* f. *album*）杂交而来

Paph. Shin-Yi Heart 'Arco'=Shin-Yi Pie × Flame Heart, Shin-Yi Orch. 育种，2004年 Ching Hua 登录。这是个完全由单花斑叶亚属内的原种组成的杂交种。其中 *Paph. callosum* 占53%，*Paph. lawrenceanum* 占23%，*Paph. sukhakulii* 占13%，*Paph. mastersianum* 占6%，*Paph. barbatum* 占5%

Paph. Shin-Yi Heart 'Shin-Yi'

Paph. Shin-Yi Heart 'R-H'

Paph. Shin-Yi Ruben 'Puli'= Shin-Yi Heart × Hsinying Rubyweb，2010年 Shin-Yi Orch. 育种登录。以上述的 *Paph.* Shin-Yi Heart，再杂交偏红色魔帝型兜兰 *Paph.* Hsinying Rubyweb 而来

Paph. Shin-Yi Ruben 'Puli'，相同的个体分株（营养系），于不同的植株状态，及不同的气温、光照下，花朵的色彩浓淡与瘤斑分布有所差异

Paph. Shun-Fa Weber 'Puli' = Shin-Yi Weber × Shin-Yi Remus，2015年Shun Fa Orchids育种登录。为偏重于浓红花色的魔帝型兜兰育种，经连续多代的杂交筛选，使其亲本花色基因浓缩于红花品系内，但此紫红色花青素的聚集，未必同时展现于叶背或叶片基部，这在蝴蝶兰类与兜兰类育种里，是常见的现象

Paph. Shun-Fa Black Pearl 'Shun Fa' = Hung Sheng Bay × Shin-Yi Heart，2017年Shun Fa Orchids育种登录。与上述的 *Paph.* Shun-Fa Weber 'Puli' 类似，浓红色品系的叶背或叶基，未必有花青素的聚集

Paph. Tatung Stronger 'Haur Jih'= Blacklight × Black Velvet，2004 年 Ching Hua 育种登录。这是 20 世纪 90 年代育出并被特称为"黑魔帝"（Black Maudiae Type）的新型兜兰，但并非纯由单花斑叶亚属育种而来，不是纯粹的魔帝型兜兰，而是加入 25%~50% 的黑红品系的红旗兜兰（*Paph. charlesworthii*）血统，才产生得出这样的黑红色。以这个 *Paph.* Tatung Stronger 来说，母本 *Paph.* Blacklight（= Red Maude × *charlesworthii*，1993 年 Orchid Zone 育种登录），父本 *Paph.* Black Velvet 是纯单花斑叶亚属血统；因此 *Paph.* Tatung Stronger 具有兜兰亚属：25% 的 *Paph. charlesworthii* 血统，以及单花斑叶亚属：43.76% 的 *Paph. callosum*、23.44% 的 *Paph. lawrenceanum*、6.25% 的 *Paph. superbiens*、1.56% 的 *Paph. mastersianum* 血统

Paph. Red Light 'Shih Sueh'= Blacklight × Alma Gevaert，2019 年 M. Tibbs 育种登录。由 *Paph.* Blacklight 与纯单花斑叶亚属血统的 *Paph.* Alma Gevaert 深红品系杂交而来，具有 25% 的 *Paph. charlesworthii* 血统，以及单花斑叶亚属：48.44% 的 *Paph. lawrenceanum*、25.01% 的 *Paph. callosum*、1.56% 的 *Paph. mastersianum* 血统

2. 由苏氏兜兰（*Paph. sukhakulii*）带来的形色

在本亚属的杂交育种史上，第一个里程碑意义的重要亲本是 *Paph.* Maudiae，而第二个，则是1964年发现于泰国的苏氏兜兰（*Paph. sukhakulii*）。1974年，*Paph.* Maudiae 与苏氏兜兰的杂交子代，由 K. Andrew O. 登录为 *Paph.* Makuli，此可谓双桃 *Paph.* Maudiae 与苏氏兜兰的经典，与苏氏兜兰一起开启了单花斑叶亚属的育种新世代。

由苏氏兜兰所带来的新形色，主要有6点：①更多更鲜明的绿色；②虽是内卷但形态优美的上萼片；③满布黑紫色瘤斑的侧瓣；④更多更密集且更长的侧瓣上下边缘的细毛；⑤更宽更平顺且几乎不扭转的侧瓣；⑥有效地增大了花径。

Paph. Haur Jih Black Rose 'Haur Jih #200' = Incantation × Blacklight，2023年 Haur Jih Orch. 育种登录。同样是由 *Paph.* Blacklight 与纯单花斑叶亚属血统的 *Paph.* Incantation 深红品系杂交而来，具有25%的 *Paph. charlesworthii* 血统，以及单花斑叶亚属：37.5%的 *Paph. callosum*、21.88%的 *Paph. lawrenceanum*、6.25%的 *Paph. superbiens*、3.13%的 *Paph. mastersianum*、3.13%的 *Paph. purpuratum*、1.57%的 *Paph. barbatum*、1.57%的 *Paph. sukhakulii* 血统

Paph. Makuli 'Nei San' = Maudiae × *sukhakulii*，1974年 K. Andrew O. 育种登录

Paph. Hsinying Art Pie 'Hsinying' = Hsinying Artist × Raisin Pie，2005年 Ching Hua 育种登录。在这个杂交育种里，具有34.38% *Paph. sukhakulii* 的血统

Paph. Hsinying Art Pie 'Cover Girl'

Paph. Hilo Super Citron 'Green Ruby' = Hsinying Citron × *sukhakulii*，2012 年 J. Fang 育种登录。就如同 *Paph.* Maudiae 'The Queen'，此类型的绿花都是来自原种白变型的杂交选育，不同于偏红品系的是，因其植株体内无花青素，所以不只其花朵是黄绿色至绿色，其叶基及叶背也无紫红色晕

Paph. Macabre 'Tristar' = *sukhakulii* × Voodoo Magic，T. Root 育种，1990 年 Orchid Zone 登录。此为偏红色魔帝型兜兰 *Paph.* Voodoo Magic 与苏氏兜兰的杂交育种，因此其花色偏多于黑紫红，而较少鲜绿色

Paph. Hung Sheng Jewel 'Chang'= Hsinying Citron × In-Charm Silver Jewel，2010年Hung Sheng Orch.育种登录。在这个杂交育种里，只有9.38% *Paph. sukhakulii* 血统

Paph. Haur Jih Makuli 'In-Charm'= Hsinying Citron × Makuli，2018年Haur Jih Orchids育种登录。与前面的 *Paph.* Hilo Super Citron 对比，只是父本分别为 *Paph. sukhakulii* 与 *Paph.* Makuli 的差别

3. 由彩云兜兰（*Paph. wardii*）带来的形色

同是单花斑叶亚属平瓣组（Section *Planipetalum*）里的3个原种：苏氏兜兰（*Paph. sukhakulii*）、紫纹兜兰（*Paph. purpuratum*）、彩云兜兰（*Paph. wardii*），但它们的子代遗传却各异其趣，前述苏氏兜兰的子代遗传重点为绿色、内凹的上萼片、宽而平展的侧瓣上密集瘤斑、侧瓣上下边缘密生的细毛；紫纹兜兰则是红色、外翻的上萼片、略微扭转的侧瓣上的细密斑、侧瓣上较少且短的细毛，其杂交育种的方向与一般的魔帝型兜兰较为相近；而主要原产于我国的彩云兜兰，则是介于两者之间，绿色与红色兼具，线条优美的内凹上萼片，侧瓣上密布微细如芝麻的黑紫斑点，更有两个极佳的优点：①其生长势比苏氏兜兰及紫纹兜兰更佳，因而更容易栽培；②植株更为优美适中，符合中小型盆花兜兰的市场要求，如其彩云兜兰之美名。

Paph. Faunus = *purpuratum* × *charlesworthii*，1905年R. Young育种登录。这是紫纹兜兰与红旗兜兰的杂交育种，紫纹兜兰上萼片外翻的缺点能够遗传给子代

Paph. Dy Zixia = *purpuratum* × *dianthum*，2020年Jialin Huang育种登录。这是紫纹兜兰与长瓣兜兰的杂交育种，虽然颜色比较吸引人，但两个亲本的上萼片都外翻，也都遗传给了子代

Paph. William Ward 'Sweet Ginger'= William Mathews × *wardii*，1992年A. Mochizuki育种登录。*Paph.* William Mathews = *lawrenceanum* × *mastersianum*，1899年Charlesworth L td.育种登录。这是单花斑叶亚属内的杂交育种

4. 由秀丽兜兰（*Paph. venustum*）带来的形色

秀丽兜兰本该是单花斑叶亚属里一个在杂交育种上能大放异彩的原种，它有优美的花朵及植株，但很可惜，自1888年发现至今，并没有特别出色的育种后代问世，究其缘由有三：①未能以其唇瓣上独特龟甲花纹为基底，持续进行杂交选育；②秀丽兜兰的花朵虽然形色皆优美，但比起本亚属里其他原种来说，花朵包括上萼片、侧瓣、唇瓣都相对略小，此特性会明显遗传给子代，所以除了某些特别喜爱秀丽兜兰花形、花色的育种者，就甚少再以其作为F_2、F_3的系列育种；③其植株生长势相对不佳，幼年期稍长，相对于本亚属里许多可替代的其他原种，就常变成次要的亲本选择。

Paph. Macabre Venus 'SVO Spots' = Macabre × *venustum*，2019年F. Clarke育种登录。虽然上萼片及唇瓣没受影响，但侧瓣的长度相对略小，唇瓣上也没能遗传秀丽兜兰漂亮的龟甲花纹

Paph. Magical Venus = *venustum* × Macabre Magic，2010年Lehua育种登录。占有50%的*Paph. venustum*血统，其子代表现却似只占20.31%血统的*Paph. sukhakulii*，没能展现秀丽兜兰的遗传特性

Paph. Vintage Venus 'Chen Samn No.5' = *venustum* × Vintage Harvest，2005 年 Ratcliffe 育种登录。由黄绿花标准型兜兰 *Paph.* Vintage Harvest，与秀丽兜兰白变型绿花（*Paph. venustum* f. *album*）的杂交育种，结合了两个单花亚属的血统，其子代大多遗传有秀丽兜兰上萼片优美绿色线条，以及秀丽兜兰唇瓣上的龟甲花纹，表现得相映成趣

Paph. Vintage Venus 'Chen Samn 10' AM/AOS

Paph. Pacific Venus 'Huei Gin' AM/AOS = *venustum* × Pacific Shamrock，2011 年 Wu Jui Chang 育种登录。另一款黄绿花标准型兜兰 *Paph.* Pacific Shamrock，与秀丽兜兰的白变型绿花的杂交育种，目前这类秀丽兜兰结合肉饼的黄色-黄绿色花更受欢迎

5. 由虎克兜兰（*Paph. hookerae*）或卷萼兜兰（*Paph. appletonianum*）带来的形色

匙瓣组（Section *Spathopetalum*）的虎克兜兰和卷萼兜兰也是应当受到重视的原种亲本。两者的杂交子代，于 1999 年由 A. Mochizuki 登录为 *Paph.* Apres Midi。

Paph. Hung Sheng Lamp = Shin-Yi Heart × *hookerae*，2011 年 Hung Sheng Orch. 育种登录。虎克兜兰是个能遗传出鲜明红绿对比子代的优异亲本原种，产生比一般的魔帝型兜兰更亮眼的后代，但也有两项在 2~3 代还亟待去除的缺点：一是可能使子代的花朵变小变短；二是其花梗极长，并且容易遗传至下一代

Paph. Aga'pe = *urbanianum* × *appletonianum*，1998 年 D. Eickhoff 育种登录。卷萼兜兰的侧瓣比虎克兜兰更长，且略卷折向下，这个特点在杂交育种上，会因育种方向的不同，而成为优点或缺点。以同质性状相互搭配的前提下，杂交同是侧瓣长或侧瓣向下的亲本进行选育，亦即"同质性杂交"，在本亚属内的杂交育种通常不尽人意，但当与侧瓣很长的多花亚属杂交时，常能有意外的收获

Paph. Apple Maud = *Maudiae* × *appletonianum*，1994 年 A. Mochizuki 育种登录。以卷萼兜兰与 *Paph.* Maudiae 作杂交，因其卷萼及侧瓣卷折向下的特点，在本亚属内的杂交育种通常不尽人意，其改善的方法是寻求形色更优美鲜艳或"同质性杂交"的对象亲本

Paph. Hengduan's Holger = *appletonianum* × *hirsutissimum*，2017 年 Wenqing Perner 育种登录。卷萼兜兰与侧瓣比较长的带叶兜兰杂交，其后代的两个侧瓣呈下垂姿态，犹如两个大耳朵，憨态可掬

二、兜兰亚属（Subgenus *Paphiopedilum*）单花类杂交育种

兜兰亚属单花类的杂交育种，以标准型兜兰为代表。

1886年，德国植物学家普菲泽（Ernst Hugo Heinrich Pfitzer）以波瓣兜兰（*Paph. insigne*）为模式种，将亚洲亚热带地区部分物种从杓兰属（*Cypripedium*）分离出来，建立兜兰属（*Paphiopedilum*）。从此以后，兜兰属物种的发表、分类、学术研究，以及园艺栽培、杂交育种，波瓣兜兰就成了开端意义的存在，以分类位阶来说，它所处的亚属就是兜兰亚属（Subgenus *Paphiopedilum*），它所处的组就是兜兰组（Section *Paphiopedilum*）。兜兰属的杂交育种，是以波瓣兜兰及相近的本亚属其他原种开始开展的，所以就被视为兜兰类杂交育种的"标准"，这就是本亚属所杂交育种的商业种类被称为"标准型兜兰"（Standard Paphiopedilum）的原因。100多年来，兜兰亚属的杂交育种已产生了众多花径极大而且圆整的商业兜兰品种，更坐实了"标准型兜兰"的称号。

标准型兜兰的育种，不只是兜兰亚属内的杂交，而是以兜兰亚属为主体，融入少量其他亚属的血统，例如能使后代花朵更大、花瓣更平直、更圆整、更具蜡质、更厚的短瓣亚属，并利用四倍体、多倍体等育种技术，非仅单纯的杂交授粉，因此被称为Complex Hybrid Paphiopedilum，即"复合杂交系兜兰"或"标准复合型兜兰"，或简称"标准型兜兰"。

"标准复合型兜兰"或"标准型兜兰"的名称有时拗口，因其宽大圆整的花形，许多种类还点缀着大大小小的斑点，像芝麻、肉末，也像核桃碎或虾仁，许多兜兰爱好者将其昵称为"肉饼"，极为传神。早些年因为都是直接自欧美及日本等温带地区引入，这些复合杂交品系已适应冷凉气候，所以在热带和亚热带地区栽培并不容易，后来经众多兜兰育种者多年的努力，目前这一类"标准复合型兜兰"已经具有广泛的适应性，并且再持续与本亚属内新发现或更优异的原种以及其他亚属的种类进行杂交，育出了一系列具有鲜明特色的新品系，使得标准型兜兰有了更多形色的面貌。

标准型兜兰的花色众多，我们在此以花色作区分，来探讨其育种。

Paph. Psyche = *bellatulum* × *niveum*，1893年Winn育种登录。此为短瓣亚属的杂交育种，但因是标准复合型兜兰育种里的重要环节，所以在此特别列出

1. 白花及以白色为主体的标准型兜兰

兜兰的育种起源于欧洲园艺界，欧洲人喜爱白色花，因此白色品种是早期兜兰育种的重要目标之一。在20世纪初期，白色花兜兰的育种即已有立竿见影的成果，而由McLaren于1932年登录的 *Paph.* F. C. Puddle，是白花标准型兜兰育种的里程碑，尤其 *Paph.* F. C. Puddle 'Bodnant' FCC/RHS 更是其代表，今天名满天下的"白肉饼"：*Paph.* White Knight、*Paph.* Mystic Knight、*Paph.* Tokyo Knight Dream、*Paph.* Tatung Knight、*Paph.* Tatung White Knight 等，大多是以 *Paph.* F. C. Puddle 为基底持续育种而来。*Paph.* F. C.Puddle = Actaeus × Astarte，而 *Paph.* Astarte = *insigne* × Psyche，*Paph.* Psyche = *bellatulum* × *niveum*，所以 *Paph.* F. C. Puddle 有 25% 的 *Paph.* Psyche 血统，亦即有短瓣亚属的 *Paph. bellatulum* 及 *Paph. niveum* 各12.5%的血统。由 *Paph.* F. C. Puddle 的亲本树，我们可以看出短瓣亚属在标准复合型兜兰育种里的重要作用，不仅白花类，其他花色也如此。

Paph. Mystic Knight 'White Swan'= Elfstone × White Knight, 1998年Orchid Zone 育种登录。查看其血统组成，有48% *Paph. insigne* 血统，有12.75% *Paph. godefroyae* 血统，这里用的是古德兜兰的白变型（*Paph. godefroyae* f. *album*），从而奠定了白花血统的基底

Paph. Tatung Knight 'Balisa' AM/AOS = Lacewing × White Knight, 2013年Ta-Tung Orch. 育种登录

Paph. Giant Knight 'Snow Galaxy'= Ice Age × Giantstone，2013年Tokyo Orch. N.育种登录

Paph. Memoria Brenda George = Tree of Motoo × In-Charm White，2011年D. George育种登录。*Paph.* Tree of Motoo = Tree of Amanda × Winston Churchill，T. Ozawa 育种，1999年M. Kimura登录，*Paph.* In-Charm White = White Knight × *godefroyae*，2003年In-Charm O. N.育种登录。这是来自"白肉饼"与一般咖啡红"斑点肉饼"的杂交育种，其中再次融入了短瓣亚属古德兜兰的血统，因为当"白肉饼"系列开始呈现乳白或乳黄色时，会再次与短瓣亚属的白花种类杂交来恢复纯白色花的遗传

Paph. Giant Knight 'Haur Jih #102'。1990—2010年是美国Orchid Zone兰园的育种黄金时代，许多兜兰类的育种都极具代表性，如白花品种类型。而2010年之后，日本及我国台湾也展开了划时代的"白肉饼"育种，如日本Tokyo Orchids Nursery育种的*Paph.* Giant Knight、我国台湾育种的*Paph.* Tatung Knight，以及*Paph.* Tatung White Knight、*Paph.* In-CharmWhite等

2. 绿花及以绿色为主体的标准型兜兰

"绿色肉饼"是近年来甚受欢迎的盆花及切花用兜兰，尤其是组合应用的礼盆花、景观布置或花束、手捧花等，都是不可或缺的素材。此类绿花标准型兜兰的育种始自1967年 *Paph*. Yerba Buena 'White Cap' HCC/AOS。此后育种一直没有大的突破。自2000年起，绿花标准型兜兰的育种有了突破性进展，概括来说，绿花标准型兜兰的花朵，有越来越大的育种趋势，但以目前纯粹杂交实生方式的育种，尚无法达到完美，通常还得稍稍忽略花朵质地，如在2000年代极受重视的 *Paph*. Elfstone，其花径已达17cm，但花朵质感不佳，而当时优良花色和花质、优美花形的品种，花径通常只有12~13cm；2010年起至今，二者一再交互杂交选育，加上能使上萼片更鲜绿或带来白色镶边的 *Paph*. Greenvale（= Wallur × Golden Acres，1969年 Rod McLellan Co. 育种登录），以及能使后代花形更圆整及对称的 *Paph*. Emerald Crown（= Green Mint × Via Exacto，1984年 Rod McLellan Co. 育种登录）的加入，"绿色肉饼"育种进入新时代。

Paph. Yerba Buena = Sanacderae × Diversion，1955年 Rod McLellan Co. 育种登录。它的血统组成是 *Paph. insigne* 占69.55%、*Paph. spicerianum* 占16.73%、*Paph. villosum* 占6.86%、*Paph. villosum* var. *boxallii* 占4.4%、*Paph. druryi* 占0.98% 以及短瓣亚属的 *Paph. bellatulum* 占1.56%

Paph. Stefani Pitta = Divisadero × Kay Rinaman，1976年 J. Hanes 育种登录。*Paph*. Divisadero = Diversion × Golden Diana，1962年 Rod McLellan Co. 育种登录。*Paph*. Kay Rinaman = Yerba Buena × Diversion，1967年 Rod McLellan Co. 育种登录。其亲本组成围绕着 *Paph*. Yerba Buena 及其相关亲本，这个 *Paph*. Stefani Pitta，可视为美国 Rod McLellan 公司自1950年代至1960年代，一系列绿花标准型兜兰育种的代表

Paph. Emerald Lake 'Emerald Jade'= Stone Lovely × Emerald Sea，2007年Kita-Cal育种登录。*Paph.* Stone Lovely = Elfstone × Autumn Gold，2001年美国Orchid Zone育种登录

Paph. Emerald Future 'Special Edition' = Martian Man × Stone Lovely，2014年Tokyo O. N.育种登录。其血统中*Paph. malipoense*占25%，由此也带来唇瓣上口狭小的变化

Paph. In-Charm Lovely 'Hsiao'= In-Charm Greenery × Stone Lovely, In-Charm O. N. 育种, 2010年 J. Fang 登录

Paph. Stonehenge = Emerald Lake × Sorcerer's Stone, H. Sugiyama 育种, 2015年 Yamato-Noen 登录

3. 黄花及以黄色为主体的标准型兜兰

黄花标准型兜兰选育主要有两个方向：一是大花径，但目前尚未出现真正的大花径的黄花标准型兜兰，都带有些许的斑纹或斑点，如 *Paph. Lippewunder*；二是少斑纹少斑点的金黄色花朵，但目前都是中小花径种类，例如 *Paph. In-Charm Gold*。

我们以 *Paph. Lippewunder* 为例，它的原种血统组成是36.89%的 *Paph. insigne*、16.44%的 *Paph. villosum*、15.99%的 *Paph. spicerianum*、7.44%的 *Paph. villosum* var. *boxallii*、3.13%的 *Paph. charlesworthii*、2.09%的 *Paph. druryi*、1.76%的 *Paph. barbatum*、1.56%的 *Paph. exul*、1.17%的 *Paph. fairrieanum*，以及0.75%短瓣亚属的 *Paph. bellatulum*，各0.39%单花斑叶亚属的 *Paph. lawrenceanum* 及 *Paph. superbiens*，还有12.4%的未知种源，其黄色主要来自 *Paph. insigne*、*Paph. villosum*、*Paph. spicerianum* 的血统，加上少量 *Paph. villosum* var. *boxallii*、*Paph. druryi*、*Paph. exul*，黄色基因一代一代的筛选累积，通过一再地重复杂交及多倍体育种以增大花径，同时也增大了异色的斑纹、斑点和色块。再以中小花径、黄-金黄花的 *Paph. In-Charm Gold* 为例，选用少斑黄底色的 *Paph. Emerald Magic* 为亲本，占50%血统的黄花色海伦兜兰（*Paph. helenae*）能有效地增加子代花朵的黄色，但因受限于海伦兜兰本身的迷你株型和花朵，就只能杂交出中小型的黄色花后代。

Paph. Lippewunder 'Arco' = Anja × Memoria Arthur Falk, 1989年 F. Hark 育种登录

Paph. In-Charm Gold 'Yellow King' = Emerald Magic × *helenae*, 2006年 In-Charm O. N. 育种登录

Paph. In-Charm Gold 'Chouyi'

自2000年起，黄花标准型兜兰的育种有逐渐加入我国原产的小萼亚属中黄花种类的趋势，大量的杏黄兜兰（*Paph. armeniacum*）、麻栗坡兜兰（*Paph. malipoense*）、汉氏兜兰（*Paph. hangianum*）被应用于黄花标准型兜兰的育种，已经开始开创黄花标准型兜兰的新面貌。

Paph. Guenther Dankmeyer = *malipoense* × Lippewunder，2002年Orchideen Koch育种登录。是以前述的 *Paph.* Lippewunder 与麻栗坡兜兰的杂交育种

Paph. Guenther Dankmeyer 'Tristar'   *Paph.* (Valerie Tonkin × *armeniacum*)

4. 斑点花标准型兜兰

斑点花标准型兜兰的育种，发端于 *Paph.* Thrums 'Husky'（= Chrysostom × J. M. Black，1928 年 Black & Flory 育种登录）。经过了 40 多年缓慢的发展，英国的 Ratcliff Orchids 于 1970 年代，育种登录了许多斑点花标准型兜兰名花。再经过 20 多年的育种，斑点花标准型兜兰形成了两大系统，一是英国系的柔性斑点花，注重花朵温婉的底色及斑点，其生长习性偏于温室花卉型的娇贵，生长势差；二是美国系的鲜明斑点花，注重花朵如漆器般的质感与光泽，其生长势旺盛，更易于栽培管理。自 21 世纪后，斑点花标准型兜兰的育种趋势转向两个系统的交互结合，以及更多的跨亚属杂交。

在斑点花标准型兜兰的育种历程中，最关键的亲本原种是波瓣兜兰（*Paph. insigne*），自 1928 年英

Paph. Eyecatcher 'Shun Fa'= Newtown × German Galaxy，2011 年 O. Duerbusch 育种登录

Paph. Arafura Sea = Pacific Ocean × Canberra，1977 年 J. Hanes 育种登录

Paph. Miaohua Robe 'MH-22'= Hampshire Robe × Hampshire Zoo，2011 年 Miao Hua Orch. 育种登录

Paph. Diabolo's Signature 'Chang Shiu'= Millennium × Signature，2014 年 O. Duerbusch 育种登录

国的Black & Flory育种登录了 *Paph.* Thrums 起，这类斑点花的杂交都是围绕着波瓣兜兰的后代进行筛选。我们列举两种我国台湾育种的斑点花标准型兜兰，分析其原种血统组成：

Paph. Shun-Fa Red：兜兰亚属原种为35.99%的 *Paph. insigne*、20.82%的 *Paph. villosum* var. *boxallii*、20.02%的 *Paph. spicerianum*、9.24%的 *Paph. villosum*、1.28%的 *Paph. fairrieanum*、0.67%的 *Paph. druryi*、0.05%的 *Paph. exul*；短瓣亚属原种为1.45%的 *Paph. bellatulum*；单花斑叶亚属原种为8.17%，其中4.04%的 *Paph. superbiens*、2.74%的 *Paph. lawrenceanum*、1.39%的 *Paph. barbatum*；而未知种源为2.31%。

Paph. Chou-Yi Bright：兜兰亚属原种为37.65%的 *Paph. insigne*、22.08%的 *Paph. spicerianum*、20.51%的 *Paph. villosum* var. *boxallii*、8.71%的 *Paph. villosum*、1.17%的 *Paph. fairrieanum*、0.64%的 *Paph. druryi*；短瓣亚属原种为0.91%的 *Paph. bellatulum*；单花斑叶亚属原种为8.01%，其中3.91%的 *Paph. superbiens*、2.73%的 *Paph. lawrenceanum*、1.37%的 *Paph. barbatum*；而未知种源为0.32%。

这两个斑点花标准型兜兰原种血统组成，也大致是这类斑点肉饼的写照，其中以 *Paph. insigne* 为最多，通常具有30%以上；其次是 *Paph. villosum* var. *boxallii*、*Paph. villosum*、*Paph.spicerianum*；再次可能有少许的短瓣亚属血统，尤其是能加重斑点遗传的 *Paph. bellatulum*，以及少许的单花斑叶亚属血统。至于为何有未知的种源，这是因为早期的兰花杂交登录里，曾出现过少许未知父母亲本种名的特例被允许登录。

Paph. Hsinying Casablanca 'Arco'= Casablanca × Signature，2015年Ching Hua育种登录

Paph. Shun-Fa Red 'Shun Fa'= Casa Mingo × Wiedenbrueck Passion，2015年Shun Fa Orchids育种登录

Paph. Chou-Yi Bright 'Chouyi#28'= Memoria Heinrich Duerbusch×Bright Shine，2016 年 Chouyi Orch.育种登录

Paph. Haur Jih Greenking 'Haur Jih'= *malipoense* × Pacmoore，2013 年 Haur Jih Orchids 育种登录。在前面的黄花标准型兜兰育种里，我们提及与我国原产的小萼亚属结合育种，而在斑点花标准型兜兰里，麻栗坡兜兰也是前景可期的复合杂交育种亲本，并且对于绿花肉饼也是如此

5. 红花标准型兜兰

在标准型兜兰育种领域里，深红色及粉红色的品种是公认最难育成的，也因栽培管理较不易，目前在市面上所能见到的并不多，而且大多来自兜兰亚属与其他亚属的重复杂交，主要有3个方向：①与深红色的魔帝型兜兰杂交，如 *Paph.* Red Shift、*Paph.* Red Maude、*Paph.* Pulsa等；②短瓣亚属里浓色花色的巨瓣兜兰（*Paph. bellatulum*）、古德兜兰（*Paph. godefroyae*）、白唇兜兰（*Paph. leucochilum*）作为亲本加入；③在兜兰亚属里，选用非典型大花标准型兜兰——红旗兜兰（*Paph. charlesworthii*）红花型个体作为亲本加入杂交。

典型的红色标准型兜兰，最主要的亲本源头是 *Paph.* Paeony 'Regency' AM/RHS（= Noble × Belisaire，1956年Ratcliffe育种登录），及 *Paph.* Amanda 'Joyance' AM/RHS（= Radley × Paeony，1965年 The Lord Sieff 育种登录），它们与琥珀色系斑点花的 *Paph.* Winston Churchill（= Eridge × Hampden，1951年 S. Low 育种登录）的杂交组合，产生许多优秀的红花后代。

Paph. Haur Jih Glory 'Haur Jih' = Haur Jih Tree × Red Glory，2013年Haur Jih Orchids育种登录。由琥珀红色标准型斑点花的 *Paph.* Haur Jih Tree，与深红色魔帝型兜兰 *Paph.* Red Glory 杂交育种而来

Paph. Duncan Ross 'Burgendy' = Red Shift × *charlesworthii*，2015年Mochizuki Orch.育种登录。这是由正文所提及的育种方向①与③结合的杂交育种，亦即深红色魔帝型兜兰 *Paph.* Red Shift 与兜兰亚属的原种红旗兜兰杂交，而非与标准型兜兰的杂交育种，所以植株及花朵皆属迷你型，花形也非典型"肉饼"的圆整

Paph. Memoria Joe Koss 'Snow Galaxy' FCC/AOS = Valwin×Raven，1994年 Arnold J. Klehm 育种登录。由琥珀红色标准型斑点花 *Paph.* Valwin，与深红色魔帝型兜兰 *Paph.* Raven 杂交育种而来

Paph. Duoya Red Crown 'Alian'= Enzan Crown Tree × Red Shift，2021年 Duo Ya Orch. 育种登录。也是由琥珀红色标准型斑点花与深红色魔帝型兜兰的杂交，*Paph.* Red Shift = Red Maude × Pulsar, 1999年 Orchid Zone 育种登录

6. "青蛙型"兜兰——由白旗兜兰（*Paph. spicerianum*）带来的花形和花色

白旗兜兰由于花朵的形色而有个可爱的昵称——"小青蛙"；而相似于白旗兜兰的一款老品牌商业兜兰 *Paph.* Bruno，由于花朵更大，栽培容易，常见满盆满丛热闹开花，被昵称为"大青蛙"。这些花朵像青蛙的"青蛙型"兜兰，并非只有白旗兜兰和 *Paph.* Bruno，但许多人见到花朵像青蛙，不是写成 *Paph. spicerianum* 就是写成 *Paph.* Bruno。"青蛙型"兜兰因为生长势佳，栽培及开花都容易，是极受大众喜爱的兜兰亚属杂交种成员。

Paph. Bruno 'Model'= Leeanum × *spicerianum*，1896年英国 Veitch 公司育种登录。*Paph.* Leeanum = *insigne* × *spicerianum*（1884年 Lawrence 育种登录），因此 *Paph.* Bruno 有75%的 *Paph. spicerianum* 血统，而 *Paph.* Leeanum 也被视为斑点花标准型兜兰的育种亲本

Paph. Wu's Giant Frog 'T. C. Wu'= Bruno × Kay Rinaman，2013年Tsong Chien Wu育种登录。由前述"大青蛙"*Paph.* Bruno，与绿花镶白上萼片的标准型兜兰 *Paph.* Kay Rinaman杂交而来，登录名就叫"吴家大青蛙"

Paph. Deedmannianum = *chamberlainianum* × *spicerianum*，1897年W. B. Latham育种登录。这是白旗兜兰与旋瓣亚属的张伯伦兜兰的杂交。如今，张伯伦兜兰已经被RHS公告取消，成为女王兜兰（*Paph. victoria-regina*）的同种异名，关于本种介绍详见后叙

Paph. Haur Jih Frog = Bruno × *tranlienianum*，2013年Haur Jih Orchids育种登录。虽然杂交后代的花形和颜色有变化，但白旗兜兰上萼片和侧瓣的线条在后代都强势遗传

Paph. Hsinying Kayday 'Luzhu' = Kayday × *spicerianum*，2008年Ching Hua育种登录。由绿底色镶白上萼片的标准型兜兰 *Paph.* Kayday与"小青蛙" *Paph. spicerianum* 杂交而来

Paph. Hsinying Kayday 'Baihe#2'，不同的个体，此个体上萼片更平整，而且更干净

Paph.（Hsinying Kayday × *spicerianum*），这是由 *Paph.* Hsinying Kayday 再次回交白旗兜兰，在这个杂交后代中，白旗兜兰的血统占 80.2%

Paph. Power Spice = *spicerianum* × Lippewunder，2010 年 Green Note 育种登录。这是白旗兜兰与黄花标准型兜兰 *Paph.* Lippewunder 的杂交后代

Paph. Hybridum（1891）= *haynaldianum* × *spicerianum*，Carnus 育种，1896 年 Parr 登录。这是一个很古老的育种，当时取名也比较随意，只是这个 Hybridum 杂交种名在兰花登录上就有 5 个，而且都是有效的，这是兰花杂交登录刚开始时的混乱造成的，所以会在名字后面附上年代以便区分。这是白旗兜兰与多花亚属的杂交后代

7. "新红肉饼"兜兰——由红旗兜兰（*Paph. charlesworthii*）带来的形色

在前面"红花标准型兜兰"里我们谈过，由于典型的红花标准型兜兰，育种、栽培、管理都比较困难，且不易开花，所以才会以深红色的魔帝型兜兰、短瓣亚属里浓色品系的巨瓣兜兰（*Paph. bellatulum*）等作为亲本来克服这些困难；另一个在兜兰亚属内的解决方案，就是以红旗兜兰作为杂交亲本，但产生的子代已非典型的大花红肉饼，因此许多人将这类非典型的新式红花标准型兜兰称为"新红肉饼"，它们的植株及花朵都较小，而且花朵并非圆整形，但因易种易养易开花，反而更广受大众的喜爱。

回看前面谈过的几种红肉饼，红花标准型兜兰育种的源头 *Paph.* Paeony 与 *Paph.* Amanda，近年来很红火的 *Paph.* Memoria Joe Koss、*Paph* Duoya Red Crown，以及也常被用于典型红肉饼育种的 *Paph.* Winston Churchill 和 *Paph.* Amandahill（=Winston Churchill × Amanda，1975年 R. McElderry 育种登录），在它们的原种血统组成里，没出现红旗兜兰，但都有百分之几至十几的未知种源血统；而 *Paph.* Haur Jih Glory 只有0.25%的红旗兜兰血统，但有4.76%的未知种源。如今已无法考证这些未知的种源里，是否具有红旗兜兰的血统，但之后一代代的亲本里，都没出现红旗兜兰，也就是说，有几十年的岁月，红旗兜兰都没有成为红花标准型兜兰的亲本，而红旗兜兰，早在1893年就已经被发现。所以，在典型的红花标准型兜兰里，红色遗传并非来自红旗兜兰，而是原始有限的红色素，经一代一代的人为筛选累积而来。

在"红花标准型兜兰"里，我们所提及的"深红色魔帝型兜兰与红旗兜兰的杂交"，*Paph.* Duncan Ross，它是由深红色魔帝型兜兰 *Paph.* Red Shift 与红旗兜兰杂交育种而来，因此具有50%的红旗兜兰血统，但也同样具有50%的单花斑叶亚属血统。"新红肉饼"由魔帝型兜兰与红旗兜兰进行杂交培育，是能最快育出商业量产品种的方式。红旗兜兰花色有浅色至深色的差异，一般的个体都是浅红色上萼片、浅色侧瓣及唇瓣，红色上萼片的个体较稀少；而深红上萼片、深色侧瓣及唇瓣的个体，以及绿色花的白变型（*Paph. charlesworthii* f. *album*），亦如由单花斑叶亚属所育种出的普通花色、深红、绿花三色品系魔帝型兜兰，分别用于不同花色品系的育种。

Paph. Duncan Ross 'Burgendy'，请见前述红花标准型兜兰

Paph. Hsinying Garnet 'Blood Ruby' BM/TPS = *charlesworthii* × Garnet Fire，2008年 Ching Hua 育种登录。由红旗兜兰与深红色的魔帝型兜兰 *Paph.* Garnet Fire 杂交育种，两者的组合，高效地匀化了深红色，也加乘了漆器般的光泽，含有50%的 *Paph. charlesworthii*，与50%的单花斑叶亚属血统

Paph. Hsinying Garnet 'Ching Hua' SM/TOGA

Paph. Miao Hua Waxapple 'MH-29' BM/TPS = Hung Sheng Glow × *charlesworthii*，2010 年 Miao Hua Orch. 育种登录。由红旗兜兰与深红色的魔帝型兜兰 *Paph.* Hung Sheng Glow 杂交育种，含有 50% 的 *Paph. charlesworthii*，与 50% 的单花斑叶亚属血统

Paph. Miao Hua Waxapple 'Miao Hua -2'

Paph. Miao Hua Waxapple 'TS-1' BM/TPS

Paph. Mac Worth 'Hsinying' BM/TPS = Macabre × *charlesworthii*，2007年 H. Koopowitz 育种登录。*Paph. Macabre* = *sukhakulii* × Voodoo Magic（1990年 Orchid Zone 育种登录）。由红旗兜兰与深红底密集斑点魔帝型兜兰 *Paph. Macabre* 杂交育种，含有 50% 的 *Paph. charlesworthii*，26.56% 的 *Paph. sukhakulii*，与 23.44% 其他单花斑叶亚属原种的血统，*Paph. sukhakulii* 是其侧瓣上密斑遗传的来源

Paph. Western Sky 'White Beret' = Yerba Buena × *charlesworthii*，1988年 Orchid Zone 育种登录。由白色上萼片的绿花标准型兜兰，与红旗兜兰的白变型绿花杂交育出；含 50% 的 *Paph. charlesworthii* f. *album*，0.78% 短瓣亚属的 *Paph. bellatulum*，与 49.22% 的其他兜兰亚属原种血统，兜兰亚属血统超过 99%

8. 由费氏兜兰（*Paph. fairrieanum*）带来的形色

在1990年之前，费氏兜兰最醒目的杂交育种成果，并非表现在标准型兜兰，而是体现在与魔帝型兜兰及与短瓣亚属的杂交育种，例如 *Paph.* Faire-Maud（= *fairrieanum* × Maudiae，1909年 G.F.Moore 育种登录），与 *Paph.* Iona（= *bellatulum* × *fairrieanum*，1913年 Marlborough 育种登录），都是经久不衰的世纪经典名花。

因为费氏兜兰的花，是"翘胡子"（两侧瓣弯翘向上），还兼"歪帽子"（上萼片扭转），故而在1985年之前，不受要求花朵圆整的"肉饼"育种者青睐，如果突然出现几品叫人惊叹的子代，也都被视为珍奇类，而非标准型兜兰商业量产品种和定位。随着时代的进展，人们的眼界开阔，不再局限于既定的窠臼，能接受各形各色不同的美感，育种者大量进行杂交，使得费氏兜兰重回由兜兰亚属培育出的标准型兜兰之怀抱。费氏兜兰的"翘"和"歪"，衍生属于它自己的美。下面，我们先来看几款费氏兜兰的标准型兜兰杂交育种。

Paph. Scarborough Faire 'Elim'= Greenvale × *fairrieanum*，1991年Orchid Zone育种登录。*Paph.* Greenvale = Wallur × Golden Acres（1969年Rod McLellan Co.育种登录），是黄绿色的标准型兜兰

Paph. Irish Moss 'Hy#2'= Jolly Green Gem × *fairrieanum*，1997年Orchid Zone育种登录。也是黄绿色的标准型兜兰与费氏兜兰的杂交育种，与前面的 *Paph.* Scarborough Faire，上萼片都遗传了费氏兜兰的网纹特征

Paph. Irish Lullaby 'Hsinying'= Scarborough Faire × Coastal Gold，2004年Kita-Cal育种登录。由上述的 *Paph.* Scarborough Faire杂交黄绿色的标准型兜兰 *Paph.* Coastal Gold而来，其上萼片也保留着浓厚的费氏兜兰的网纹特征

Paph. Puli Key 'Shun Fa' BM/TPS = Irish Moss × Jollix Key，2015年Shun Fa Orchids育种登录。*Paph.* Jollix Key = Jollix × Golden Key，2015年Shun Fa Orchids育种登录。由上述的 *Paph.* Irish Moss杂交黄绿色标准型兜兰 *Paph.* Jollix Key而来，这类的杂交育种，其上萼片大多保留着费氏兜兰的网纹特征

Paph. Donna Hanes 'K' SM/TPS = Peter Black × Kenacres，1987年J. Hanes育种登录。经过了数代，遗传自费氏兜兰上萼片的网纹，因其优美，而被筛选育种保留了下来，其费氏兜兰的血统，只有2.34%

Paph. Chou-Yi Green Apple 'Green Apple' SM/TOGA = Valerie Tonkin × Elfstone，Chou Yi Orch. 育种，2008年Ching Hua登录。像这样的上萼片，费氏兜兰的网纹已被稀释所剩不多，其费氏兜兰的血统只有1.91%

上述这些费氏兜兰的育种后代，大多是黄绿色品系，多是来自于费氏兜兰的白变型（*Paph. fairrieanum* f. *album*），而一般着重于红色色彩的杂交育种，则以一般型的费氏兜兰作为杂交的亲本。

Paph. Julia Bell = *wardii* × *fairrieanum*，1993年A. Mochizuki育种登录。这是两个原种之间的杂交，可见后代受"翘胡子"影响

Paph. Black Diamond = *delenatii* × *fairrieanum*，1938年Sanders育种登录。费氏兜兰与小萼亚属的德氏兜兰的杂交育种

Paph. Estella = *fairrieanum* × *leucochilum*，1913年Sanders育种登录。费氏兜兰与短瓣亚属的白唇兜兰的杂交育种（兰桂坊 供图）

Paph. Hsinying Fairsar 'No#3' = *fairrieanum* × Pulsar，2004年Ching Hua育种登录。由费氏兜兰的一般型（通常都是选用浓色品系），与深红色魔帝型兜兰 *Paph.* Pulsar 所做的杂交育种，"歪帽子"（上萼片）与"翘胡子"（侧瓣），是其通常的花形

Paph. Hsinying Ruby Fair 'Ruey Hua' BM/TPS = Ruby Leopard × *fairrieanum*，2007年Ching Hua育种登录。由深红色魔帝型兜兰 *Paph.* Ruby Leopard 与费氏兜兰所做的杂交育种，这是较少见的非"歪帽子"和"翘胡子"的个体

Paph. Big System Doya = Winchilla × *fairrieanum*，2017年Duo Ya Orch.育种登录。这是红肉饼与费氏兜兰的杂交育种，后代虽然有宽大的上萼片，但侧瓣有卷曲现象，这是受亲本费氏兜兰的影响

9. 标准型兜兰育种的四大基底原种——波瓣兜兰（*Paph. insigne*）、紫毛兜兰（*Paph. villosum*）、包氏兜兰（*Paph. villosum* var. *boxallii*）及白旗兜兰（*Paph. spicerianum*）

在标准型兜兰的杂交育种里，4个原种占据着大部分"肉饼"的原种血统组成的前四位，即具有斑点遗传的波瓣兜兰及包氏兜兰，具有琥珀色基底遗传的紫毛兜兰，以及和前三者形色都不太一样的白旗兜兰。白旗兜兰在遗传上有三项作用：一是白色上萼片；二是绿色基底；三是给子代带来更好的高温适应性。

Paph. Emerald Lake 'Emerald Jade'

以绿花肉饼 *Paph.* Emerald Lake 为例来解析：

兜兰亚属有50.42%的 *Paph. insigne*、20.77%的 *Paph. spicerianum*、13.08%的 *Paph. villosum*、6.6%的 *Paph. villosum* var. *boxallii*、1.98%的 *Paph. druryi*、0.86%的 *Paph. fairrieanum*；短瓣亚属有1.06%的 *Paph. bellatulum*；单花斑叶亚属有0.78%的 *Paph. superbiens*、0.39%的 *Paph. callosum*、0.39%的 *Paph. lawrenceanum*；另有3.67%的未知种源。其中，所占比例最大的，依次也是 *Paph. insigne*、*Paph. spicerianum*、*Paph. villosum*、*Paph. villosum* var. *boxallii*

Paph. Lippewunder 'Arco'

以黄底琥珀色肉饼 *Paph.* Lippewunder 为例来解析：

兜兰亚属有36.89%的 *Paph. insigne*、16.44%的 *Paph. villosum*、15.59%的 *Paph. spicerianum*、7.44%的 *Paph. villosum* var. *boxallii*、3.13%的 *Paph. charlesworthii*、2.09%的 *Paph. druryi*、1.56%的 *Paph. exul*、1.17%的 *Paph. fairrieanum*；短瓣亚属有0.75%的 *Paph. bellatulum*；单花斑叶亚属有1.76%的 *Paph. barbatum*、0.39%的 *Paph. lawrenceanum*、0.39%的 *Paph. superbiens*；另有12.4%的未知种源。其中，所占比例最大的，依次则是 *Paph. insigne*、*Paph. villosum*、*Paph. spicerianum*、*Paph.villosum* var. *boxallii*，第二至第四的排位稍有变动，但仍是这4种

Paph. Eyecatcher 'Shun Fa'

以斑点花肉饼 *Paph.* Eyecatcher 为例来解析：

兜兰亚属有32.04%的 *Paph. insigne*、24.69%的 *Paph. villosum* var. *boxallii*、17.71%的 *Paph. spicerianum*、9.88%的 *Paph. villosum*、1.76%的 *Paph. fairrieanum*、0.69%的 *Paph. druryi*、0.59%的 *Paph. exul*。短瓣亚属有2.66%的 *Paph. bellatulum*，单花斑叶亚属有1.97%的 *Paph. superbiens*、0.59%的 *Paph. lawrenceanum*、0.3%的 *Paph. barbatum*，另有7.32%的未知种源。其中，所占比例最大的，依次是 *Paph. insigne*、*Paph. villosum* var. *boxallii*、*Paph. spicerianum*、*Paph. villosum*，因为是着重于斑点，以斑点遗传见长的 *Paph. insigne* 及 *Paph. villosum* var. *boxallii* 分居第一和第二，而 *Paph. spicerianum* 只位列第三，*Paph. villosum* 位列第四

Paph. Wunderwelt 'Chang Shiu Red'

以斑点花肉饼 *Paph.* Wunderwelt 为例来解析：

兜兰亚属有 31.05% 的 *Paph. villosum* var. *boxallii*、28.3% 的 *Paph. insigne*、17.06% 的 *Paph. spicerianum*、8.21% 的 *Paph. villosum*、1.76% 的 *Paph. fairrieanum*、0.69% 的 *Paph. druryi*、0.69% 的 *Paph. exul*；短瓣亚属有 4.15% 的 *Paph. bellatulum*；单花斑叶亚属有 1.38% 的 *Paph. superbiens*；另有 6.71% 的未知种源。与斑点花肉饼 *Paph.* Eyecatcher 有所不同，原种血统所占比例最大的是 *Paph. villosum* var. *boxallii*，其次才是 *Paph. insigne*，*Paph. spicerianum* 及 *Paph. villosum* 各是第三和第四。在斑点花标准型兜兰育种里，*Paph. villosum* var. *boxallii* 有与 *Paph. insigne* 一样重要的地位

Paph. Giant Knight 'Snow Galaxy'

白花或白底标准型兜兰，例如前面谈过的白底黄色晕细斑肉饼 *Paph.* Giant Knight：兜兰亚属有 41.98% 的 *Paph. insigne*、15.01% 的 *Paph. spicerianum*、10.52% 的 *Paph. villosum*、6.31% 的 *Paph. villosum* var. *boxallii*、1.48% 的 *Paph. druryi*、0.15% 的 *Paph. fairrieanum*；短瓣亚属有 9.38% 的 *Paph. godefroyae*、6.64% 的 *Paph. niveum*、1.3% 的 *Paph. bellatulum*；单花斑叶亚属有 0.78% 的 *Paph. superbiens*、0.39% 的 *Paph. callosum*、0.39% 的 *Paph. lawrenceanum*；另有 5.67% 的未知种源。其中，所占比例最大的，第一至第三分别是 *Paph. insigne*、*Paph. spicerianum*、*Paph. villosum*，而第四及第五则是 *Paph. godefroyae*、*Paph. niveum*，*Paph. villosum* var. *boxallii* 只位列第六，因为在白花或白底肉饼的育种里，短瓣亚属的白花色系具有关键性的作用

Paph. Mystic Knight 'White Swan'

另一个白底乳黄晕细斑肉饼 *Paph.* Mystic Knight：兜兰亚属有 48.7% 的 *Paph. insigne*、16.45% 的 *Paph. spicerianum*、6.45% 的 *Paph. villosum*、4.03% 的 *Paph. villosum* var. *boxallii*、1.2% 的 *Paph. druryi*、0.15% 的 *Paph. fairrieanum*；短瓣亚属有 12.5% 的 *Paph. godefroyae*、2.72% 的 *Paph. bellatulum*、1.56% 的 *Paph. niveum*；单花斑叶亚属有 3.12% 的 *Paph. superbiens*、1.56% 的 *Paph. callosum*、1.56% 的 *Paph. lawrenceanum*。其中，原种血统比例最大的，第一是 *Paph. insigne*，第二是 *Paph. spicerianum*，第三是 *Paph. godefroyae*，而第四、第五才是 *Paph. villosum* 及 *Paph. villosum* var. *boxallii*。与 *Paph.* Giant Knight 一样，*Paph. spicerianum* 占第二，因为白旗兜兰不带斑点的白色上萼片，在许多的白色系肉饼育种里通常也起着关键性的作用

10. 迷你的亲本原种——海伦兜兰（*Paph. helenae*）、小叶兜兰（*Paph. barbigerum*）和红旗兜兰（*Paph. charlesworthii*）

在当今大花径标准型兜兰为主流的形势下，一群小巧可爱的新生代，宛如一股小清流，悄悄走出它们自己的小天地，这就是迷你的标准型兜兰，俗称"小肉饼"，其具体代表就是 *Paph.* In-Charm Gold，由黄绿色斑点花的标准型兜兰 *Paph.* Emerald Magic 与海伦兜兰杂交育种而来。自 2006 年 In-Charm O. N.（颖川兰艺工作室）育种登录至今，在 TPS、TOGA、AOS、RHS、JOGA、AJOS 等国际知名兰花团体审查中，总共有超过 100 株个体的审查授奖，其花朵底色或鹅黄或金黄或绿黄，花朵上的斑点及色块也清爽而多变，加上株态优美，极受大众喜爱。

海伦兜兰一般都是黄底的花色，其白变型的绿黄花 *Paph. helenae* f. *album*，也参与了绿花标准型兜兰的杂交育种，但目前所见的杂交育种，以黄色系列的成果最佳。

在兜兰亚属里，与海伦兜兰并列迷你双娇的是小叶兜兰。但可惜的是，小叶兜兰尚未被大量运用于迷你标准型兜兰的杂交育种，目前市面上零星可见，寥寥可数。

Paph. Wössner Ministar = *helenae* × *henryanum*，2001 年 F. Glanz 育种登录。海伦兜兰和亨利兜兰的杂交后代

Paph. In-Charm Gold 'Huei'，金黄花的个体

Paph. In-Charm Gold 'Yellow Flag'，绿黄花的个体

Paph. Angry Bird = *helenae* × Jolly Green Gem，2015年 D. W. Bird 育种登录。这是海伦兜兰与肉饼兜兰的杂交后代

Paph. Tyke = *barbigerum* × *henryanum*，1995年 Paphanatics 育种登录。是小叶兜兰和亨利兜兰的杂交后代。请注意，Paphanatics 这个词，是由 Paphiopedilum（兜兰）及 fanatics（狂热分子）合并而来，是 Norito Hasegawa（长谷川直人）与其兜兰痴友共同组建的 Paphanatics 股份有限公司。Norito Hasegawa，日裔美国人、退休牙医，是全世界最知名的兜兰育种专业园 Orchid Zone 的园主，所育出的兜兰水准之高，至今无人能出其右

红旗兜兰及费氏兜兰（*Paph. fairrieanum*），也常被视为迷你标准型兜兰杂交育种的亲本，我们可以通过红旗兜兰的初代杂交种，能更好地认识红旗兜兰的遗传特性。费氏兜兰因花梗太长且叶片软长，其对象亲本的选择则更受限。

Paph. Little Trouble = *charlesworthii* × *barbigerum*，W. Sinkler 育种，2007 年 R. H. Hella 登录。这是红旗兜兰和小叶兜兰的杂交育种

Paph. Little Trouble = *charlesworthii* × *barbigerum* var. *coccineum*，这是红旗兜兰与小叶兜兰的变种"越南小男孩"的杂交育种，受亲本影响，其上萼片呈红色

Paph. Doll's Kobold = *charlesworthii* × *henryanum*，1992 年 H. Doll 育种登录。这是红旗兜兰和亨利兜兰的杂交育种

Paph. Memnon = *charlesworthii* × *spicerianum*，1900 年 Veitch 育种登录。这是红旗兜兰和白旗兜兰的杂交育种

Paph. Justa Doll = *charlesworthii* × *gratrixianum*，1991年F. Stevenson育种登录。这是红旗兜兰和格力兜兰的杂交育种

Paph. Wrigleyi = *charlesworthii* × *villosum*，1902年Wrigley育种登录。这是红旗兜兰和紫毛兜兰的杂交育种

11. 关于带叶兜兰（*Paph. hirsutissimum*）的杂交育种

带叶兜兰是兜兰亚属里很独特的一个种，单独被列为细点组（Section *Stictopetalum*），包含 *Paph. hirstuissimum* var. *esquirolei*（曾被视为单独种 *Paph. esquirolei*）。它的花形宽大，花色鲜艳，生长势佳，本应是标准型兜兰杂交育种的极佳亲本，但是，由于其侧瓣伸得很长，扭转及下弯或下折，上萼片边缘波浪状且不规则翻转，这些先天特点无法培育出"圆整"的"肉饼"。但是，兜兰的观赏价值并非只在于"圆整"一种面貌，兜兰亚属的杂交育种也不该只局限于"标准型"，如同其本身的优点，带叶兜兰会增大子代的花径，增艳子代的花色，优化子代的生长势，而且最重要的是它是我国既有的原种，所具备的育种潜质还未被展现。我们在探讨带叶兜兰的杂交育种时，正因其长久以来被忽略，育种后代材料少，兹就现有的实例分析，期待国内有心的兜兰育种者，能好好地重视这瑰宝，对于我国拥有的其他兜兰原种，我们也同样期待在不久的将来，由国人开辟出兜兰育种的崭新天地。

Paph. Ripple 'Pink Elegance'= Via Virgenes × *hirsutissimum*，2005年Kita-Cal育种登录。这是以绿底标准型兜兰为母本，与带叶兜兰杂交育出的F_1代，由花朵能见到三项特点：花径增宽、红绿对比、柔性的优美细点，虽然此F_1本身尚不尽人意，但这些特点可持续筛育出优秀的F_2、F_3后代

Paph. Jin Sing Girl 'Gold Star'= *micranthum* × *hirsutissimum*，2013年Jin Sing Orch.育种登录。是以我国所原产的两种兜兰为亲本所育出的子代。硬叶兜兰属于小萼亚属，但我们将此子代置于本单元探讨。由图中可见到，硬叶兜兰带来了其叶片短小的特点，改良了带叶兜兰叶片的冗长，而两个亲本，都是红绿相衬优美的原种，两者的结合更加重保留了此特色，虽然其侧瓣及上萼片都因带叶兜兰的遗传而扭转，但杂交育种就是持续多代的选育，不该只见F_1子代的眼前表现，关于这一点，我们愿与国内有心的兜兰育种者共勉

三、短瓣亚属（Subgenus *Brachypetalum*）的杂交育种

短瓣亚属的"短瓣"，指的是相对于其侧瓣的宽度，在视觉上，其长度就显得短。在以前，国内学者将短瓣亚属及小萼亚属合并为"宽瓣亚属"（也是 *Brachypetalum*），此"宽瓣"的称呼，仍是适合本亚属。在兜兰的各个亚属里，短瓣亚属的花形最为丰满圆整，花朵质地也最为厚实，因此不管哪个亚属的杂交育种，都需引入短瓣亚属为亲本，才能达到花形与花朵质地都更美好的目的。

本单元探讨短瓣亚属的杂交育种，我们将6个亚属的相关杂交一起作比对，这是因为单花斑叶亚属及兜兰亚属的育种，都早已繁衍出各自的商业量产领域，而短瓣亚属，其亚属内种间杂交的商业价值可说已经达到上限，而与其他亚属的亚属间杂交育种，具有更多且无限的前景，方兴未艾。

因此，我们按照短瓣亚属的各个原种来分别介绍其杂交子代，并同时梳理这些原种的遗传特性与育种重点。

1. 巨瓣兜兰（*Paph. bellatulum*）

短瓣亚属里，巨瓣兜兰花色遗传表现最强，花朵质地也最为厚实，曾经是兜兰杂交育种很重要的亲本。除了粗大的斑点外，主要用来引入宽大而肉厚质的侧瓣，而且它的黑红色大斑点会加强杂交后代红色素的聚集，尤其是选择粗斑点带红晕的个体作亲本时，其后代红色性状表现最为强烈；当巨瓣兜兰和多花亚属杂交时，能把红色的唇瓣强化出来，而和魔帝型兜兰杂交时，也能使子代具有厚实的花朵质地，而且自然呈现亮蜡的光泽，这些是其优点。但也有三大缺点：①在和多花亚属杂交时，巨瓣兜兰的杂交子代，也是短瓣亚属杂交后代里开花性最差的，花梗不易长出，容易在花鞘中死亡；②巨瓣兜兰的花梗短而软，会强烈遗传给子代，这在商业品系育种上，是很致命的缺点；③巨瓣兜兰的子代，其侧瓣伸展的水平度，亦较本属其他原种为差，其后代侧瓣容易下垂，因此在杂交时，其对象亲本要选用侧瓣伸展、平直的种类。

Paph. Psyche 'Chouyi-12' = *bellatulum* × *niveum*，1893年 Winn 育种登录。巨瓣兜兰与同为短瓣亚属雪白兜兰的杂交育种，*Paph.* Psyche 与 *Paph.* S. Gratrix 是两个最早、最知名的短瓣亚属内杂交种，也是兜兰育种中极重要的两个亲本

Paph. S. Gratrix = *bellatulum* × *godefroyae*，1898年Gratrix育种登录。巨瓣兜兰与同为短瓣亚属的古德兜兰的杂交育种

Paph. Tristar Peacock = *rothschildianum* ×S. Gratrix，2008年Taiwan Tristar育种登录。与"兜兰之王"洛斯兜兰进行杂交，后代血统中 *Paph. bellatulum* 占了25%、*Paph. godefroyae* 占了25%、*Paph. rothschildianum* 占了50%

Paph.（In-Charm Lady × *bellatum*），*Paph.* In-Charm Lady属于多花亚属与旋瓣亚属的杂交种，与巨瓣兜兰杂交后，巨瓣兜兰的斑点深深地印在了整朵花上

Paph. Karl Ploberger 'Sunlight'= *bellatulum* × *hangianum*，2005年 F. Glanz 育种登录。这是巨瓣兜兰与小萼亚属汉氏兜兰的亚属间杂交，这两个亲本原种，在我国都有原产

Paph. Karl Ploberger 'Chouyi#68'

Paph. Karl Ploberger 'H J'

Paph. Kevin Porter = *bellatulum* × *micranthum*，1990年 Kevin Porter 育种登录。巨瓣兜兰与小萼亚属硬叶兜兰的亚属间杂交，这是极受推崇追逐的兜兰热门种类之一，而这两个亲本原种，也是在我国都有原产，我们不禁要一再地呼吁，我国拥有许多极优异的兜兰原种，具备非常丰富的生物多样性，在杂交育种及探究上亟待努力，切勿浪费种质资源

Paph. Kevin Porter 'Nei Shan'。巨瓣兜兰的斑点有红斑与褐斑的区别，遗传给子代的花色也因此不同。当杂交育种是以红色后代为目标时，应优先以红斑品系为亲本，红色的 *Paph.* Kevin Porter，或上单元提到的红花标准型兜兰育种，都是成功的案例

Paph. Kevin Porter，这是巨瓣兜兰白变型与硬叶兜兰白变型之间的杂交育种（兰桂坊 供图）

Paph. Cam's Cloud = *emersonii* × *bellatulum*，1992年 K. Porter 育种登录。这是巨瓣兜兰与小萼亚属白花兜兰的亚属间杂交育种，巨瓣兜兰宽大而肉厚质的侧瓣使花朵更加开展，其红色斑点被打碎印在后代的花瓣上，红色性状表现强烈

Paph. Evelyn Röllke 'MH-1'= *sukhakulii* × *bellatulum*，1979年 G. Röllke 育种登录。这是巨瓣兜兰与单花斑叶亚属苏氏兜兰的亚属间杂交育种，是两个最知名斑点花原种的杂交组合，其唇瓣也如同与多花亚属杂交一样，黑紫红色被强化出来

Paph. Schofieldianum = *bellatulum* × *hirsutissimum*，1896年Sanders育种登录。巨瓣兜兰的加入使带叶兜兰的侧瓣变宽并下垂，整个花布满斑点，花梗也变短

Paph. Chou-Yi Winbell 'Haur Jih #104'

Paph. Chou-Yi Winbell 'Star War'= *bellatulum* × Winbell，2012年Chouyi Orch. 育种登录。*Paph.* Winbell = Winston Churchill × *bellatulum*（1977年J. Hanes育种登录），这是由俗称"虾仁肉饼"的琥珀色标准型斑点花*Paph.* Winston Churchill，杂交巨瓣兜兰后，再回交巨瓣兜兰，呈现出满布的柔细斑点

Paph. Shin-Yi Winner 'Star Dust' GM/TPS = Winbell × S.Gratrix，2009年Shin-Yi Orch.育种登录。这个育种与前面的*Paph.* Chou-Yi Winbell很相似，也出现过超级名花，譬如这个'Star Dust'，不仅在TPS的个体审查得过GM金牌奖，还在2018年台湾国际兰展（TIOS2018）中，获得AJOS（全日本兰花协会）特别推荐奖

瓣宽大且有斑点，遗传了巨瓣兜兰花梗短小的特点

一梗双花的 *Paph*. In-Charm Magician 'In-Charm'

Paph. In-Charm Magician 'In-Charm'= Pacific Magic × *bellatulum*，2003年 In-Charm O. N.育种登录。这是深红色魔帝型兜兰与巨瓣兜兰的杂交育种，着重于优美斑点的个体

Paph.（*bellatulum* × Shin-Yi Heart），这是由魔帝型兜兰 *Paph*. Shin-Yi Heart 与巨瓣兜兰的杂交育种，后代侧瓣宽大且有斑点，遗传了巨瓣兜兰花梗短小的特点

Paph. In-Charm Elim 'Elim'= In-Charm First × In-Charm Flame，2006 年 In-Charm O. N. 育种登录。*Paph.* In-Charm First = Starr Warr × *bellatulum*（1996 年 In-Charm O. N. 育种登录），这是以深红色魔帝型兜兰与巨瓣兜兰杂交后，筛选其中少斑点的子代个体，再杂交一次深红色魔帝型兜兰所得的花朵少斑点深红色个体

Paph. Hung Sheng Wild Cat = *bellatulum* × *adductum* var. *anitum*，2009 年 Hung Sheng Orch. 育种登录。由红斑系的巨瓣兜兰与多花亚属黑紫色的黑马兜兰的杂交育种，产生黑紫红色的后代

Paph.（Rachael Anne Booth × *bellatulum*），这是 *Paph.* Rachael Anne Booth 再回交巨瓣兜兰，巨瓣兜兰的血统占 75%

Paph. Rachael Anne Booth = Lady Isabel × *bellatulum*，1995 年 F. Booth 育种登录。这是多花亚属杂交种 *Paph.* Lady Isabel 与巨瓣兜兰的杂交育种

2. 雪白兜兰（*Paph. niveum*）

雪白兜兰是短瓣亚属里花梗最长的种类，此性状遗传性强，因而它的子代，是短瓣亚属杂交后代里花梗的硬挺直立表现最好的。它的花朵表现，可总结为四点：

（1）除了2006年在泰国南部新发现的迷你种——泰国兜兰（*Paph. thaianum*），雪白兜兰是短瓣亚属里花朵开放最平展的，其子代也能遗传此特性。

（2）具有强烈的白花色遗传特性，是白色商业花育种的优秀亲本；与红花种类杂交时，比本亚属其他种更能淡化红色素，在2~3代的杂交筛选后，即能形成优雅的粉色系花朵，因此也是粉色系商业花育种的优秀亲本。

（3）短瓣亚属里的其他种类，与杏黄兜兰（*Paph. armeniacum*）杂交的子代能有效地保留黄色或金黄色，但雪白兜兰与杏黄兜兰杂交后却只产生乳白或乳黄花的子代，随着花朵的绽放，后期可能褪色成白花。

（4）许多雪白兜兰品系具有清甜或优雅的花香，当与花朵芳香的对象亲本杂交时，花香有极大可能会遗传。

Paph. Greyi = *niveum* × *godefroyae*，1888年Corning育种登录。这是比较久远的杂交育种，但一直经久不衰，不断有人尝试用新的个体进行杂交（李进兴 供图）

Paph. Tainan White Lover = In-Charm White × Greyi，2013年Ruey Hua Orch. 育种登录。这是用"白肉饼"*Paph.* In-Charm White与*Paph.* Greyi进行杂交，后代血统中*Paph. godefroyae*占56%，*Paph. niveum*占26%

Paph. Greyi，这是用雪白兜兰的白变型（*Paph. niveum* f. *album*）与古德兜兰的白变型（*Paph. godefroyae* f. *album*）进行杂交，得到雪白无杂点的后代（林昆锋 供图）

Paph. Paiho Grethai = Greyi × *thaianum*，Paiho Orch. 育种，2017年 Neng-Dow Liu 登录。*Paph.* Greyi 与本亚属最迷你的泰国兜兰杂交，得到这款迷你的白花兜兰

Paph. Good Life Niveum = Shin-Yi Heart × *niveum*，2017年 Good Life Orch. 育种登录。这是雪白兜兰跟魔帝型兜兰的杂交育种，雪白兜兰淡化了对象亲本的色彩

Paph. Woluwense = *rothschildianum* × *niveum*，1910年育种登录。这是雪白兜兰与洛斯兜兰的杂交育种，淡化了洛斯兜兰花朵上深色的条纹，后代显得粉嫩可爱（李进兴 供图）

Paph. Woluwense（苏新发 供图）

Paph. Angela = *niveum* × *fairrieanum*，1990 年 Mrs. Cookson 育种登录。这是两个原种之间的杂交育种，雪白兜兰给予白色底色，费氏兜兰给予"翘胡子"的特性，同时遗传了两个亲本的长花梗特性

Paph. Tainan Milk Fish 'Ruey Hua' SM/TPS = *niveum* × Lunar Dawn，2010 年 Ruey Hua Orch. 育种登录。*Paph.* Lunar Dawn 是白色花系不太圆整的标准型兜兰

Paph. Knight's Niveum = *niveum* × White Knight，2006 年 Tsutsumi 育种登录。*Paph.* White Knight 是白色花系圆整的标准型兜兰

3. 同色兜兰（*Paph. concolor*）

在2006年发现泰国兜兰（*Paph. thaianum*）之前，同色兜兰是短瓣亚属里花朵最小的，它较少有花朵浑圆的个体，但在杂交子代花质细腻方面的表现，却是短瓣亚属所有种类里最好的。本种在花色遗传上有粉红色和黄色的基因，如果跟魔帝型兜兰杂交，可以出现鲜红或粉红色的后代。同色兜兰的黄底色遗传性很强，尤其搭配同是黄底色的对象亲本时，能极高效地保留黄色，例如与杏黄兜兰（*Paph. armeniacum*）的杂交后代*Paph.* Fumi's Gold，被公认为是本亚属与杏黄兜兰杂交育种中的最佳黄色度与质感的子代。

Paph. Fumi's Gold 'Elim'= *armeniacum* × *concolor*，A. Sugiyama育种，1991年Paphanatics登录

Paph. Fumi's Gold，在选用亲本时，一定要选用比较圆整的亲本，如果亲本不圆整，后代的花形一定会受到影响

Paph. Fumi's Gold，虽然说无论杏黄兜兰和同色兜兰谁作母本和父本，后代的名字都会叫*Paph.* Fumi's Gold，但结果却大不一样。一般后代特性随母本的多，所以如果以杏黄兜兰作母本，后代的花梗会比较长，如果以同色兜兰作母本，后代的花梗会比较短

Paph. Wössner Concohang = *concolor* × *hangianum*，2007年F. Glanz育种登录。同色兜兰将汉氏兜兰靠近侧瓣基部的红色打散，使整个侧瓣以红晕形式展现，后代也遗传了同色兜兰花瓣下垂的特点

Paph. Kamioka = *hirsutissimum* × *concolor*，2007年M. Kamioka育种登录。与带叶兜兰的杂交后代，加强了后代花朵的红色细斑点

Paph. McNabianum = *concolor* × *callosum*，1896年Sander育种登录。后代呈黄色底色，唇瓣呈现粉红色

4. 文山兜兰（*Paph. wenshanense*）

文山兜兰是短瓣亚属内个体间在花形和花色差异最大的原种，其优秀个体，能拥有媲美顶级巨瓣兜兰（*Paph. bellatulum*）的花形、花径及斑点，而鲜黄的底色也不逊于同色兜兰（*Paph. concolor*）。但一般公认，文山兜兰也是短瓣亚属里最没有遗传特色的原种，其杂交子代，斑点晕色的遗传能力不及巨瓣兜兰，黄色底色的遗传不如同色兜兰，花梗短如巨瓣兜兰，而和其他亚属杂交后代的花朵畸形率又比巨瓣兜兰高。以我国台湾颖川兰艺工作室（In-Charm O. N.）的育种研究，文山兜兰并不适合直接和其他亚属的原种杂交，考虑其结合黄色与斑点的着色效果，与红色系的多花亚属杂交或标准型兜兰杂交，才会有优异的表现。

Paph. Tainan Pink Sky 'Red Season' = Delrosi × *wenshanense*，2014 年 Ruey Hua Orch. 育种登录。*Paph.* Delrosi = *delenatii* × *rothschildianum*（1961年 Vach. & Lec. 育种登录），所以这是含50% *Paph. wenshanense* 血统，25%早先的"兜兰之后"*Paph. delenatii* 血统，25%"兜兰之王"*Paph. rothschildianum* 血统，由3个亚属所组成的杂交育种

Paph. Chou-Yi Iris 'Chouyi'= Chou-Yi Wenshan Fireball × *malipoense*，2012年 Chouyi Orch. 育种登录。*Paph.* Chou-Yi Wenshan Fireball = Pacmoore × *wenshanense*（Chouyi Orch. 育种，2006年 Ching Hua 登录），因此这是琥珀色斑点花标准型兜兰杂交文山兜兰后，再杂交小萼亚属的麻栗坡兜兰，是由3个亚属所组成的复合杂交育种

Paph. Hiroki Tanaka = *armeniacum* × *wenshanense*，2002 年 T. Tanaka 育种登录。这是文山兜兰与小萼亚属杏黄兜兰的亚属间杂交育种，这两个亲本都是我国原产的原种。当父母本不同的时候，其后代表现也截然不同，这是以杏黄兜兰为母本的后代，其侧瓣受文山兜兰的影响有下垂姿态

Paph. Hiroki Tanaka，这是以文山兜兰为母本的后代，可见文山兜兰原来的侧瓣粗大斑点经杂交后都变成细小斑点，侧瓣同样受文山兜兰的影响

Paph. Chou-Yi Wench = *wenshanense* × *hangianum*，Ching Hua 育种，2006 年 Chou-Yi Orch. 登录。这是文山兜兰与小萼亚属汉氏兜兰的亚属间杂交育种，后代形色差异极大，畸形率也高，但得益于汉氏兜兰宽大的侧瓣，后代中好的个体也可以媲美前面介绍的 *Paph.* Karl Ploberger

Paph. Chou-Yi Arwen = Elim Attraction × *wenshanense*，2018 年 Chou-Yi Orch. 育种登录。*Paph.* Elim Attraction 属于斑点类标准型兜兰，与文山兜兰杂交后，虽然花朵变小，但白底之上的斑点更加清晰

Paph. (*wenshanense* × *callosum*)，文山兜兰与胼胝兜兰的杂交后代。同前面的 *Paph.* McNabianum 类似，但侧瓣更宽大一些

5. 古德兜兰（Paph. godefroyae）与白唇兜兰（Paph. leucochilum）、安童兜兰（Paph. godefroyae var. ang-thong）

古德兜兰、白唇兜兰、安童兜兰这3种虽然其本身的花色差异较大，但在杂交遗传表现上，却没多大的区别；其中最需留意的是白唇兜兰缺乏色素的白色唇瓣，常会强势遗传给子代。这3种兜兰的杂交子代，在花朵细腻方面的表现比较差，而且在和魔帝型兜兰杂交时，其子代的畸形率也是短瓣亚属里最高的；但其子代的花梗，都比巨瓣兜兰（Paph. bellatulum）的子代更硬挺，而且也更高。

Paph. Daisy Barclay = godefroyae × rothschildianum，与多花亚属的"兜兰之王"洛斯兜兰杂交而来。如果仔细比对，巨瓣兜兰、古德兜兰与多花亚属的杂交，以及它们的后代再与多花亚属杂交，其后代的花形、花质都非常相似

Paph.（Vanguard × *godefroyae*），*Paph.* Vanguard 是由旋瓣亚属的苍叶兜兰（*Paph. glaucophyllum*）与多花亚属的"兜兰之王"洛斯兜兰杂交而来（1921年Pitt育种登录），因此这是短瓣亚属与多花亚属及旋瓣亚属3个亚属间的复合杂交育种

Paph. Shih Yueh Leuco = *leucochilum* × *fairrieanum*，2022年Shih, Ming-Chang育种登录。白唇兜兰与兜兰亚属费氏兜兰的杂交育种

Paph. Wössner Favourite = *godefroyae* × *hangianum*，2005年F. Glanz育种登录。古德兜兰与小萼亚属汉氏兜兰的杂交育种

Paph. Charlie O'Neill = *godefroyae* × *micranthum*，1938年Sanders育种登录。这是两个原种白变型之间的杂交育种

Paph. Elim Attraction = Friendship × Wellesleyanum, Elim Orch.育种, 2018年Ching Hua登录。*Paph.* Wellesleyanum = *concolor* × *godefroyae*, *Paph.* Friendship = Winbell × *niveum*, *Paph.* Winbell= Winston Churchill × *bellatulum*, *Paph.* Winston Churchill 属于红肉饼兜兰，所以 *Paph.* Elim Attraction 是红肉饼兜兰与短瓣亚属的杂交，其中含有 25% 的 *Paph. concolor* 血统、25% 的 *Paph. godefroyae* 血统、25% 的 *Paph. niveum* 血统、13% 的 *Paph. bellatulum* 血统

综合来说，短瓣亚属在杂交育种中的重要性，不在于其亚属内的种间杂交，而是在于与其他亚属的亚属间杂交，例如有名的 *Paph.* Psyche (= *bellatulum* × *niveum*)、*Paph.* S. Gratrix (= *bellatulum* × *godefroyae*)、*Paph.* Wellesleyanum (= *concolor* × *godefroyae*) 等，其优异个体好归好，得奖了，镀金了，卖高价了，却都只能看作是更符合作为育种亲本的 F_1 子代，尚未达到商业量产的期待。短瓣亚属与其他5个亚属之间都有极佳的育种成果，尤其将其加入标准型兜兰的育种，是最代表性的兜兰育种成果，其次是与魔帝型兜兰及多花性种类（包含多花亚属及旋瓣亚属）的杂交育种，都呈现雨后春笋般的盎然。至于与小萼亚属的杂交育种，由于这个亚属大多数的原种都被发现得晚，只能以方兴未艾来形容，还需要进一步的探索。以目前的态势来说，已经跨过原种与原种杂交的初探门槛，但 F_2 及 F_3 的遗传育种探究，仍停留在有限的育种者在有限的领域上有限地进行着。

以发展兜兰产业来说，短瓣亚属最有价值的优点是耐高温性，其他亚属对昼夜温差的需求度都比较高，尤其是在夏天会有生长不良的现象，如果引入短瓣亚属的基因，可以大大改善兜兰的高温适应性，而且短瓣亚属的营养生长期比较短，引入短瓣亚属的基因可缩短商业化生产周期。短瓣亚属在和其他亚属杂交时，有几个常见的缺点，要特别留意：

（1）当和魔帝型兜兰杂交时，容易产生畸形的植株，生长势也通常不佳，而且花朵着色不均（color break）的情形很严重，如颖川园艺工作室（In-Charm O. N.）在2000年代初，以 *Paph.* Pulsar 与 *Paph. wenshanense* 杂交（2004年登录为 *Paph.* In-Charm Saturn），获得3000余株杂种苗，经过两年的栽培，丢弃畸形及生长停顿植株后仅有不足300株，开花的个体里大多是畸形花或着色不均的，最终只有不到10株是正常的；其他类似的杂交组合，也有相似情形。

（2）当和多花亚属杂交时，容易出现开花性不佳的情形，往往子代苗株已经长成一大丛，却不开花，虽然有些在后来可能同时绽放多梗花，很热闹，但只是徒增栽植成本及心力，不能及时产生商业生产效益。

四、小萼亚属（Subgenus *Parvisepalum*）的杂交育种

如果要说什么类的兜兰一提起来，就能马上联想到中国，那就是小萼亚属了。在20世纪90年代，"金童玉女麻栗坡"，就像是寻找兜兰新宝藏的口诀，连不懂中文的一大批外国人，都会学习这七字连珠的发音，因为"金童玉女麻栗坡"是复兴、振作全世界兰坛的新希望。整个兜兰界，因"金童玉女麻栗坡"而重新掀起兜兰栽培及杂交育种热潮，为沉寂已久、找不到育种方向的兜兰界，强势地补注从未有的鲜丽花色、优异花形，杂交育种至今30多年，已经全面改写了兜兰的天地。可以说，"金童玉女麻栗坡"的横空出世，是现今兜兰风靡全世界的主要引擎。"金童"，是发现于1979年、发表于1982年的杏黄兜兰（*Paph. armeniacum*），而"玉女"，就是发现于1951年、再现于1982年的硬叶兜兰（*Paph. micranthum*），至于"麻栗坡"，就是1984年发表的麻栗坡兜兰（*Paph. malipoense*）。

小萼亚属也是个原种不多的亚属，不算变种，只包含8种：*Paph. armeniacum*、*Paph. delenatii*、*Paph. emersonii*、*Paph. hangianum*、*Paph. jackii*、*Paph. malipoense*、*Paph. micranthum*、*Paph. vietnamense*。我们将其相关的杂交育种，叙说如下。

1. 德氏兜兰（*Paph. delenatii*）

在很长久的一段时间里，德氏兜兰是本亚属唯一的原种。在1990年代初期于越南重新被发现之前，德氏兜兰都是由早年的1棵山采株经人工繁殖而来，一直很珍贵，因其稀有、神秘，而且优美，几十年间被视为"兜兰之后"，以其娇小柔弱之姿，竟能与被称为"兜兰之王"的洛斯兜兰（*Paph. rothschildianum*）分庭抗礼。这对王与后的世纪性结合，1961年由Vach. & Lec.育种登录为被昵称"短螺丝"的*Paph.* Delrosi，直至1990年代，仍被兜兰爱好者视为此生必须拥有的兜兰之一。而由德氏兜兰与多花亚属原种及杂交种的杂交育种，也持续火热地进行，产生了许多让人惊艳不已的红色花品系。

Paph. Delrosi = *delenatii* × *rothschildianum*，1961年Vach. & Lec.育种登录

Paph. Pink Sky = Lady Isabel × *delenatii*，1995 年 Viengkhou 育种登录。*Paph.* Lady Isabel = *rothschildianum* × *stonei*（1897 年 Statter 育种登录），两个多花亚属原种的杂交育种

Paph. Pink Sky 'Haur Jih'

Paph. Pink Sky 'Chouyi#1'

德氏兜兰有些个体具有淡淡的香味，但其杂交子代却不能遗传这一特性。其花色育种主要偏向于两个方向，一是红色至粉红色系，不只是与多花亚属的杂交，与标准型兜兰、魔帝型兜兰及短瓣亚属的杂交育种，也都是以此类的红色至粉红色系最受喜爱；而另一方向，则是白色系的育种，其在白色的遗传上，也有不错的表现。

Paph. Chou-Yi Pink = Pink Sky × *rothschildianum*，Chou-Yi Orch. 育种，2009 年 Ching Hua 登录。这个杂交种中，虽然德氏兜兰的血统只占 24.75%，但对粉红色的形成起到至关重要的作用

Paph. Deli Saint = Saint Swithin × *delenatii*，1993 年 F. Booth 育种登录。*Paph.* Saint Swithin = *philippinense* × *rothschildianum*，是多花亚属中一个非常知名的杂交种

Paph. Enzan Provine 'MH#410'= William Provine × *delenatii*，2005 年 Mukoyama 育种登录。这是德氏兜兰与偏红色系标准型兜兰 *Paph.* William Provine 的杂交育种

Paph. Enzan Provine 'Siou Shuei'

Paph. Chen Samn Colorful 'Chen Samn #3'= *delenatii* × Red Shift，2007年Nancy Orch.育种登录。这是德氏兜兰与深红色魔帝型兜兰*Paph.* Red Shift的杂交育种，这个组合也出现许多红色至深红色的个体，此为粉红色个体

Paph. Chen Samn Colorful 'T. M.' GM/TPS，此为深红色的个体，我国台湾的仙履兰协会审查获得90分的GM金牌奖

Paph. micranthum 一般花色　　　　　　　　　　　　*Paph. delenatii* 一般花色

Paph. Magic Lantern = *micranthum* × *delenatii*，1990年Orchid Zone育种登录。赫赫有名的魔术灯笼，由德氏兜兰与同是小萼亚属的硬叶兜兰杂交而来，此组合是粉红色的子代；而白色的魔术灯笼，则是来自于德氏兜兰白变型（*Paph. delenatii* f. *album*）与硬叶兜兰白变型（*Paph. micranthum* f. *alboflavum*）的杂交，图示于后

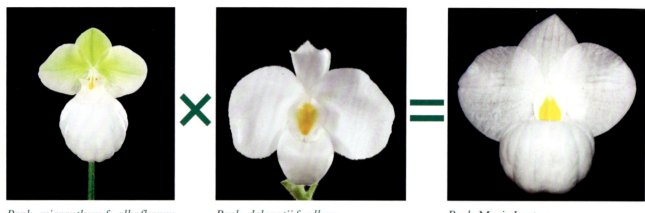

Paph. micranthum f. *alboflavum*
硬叶兜兰白变型

Paph. delenatii f. *album*
德氏兜兰白变型

Paph. Magic Lantern
白花的魔术灯笼

Paph. Ho Chi Minh 'Apple Red' = *delenatii* × *vietnamense*，2002 年 N. Popow 育种登录。这是自从 1999 年新发现了"越南新娘"（*Paph. vietnamense*）之后，两个越南原产、同属小萼亚属原种的杂交育种，在全世界兜兰爱好者翘首期盼之中开出花来，花朵的形与色都让人惊艳一时，以越南的前领导人胡志明的名字命名登录，但可惜其花质多数欠佳，花朵寿命较短

Paph. Ho Chi Minh

Paph. Ho Chi Minh 'Ching Hua'

因为德氏兜兰主体花色是白色，除了可以通过其白变型杂交选育出白色魔术灯笼之外，当德氏兜兰与白底色的对象亲本杂交后，也大致会出现白色系的子代，甚至在与杏黄兜兰这样的黄色花杂交时，子代花色也都是乳白色至乳黄色，并且随着花朵开放几日后，就会渐渐褪成白色，因此其杂交登录名，就被育种者命名为 Paph. Armeni White，这是因为黄花色的遗传弱于白花色，不只兜兰，大多数的兰花，如蝴蝶兰、卡特兰、石斛兰、文心兰等，都是同样。

Paph. Armeni White = *armeniacum* × *delenatii*，1987年 H. Kubo 育种登录。这是小萼亚属内的杂交育种

Paph. Armeni White，子代花色都是乳白色至乳黄色，花朵开放几天后，就会渐渐褪成白色

Paph. Lynleigh Koopowitz = *delenatii* × *malipoense*，1991年Paphanatics育种登录。也是个小萼亚属内的杂交育种。当麻栗坡兜兰这样的黄绿花，遇上白底色的德氏兜兰，子代也大多是乳白至乳黄的主色，然后渐渐褪成白底色。另一个个体请参看麻栗坡兜兰育种部分

Paph. Snow Squall = Greyi × *delenatii*，1985年D. Harvey育种登录。*Paph.* Greyi = *godefroyae* × *niveum*（1888年Corning育种登录）。这是与短瓣亚属杂交的白花色育种

Paph. Deception Ⅱ = *delenatii* × *niveum*，1942年Cooke育种登录。这是德氏兜兰与短瓣亚属雪白兜兰杂交的白花色育种

Paph. Deperle = *primulinum* × *delenatii*，1980年Marcel Lecoufle育种登录。这是德氏兜兰与旋瓣亚属报春兜兰的杂交育种

Paph. In-Charm Handel 'Bear'= *delenatii* × *hangianum*，In-Charm O. N.育种，2005年Ching Hua登录。这是小萼亚属内的杂交育种，汉氏兜兰带来不同程度的粉红花色，而上萼片及唇瓣可能泛有乳白至乳黄的底色

纵观以上杂交育种，德氏兜兰在亚属内的杂交育种表现最好，其与绿叶多花类兜兰的杂交育种反而没有好的表现，很少有经典名品流传于世。

2. 白花兜兰（*Paph. emersonii*）

这也是很晚才被发现的原种，直至1986年才命名发表，与"金童玉女麻栗坡"搅动兜兰界的序幕恰恰是同时期，因为花朵及叶片都淡然朴素，当时没被育种者重视，直到2000年以后，因其在花色育种上的重要性而日渐受重视。其花色在育种上有两个重要特性，一是亮白的底色，是白色至粉色系兜兰育种上的新式亲本，其花色在遗传上具有较大的可塑性，其子代颜色在遗传上完全受控于另一个亲本；二是黄色的唇瓣，能遗传给子代，如素囊藏金般，令人感到意外的惊艳。

Paph. Joyce Hasegawa = *emersonii* × *delenatii*，1991年Paphanatics育种登录。这是小萼亚属内的杂交，白花兜兰与德氏兜兰两个原种的组合，其子代大多是白色或白底粉红晕色，唇瓣粉红至桃红色

Paph. emersonii 的一般花色　　　*Paph. delenatii* 的一般花色　　　*Paph.* Joyce Hasegawa（一般的花色）

德氏兜兰的白变型，杂交偏白色唇瓣的白花兜兰，育出白底白唇瓣的 *Paph.* Joyce Hasegawa

Paph. Franz Glanz = *armeniacum* × *emersonii*，1993年 Olaf Gruss 育种登录。育种者 Olaf Gruss，是德国植物学者，兼兜兰国际分类学权威；而杂交种名 Franz Glanz 来自德国著名的兜兰育种家 Franz Glanz—Wössner Orchideen，体现了育种家之间的惺惺相惜。这又是一个小萼亚属内、我国都有的原种的杂交组合，杏黄兜兰与白花兜兰的唇瓣都是黄色，因此其子代大致都保留了这美好的黄色

Paph. Cam's Cloud = *bellatulum* × *emersonii*，1992年 Kevin Porter 育种登录。这是白花兜兰与短瓣亚属巨瓣兜兰的杂交育种，花朵的形色承袭父母亲本各半，而唇瓣的色彩，则兼具了双方的特点

Paph. Gerd Röllke = *rothschildianum* × *emersonii*，1995年 E. Potent 育种登录。由被公认是"兜兰之王"的洛斯兜兰与白花兜兰的杂交育种，其子代的花色，从深至浅都有可能，而唇瓣上的黄底色，也有不同的差异

Paph. Lola Bird = *micranthum* × *emersonii*，1997年 R. Tran 育种登录。硬叶兜兰在遗传上占据了主导地位。2006年，Franz Glanz 在自己兰圃的硬叶兜兰上发现不一样的花朵，经辨认开花形态与 *Paph.* Lola Bird 一样，是一棵自然杂交种，遂以 *Paph.* × *glanzii* 的名字发表。目前也已经得到 RHS（英国皇家园艺学会）承认，但遗憾的是，目前自然杂交种就发现这么一株

Paph. Memoria Larry Heuer = *emersonii* × *malipoense*，Yamato-Noen 育种，1991年 Paphanatics 登录。后代的遗传表现完全受麻栗坡兜兰的影响

3. 杏黄兜兰（*Paph. armeniacum*）

杏黄兜兰，俗称金童，闪耀着毫不掩饰的、如金属般的黄色，极具皇家气势，这是爱好者们最喜爱的我国原产兜兰，连带地，每当见到其杂交子代绽放着花朵，尤其是金黄色系的后代，都会让人驻足流连。杏黄兜兰在黄色色泽和花形遗传上具有强烈的优势，其后代都有不错的表现，但同时遗传的还有杏黄兜兰的缺点，即花芽分化需要较大的日夜温差、后代生长缓慢、开花性不佳等。

Paph. Wössner China Moon = *armeniacum* × *hangianum*，2005年Franz Glanz育种登录。这是本亚属内两个黄色原种的结合，中国原产兜兰的烙印深深刻在这个品种中，取名为"中国月亮"，那真是又大又圆。花色遗传自杏黄兜兰，初开时为淡黄色，颜色再逐渐加深至金碧辉煌的金黄色，花瓣遗传自汉氏兜兰，比较厚实，也比较大，这是一个绝佳的杂交组合

Paph. Wössner China Moon 'Shih Yueh Gold'

Paph. Wössner China Moon 'Haur Jih 103#1'

Paph. Wössner China Moon 'Better Coffee'

Paph. Wössner China Moon 'H J'

Paph. Wössner China Moon 'Better'

Paph. Wössner China Moon 'Da You'

　　Paph. Wössner China Moon，一梗双花的"中国月亮"，可以看出，初开时是黄绿色，随着花朵开放，颜色呈金黄色。在兜兰的杂交育种中，实际上有真正的"中国月亮"——*Paph.* China Moon = Greyi × *armeniacum*（1987年Paphanatics育种登录），*Paph.* Greyi = *godefroyae* × *niveum*（1888年Corning育种登录），由于雪白兜兰的加入，*Paph.* China Moon后代呈淡黄色，而且在侧瓣上有细斑点，其观赏效果远不如*Paph.* Wössner China Moon，所以现在说"中国月亮"，一般指的就是*Paph.* Wössner China Moon

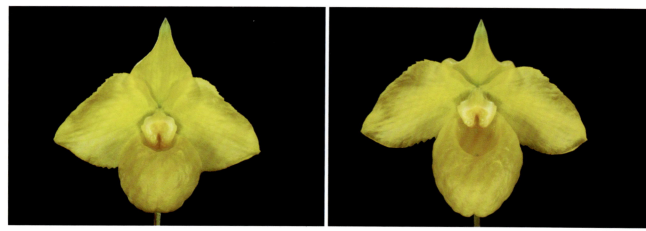

Paph. Norito Hasegawa 'Chouyi #125' SM/TPS、SM/TOGA = *malipoense* × *armeniacum*，1992年Orchid Zone育种登录。这是小萼亚属内我国原产的两个原种白变型的结合，绿黄色花朵的麻栗坡兜兰与黄色花朵的杏黄兜兰杂交，所以子代的黄色之中透着微绿，由于选用的两个亲本都是白变型，所以假雄蕊没有着色，花朵呈金黄色。这是全世界最知名的兜兰育种专业园Orchid Zone所做育种，园主以自己的姓名Norito Hasegaw作为这个杂交种名登录，足见育种者对这个杂交后代的喜爱，这个杂交组合也是令育种者骄傲的代表作之一

Paph. Norito Hasegawa，这是正常花色的麻栗坡兜兰与杏黄兜兰的杂交育种，后代遗传了麻栗坡兜兰花瓣网纹特征

Paph. Norito Hasegawa,亲本选用时,如果选择麻栗坡兜兰网纹比较少的个体,其后代网纹也会比较少

Paph. Wössner Norihang = Norito Hasegawa × *hangianum*,2010年Franz Glanz育种登录。以 *Paph.* Norito Hasegawa再杂交本亚属的汉氏兜兰,所以这个杂交后代包含了本亚属3个黄花原种的血统:*Paph. hangianum* 50%、*Paph. armeniacum* 25%、*Paph. malipoense* 25%

Paph. Golddollar = *primulinum* × *armeniacum*,1988年H. Doll育种登录。这就是大名鼎鼎的"金美元",报春兜兰是旋瓣亚属原种里花朵最小的,这是迷你种类的育种,受杏黄兜兰的影响,花朵金黄可爱

Paph. Dollgoldi = *rothschildianum* × *armeniacum*，1988年H. Doll育种登录。因为洛斯兜兰被视为"兜兰之王"，因此每个原种的育种，总是要和洛斯兜兰进行杂交，而小萼亚属里的所有原种，与洛斯兜兰的杂交子代，更是兜兰发烧友的必备款

初次开花即两支花梗的 *Paph.* Dollgoldi

Paph. Dollgoldi 'Stone Happy'

Paph. Fangyuan Liu = *hirsutissimum* × *armeniacum*，2010年Hengduan Mts Biotech育种登录。这是杏黄兜兰与带叶兜兰的杂交，其后代花色受杏黄兜兰的影响显黄色，花形受带叶兜兰的影响侧瓣呈下垂姿态。命名为Fangyuan Liu，是为了纪念我国植物学家刘芳媛教授，硬叶兜兰（*Paph. micranthum*）和杏黄兜兰都是她与陈心启教授共同发表的

Paph. Chou-Yi Golden 'Tristar'= In-Charm Golden × *armeniacum*，2020年Chouyi Orch. 育种登录。*Paph.* In-Charm Golden = Vanguard × *armeniacum*（2004 年 In-Charm O. N.育种登录），而 *Paph.* Vanguard = *glaucophyllum* × *rothschildianum*（1921年Pitt育种登录），因此 *Paph.* Chou-Yi Golden有75%的 *Paph. armeniacum* 血统，各12.5%的 *Paph. rothschildianum* 及 *Paph. glaucophyllum* 血统，是由小萼、多花、旋瓣3个亚属组成的复合杂交育种

Paph. (Valerie Tonkin × *armeniacum*)，*Paph.* Valerie Tonkin是黄色标准型兜兰，与杏黄兜兰杂交后，花色更加金黄

Paph. Pedro's Moon 'R-H'= *armeniacum* × Pinocchio，1994年Yamato-Noen育种登录。*Paph.* Pinocchio = *glaucophyllum* × *primulinum*（1977 年 Marcel Lecoufle 育种登录）。这是杏黄兜兰与旋瓣亚属的杂交育种

4. 硬叶兜兰（*Paph. micranthum*）

如果说洛斯兜兰（*Paph. rothschildianum*）是"兜兰之王"，那么，真正的"兜兰之后"，众多的兜兰爱好者都认为，就是号称"玉女"的硬叶兜兰。事实明摆着，既不该是灰姑娘再度灰姑娘的德氏兜兰（*Paph. delenatii*），也不该是虽然既美又梦幻却难种、难长、难开花的桑德氏兜兰（*Paph. sanderianum*），不论是从原种本身的丰姿绝伦，或是到育种子代的冠满天下，硬叶兜兰，都是独一无二的傲视群芳的存在；如果要问，杏黄兜兰（*Paph. armeniacum*）又该如何？答案其实也已经很明显，在现今的兜兰世界里，杏黄兜兰早已经是实至名归的另一个王者了。

正如在1990年代里，整个世界兰坛所掀起的对于"金童玉女麻栗坡"兜兰育种之期待，今天的育种成果，都已达所求，杏黄兜兰已如前述，我们再来梳理一下硬叶兜兰的育种世界。

Paph. Fumi's Delight = *armeniacum* × *micranthum*，1994年Yamato-Noen育种登录。这是由杏黄兜兰与硬叶兜兰杂交育种的子代，花朵形色兼具两个亲本的特点

Paph. Fumi's Delight（李进兴 供图）

Paph. Fumi's Delight（兰桂坊 供图）

Paph. Fanaticum 'Vega'= *malipoense* × *micranthum*，人工杂交的子代。关于自然杂交种详见第三章

Paph. Liberty Taiwan = *micranthum* × *hangianum*，2006年Taiwan Tristar育种登录。这是小萼亚属内的杂交育种，也是我国都有的两个原种的组合

Paph. Liberty Taiwan，汉氏兜兰花朵的黄底色，为其花朵带来了鲜明的黄红对比，是一个好花辈出的组合

Paph. Magic Lantern = *micranthum* × *delenatii*，1990年Orchid Zone育种登录。详见前述

Paph. Kevin Porter = *bellatulum* × *micranthum*，1990年Kevin Porter育种登录。详见前述

Paph. Hung Sheng Rose = *micranthum* × Akegoromo，2010年Hung Sheng Orch.育种登录。*Paph.* Akegoromo = *wenshanense* × *micranthum*（2002年T. Tanaka育种登录），本组合*Paph. micranthum*占75%的血统，而短瓣亚属*Paph. wenshanense*占25%的血统，许多个体的花朵具有肉厚质地

Paph. Wössner Vietnam Love = *micranthum* × *vietnamense*，2003年Franz Glanz育种登录。这是硬叶兜兰与越南兜兰的杂交育种，这也是小萼亚属内的杂交育种，除了花色红艳之外，也产生了许多花径硕大的个体

Paph. Gloria Naugle = *rothschildianum* × *micranthum*，1993年J. Naugle夫妻俩育种登录。这是天王级的杂交组合，其子代名花辈出，有许多个体在国内外及国际兰展上获得各种大奖，审查获得数个金牌奖、银牌奖

Paph. Gloria Naugle 'Tristar'，2016年台湾国际兰展获得全场总冠军，2019年台湾国际兰展获得兜兰组冠军，并获得过AOS审查的FCC金牌奖，以及TOGA审查的GM金牌奖

Paph. Tristar Rainbow = Vanguard × *micranthum*，2003 年 Taiwan Tristar 育种登录。*Paph.* Vanguard = *glaucophyllum* × *rothschildianum*（1921 年 Pitt 育种登录）；与 *Paph.* In-Charm Golden（= Vanguard × *armeniacum*）有异曲同工之妙，是以 *Paph.* Vanguard 为母本，分别杂交硬叶兜兰与杏黄兜兰，我们将它们放在一起，以做比对

Paph. In-Charm Golden = Vanguard × *armeniacum*，2004 年 In-Charm O. N. 育种登录

Paph.（*micranthum* × In-Charm White）'Pink Lady'，这是由硬叶兜兰的浅色个体与白底细斑的标准型兜兰的杂交育种，是白色至粉色系的育种

5. 麻栗坡兜兰（*Paph. malipoense*）

麻栗坡兜兰的杂交育种大多是以绿花至黄绿花为主，除了与同为小萼亚属的杏黄兜兰（*Paph. armeniacum*）及汉氏兜兰（*Paph. hangianum*）杂交之外，对象亲本以绿花至黄绿花的标准型兜兰为最多。要特别留意两点：①由于麻栗坡兜兰花朵带有看似斑驳的网状斑纹，当杂交同样有许多斑点或网纹或杂线的对象亲本时，会产生许多不讨喜的杂乱花色，因此育种时一般都会选用花朵网纹及杂斑杂点少的麻栗坡兜兰个体；②麻栗坡兜兰的花鞘出现后，常有停顿不长的情形，或是花梗伸展了数月还不开花，并且很容易消苞或消果，尤以1~2年内曾结过果荚的植株最容易发生，因此通常是作为父本居多。

Paph. Shun-Fa Golden= *hangianum* × *malipoense*，Shun Fa Orchids 育种，2005年 Ching Hua 登录。此杂交种遗传了亲本汉氏兜兰的香气，但也遗传有麻栗坡兜兰的缺点，即花朵发育过程中比较容易消苞

Paph. Shun-Fa Golden 'Chen Samn' AM/AOS，花朵侧瓣基部有优美红斑的金黄花色个体，这种金黄色彩来自麻栗坡兜兰与汉氏兜兰的互补加乘，而红斑则来自汉氏兜兰

Paph. Shun-Fa Golden 'Shih#1'

Paph. Shun-Fa Golden 'Shih Yueh' AM/AOS，上萼片、下萼片均呈现鲜绿色的个体

既然麻栗坡兜兰有其育种上的缺点，为何至今已过30多年，兜兰育种者依然将之视若珍宝？在兰花的杂交育种上，有"可替代原则"和"不可替代原则"两个相对的概念，互相牵扯。所谓的"可替代原则"，是指当我们无法获得最符合各方面条件的第一选用亲本时，可依序略过一个或几个次要的条件，退而求其次，先以能获得的第二甚至第三选用亲本来进行。而"不可替代原则"，乃指某些特定的条件，是必须具备的，无法被替代，例如麻栗坡兜兰，其花朵上特殊的绒质般绿色，是兜兰里独一无二的，而且能遗传给子代。又以小萼亚属内来说，麻栗坡兜兰还另有一项难被替代，就是在比较高温的地区里，它的适应性与生长势，都优于杏黄兜兰和硬叶兜兰，之所以强调"小萼亚属内"，是因为兜兰的跨亚属杂交，并非总能全如期待地开出一堆好花来，其中有染色体数不相同、远缘杂交不亲和等问题，即使有许多能顺利产生F_1的组合，但其后的F_2却很稀少，甚至没有，遑论F_3；所以，特别是在商业量产的考量下，先由亚属内的近缘种作杂交，进行F_1子代筛选，而后才是与相对远缘的其他亚属杂交，循序渐进，收到事半功倍的效果。

Paph. Norito Hasegawa = *malipoense* × *armeniacum*，1992年Orchid Zone育种登录。详见前述

Paph. Jade Dragon 'Miao Hua' SM/TPS，这是与普通红色系费氏兜兰的杂交育种，产生不同花色的子代

Paph. Jade Dragon 'Chen Sam'= *fairrieanum* × *malipoense*，1991年Orchid Zone育种登录。由兜兰亚属的费氏兜兰白变型（*Paph. fairrieanum* f. *album*）与麻栗坡兜兰杂交而来，是两个亚属间的原种组合杂交，此个体花色结合了父母本双方不同质地的绿色，成为很出彩的鲜绿色

Paph. Chou-Yi Iris 'Chouyi'= Chou-Yi Wenshan Fireball × *malipoense*，2012年Chouyi Orch.育种登录，详见前述

Paph. Chou-Yi Iris 'Shih Yueh'

Paph. Chou-Yi Iris 'Sie-Fong'

Paph. Haur Jih Greenking 'Haur Jih'= *malipoense* × Pacmoore，2013年Haur Jih Orchids育种登录。这是麻栗坡兜兰与绿底花、咖啡红侧瓣的斑点肉饼的杂交组合，麻栗坡兜兰的绿色被美好地保留，而其侧瓣上的网纹，因对象亲本的互补，而呈现柔和的匀称化

Paph. Guenther Dankmeyer = *malipoense* × Lippewunder，2002年Orchideen Koch育种登录。详见标准花兜兰育种介绍

Paph. Lynleigh Koopowitz 'Gold Star #10'= *delenatii* × *malipoense*，1991年Paphanatics育种登录。因为搭配的对象亲本是同亚属内的德氏兜兰，此组合的子代花色就以乳白至乳黄的底色为主。另一个个体请参看德氏兜兰育种部分

Paph. Harold Koopowitz = *malipoense* × *rothschildianum*，1995年Paphanatics育种登录。因麻栗坡兜兰花色黄绿色或绿色亲本的差异，其子代花朵会有黄底或绿底的差别，这是花朵黄底色的个体

Paph. Harold Koopowitz，花朵绿底色的个体

Paph.（Pink Bandit × *malipoense*）'TN-1'，*Paph.* Pink Bandit = Transvaal × *delenatii*（1988年Katsu. Suzuki育种登录），而 *Paph.* Transvaal = *victoria-regina* × *rothschildianum*（1901年W. Appleton育种登录）；因此本育种组合含有50% *Paph. malipoense*、25% *Paph. delenatii*、12.5% *Paph. victoria-regina*、12.55% *Paph. rothschildianum* 的血统，是小萼亚属75%、旋瓣亚属12.5%、多花亚属12.5%的复合育种

6. 杰克兜兰（*Paph. jackii*）

2000年代初，RHS将杰克兜兰公告为独立种，得以用于杂交亲本的登录，2002年首批通过登录的杂交种有两个，一是 *Paph.* Wössner Armenijack（= *armeniacum* × *jackii*，Franz Glanz育种登录），另一个是 *Paph.* Wössner Pinkjack（= *delenatii* × *jackii*，Franz Glanz育种登录），都是与同是小萼亚属的原种杂交，从此展开以杰克兜兰为亲本的杂交育种。杰克兜兰的绿色遗传强，以目前所见之子代，许多更甚于麻栗坡兜兰。而杰克兜兰与麻栗坡兜兰的杂交，2017年由S. Kanai登录为 *Paph.* Marie Pons。

Paph. Dragon Charm 'In-Charm' FCC/AOS

Paph. Dragon Charm 'Show Shan' AM/AOS = Valerie Tonkin × *jackii*，2009年Dragonstone育种登录。为杰克兜兰的经典黄绿花育种，是以上萼片镶有白边的黄绿花肉饼兜兰作为配对母本，所产生的代表性名花个体有'Show Shan' AM/AOS 和 'In-Charm' FCC/AOS

7. 汉氏兜兰（*Paph. hangianum*）

汉氏兜兰的花朵硕大、花形浑圆、花香美好，自1999年被发现起，它就成了继"金童玉女麻栗坡"之后的第四个天王级新式兜兰亲本原种，其花色变异极大，从黄白至浓黄至黄绿色，加上侧瓣从基部的赭红色块、斑纹，到向两旁外溢的晕色，到扩散成近半或整个侧瓣上的赭红网纹，各种类型的个体十分丰富。至今20多年里，育出名花无数。而汉氏兜兰的花香，也有不同的变化，从脂粉香，到像青柠的微酸微甜，乃至香草（香荚兰果荚）的芬芳，因此也被视为是香花兜兰育种的潜在亲本。

汉氏兜兰的杂交育种，上佳的成果表现在5个育种方向：黄花品系、黄绿花品系、小萼亚属内的杂交育种、与短瓣亚属的大花径单花杂交育种及与多花亚属的杂交育种。利用汉氏兜兰进行杂交育种，需要注意：①如果要求后代有丰满圆整的花形，一般与小萼亚属和短瓣亚属进行杂交；②与多花亚属的杂交后代，其开花性比较差，花形不够圆整，但颜色比较艳丽；③与标准型肉饼类杂交，结实率比较低。

Paph. Shun-Fa Golden = *hangianum* × *malipoense*，Shun Fa Orchids育种，2005年Ching Hua登录。详见前述

Paph. Wössner Norihang = Norito Hasegawa × *hangianum*，2010年Franz Glanz育种登录。详见前述

Paph. Wössner China Moon 'Shih Yueh Gold'= *armeniacum* × *hangianum*，2005年Franz Glanz育种登录。详见前述

Paph. Liberty Taiwan = *micranthum* × *hangianum*，2006年Taiwan Tristar育种登录。也是小萼亚属内的杂交育种，详见前述

Paph. Wössner Wolke = *emersonii* × *hangianum*，2008年Franz Glanz育种登录。这也是小萼亚属内的杂交育种，因为汉氏兜兰与白花兜兰的唇瓣都是黄色，所以子代都遗传这一特点，而花朵底色则呈乳白色至乳黄色，侧瓣则有不同程度的网纹

Paph. Karl Ploberger = *bellatulum* × *hangianum*，2005年Franz Glanz育种登录。这是与短瓣亚属巨瓣兜兰的杂交育种，详见前述

Paph. Nathaniel's K Y = *hangianum* × *leucochilum*，2011年Don N. Lai育种登录。这是与短瓣亚属白唇兜兰的杂交育种

Paph. Wössner Favourite = *hangianum* × *godefroyae*，2005年 F. Glanz 育种登录。这是与短瓣亚属古德兜兰的杂交育种

Paph. Chou-Yi Wench 'Yellow'= *wenshanense* × *hangianum*，Chouyi Orch. 育种，2006年 Ching Hua 登录。这是与短瓣亚属文山兜兰的杂交育种

Paph. Chou-Yi Gratrix 'Book' AM/AOS = *hangianum* × S. Gratrix，Chouyi Orch. 育种，2008年 Ching Hua 登录。*Paph.* S. Gratrix = *bellatulum* × *godefroyae*（1898年 Gratrix 育种登录）。这是与短瓣亚属的杂交育种

Paph. Hung Sheng Horse 'Bear-2'= *hangianum* × Akegoromo，2010年 Hung Sheng Orch. 育种登录。*Paph.* Akegoromo = *wenshanense* × *micranthum*（2002年 T. Tanaka 育种登录）。因为硬叶兜兰的遗传，这个组合产生了许多红色系子代

Paph. Alexej 'Golden Sun' SM/TPS = *rothschildianum* × *hangianum*，2007年Olaf Gruss育种登录。汉氏兜兰与"兜兰之王"洛斯兜兰的杂交育种，花色红黄对比明显，线条分明，而且花朵宽展硕大，非常夺目

Paph. Nathaniel's Wink 'Haur Jih #1' SM/TPS = *hangianum* × Lady Isabel，2010 年 Don N. Lai 育种登录。*Paph.* Lady Isabel = *rothschildianum* × *stonei*（1897年 Statter育种登录）。这是汉氏兜兰与多花亚属的杂交育种

Paph. Nathaniel's Wink 'Shih Yueh'，这个个体花朵遗传了较多汉氏兜兰的黄底色

Paph. Hung Sheng Knight = *moquetteanum* × *hangianum*，2007 年 Hung Sheng Orch. 育种登录。这是汉氏兜兰与旋瓣亚属魔葵兜兰的杂交育种，由于旋瓣亚属的特点是花苞一朵一朵地绽放，因此这个子代通常一梗一花，最多两花

Paph. Hung Sheng Knight 'Bear'

Paph. Chou-Yi McElderry = Robert McElderry × *hangianum*，2013 年 Chouyi Orch. 育种登录。这是以黄绿色标准型兜兰为母本，以汉氏兜兰为父本，育出黄绿底色新肉饼

8. 越南兜兰（*Paph. vietnamense*）

曾经，有这样的一段顺口溜："金童玉女麻栗坡，越南新娘傻大汉。"前一句的"金童玉女麻栗坡"，比后一句的"越南新娘傻大汉"早了十多年，"越南新娘"指的就是越南兜兰（*Paph. vietnamense*），而"傻大汉"，指的是汉氏兜兰（*Paph. hangianum*）。然而二十多年过去，"金童玉女"稳坐新兜兰双王之位，麻栗坡兜兰至少能晋身三公，"傻大汉"也在大放异彩；就是这个"越南新娘"，其育种价值的地位有点小尴尬，并未达到当初全球兜兰界所希冀的成果，究其缘由，主要有两点：一是其子代的花质有许多不甚理想，越南兜兰的杂交育种需慎选花朵肉厚蜡亮的对象亲本，以求改良；二是其子代的花色，许多未如众人之期待，尤其是红色系，到目前为止，花色的杂交育种表现，是以与多花亚属杂交育种的花色表现最佳，其次是与短瓣亚属的杂交育种。

越南兜兰的杂交子代，最早登录的是2002年的 *Paph.* Ho Chi Minh（= *delenatii* × *vietnamense*，N. Popow 育种登录），而后是2003年的 *Paph.* Wössner Vietnam Love（= *micranthum* × *vietnamense*，Franz Glanz 育种登录），*Paph.* Wössner Butterfly（= *malipoense* × *vietnamense*，Franz Glanz 育种登录），及 *Paph.* Wössner Vietnam Beauty（= *bellatulum* × *vietnamense*，Franz Glanz 育种登录），前三者都是小萼亚属内杂交，第四个是与短瓣亚属巨瓣兜兰（*Paph. bellatulum*）的杂交。

在2004年登录的，有 *Paph.* Wössner Vietnam Gold（= *vietnamense* × *armeniacum*，Franz Glanz 育种登录）、*Paph.* Wössner Vietnam Moon（= *vietnamense* × *emersonii*，Franz Glanz 育种登录）、*Paph.* Sakura Pink（= *vietnamense* × *concolor*，H. Aihara 育种登录）、*Paph.* In-Charm Jewel（= *vietnamense* × S. Gratrix，In-Charm O. N. 育种登录）、*Paph.* Wössner Vietnam Bell（= *vietnamense* × Conco-bellatulum，Franz Glanz 育种登录）、*Paph.* In-Charm Cotton Candy（= *vietnamense* × Susan Booth，In-Charm O. N. 育种登录），以及 *Paph.* Franz Fuchs（= *vietnamense* × Transvaal，Franz Glanz 育种登录）。前两个都是小萼亚属内杂交，第三、第四、第五个是与短瓣亚属的原种及原种间的 F₁ 杂交；而第六个则是与多花亚属内 F₁ *Paph.* Susan Booth（= *rothschildianum* × *glanduliferum*）杂交育种，第七个是与多花亚属、旋花亚属的 F₁ *Paph.* Transvaal（= *victoria-regina* × *rothschildianum*）杂交育种。由这些脉络可见，兜兰育种名家们，对于越南兜兰的杂交育种，早期选择的对象亲本，就是小萼亚属内、短瓣亚属、以洛斯兜兰（*Paph. rothschildianum*）为主体的多花性兜兰。

Paph. Wössner Vietnam Gold = *armeniacum* × *vietnamense*，2004年 Franz Glanz 育种登录。这是小萼亚属内的两原种组合，后代会出现金黄、乳黄、乳白不同花色的变化

Paph. Wössner Vietnam Love = *micranthum* × *vietnamense*，2003年Franz Glanz育种登录

Paph. Anni Fuchs = *vietnamense* × *hangianum*，2005年Franz Glanz育种登录。"越南新娘傻大汉"的组合，是小萼亚属内杂交育种

Paph. Wössner Vietnam 'Star Crow #1' SM/TPS = *rothschildianum* × *vietnamense*，2005年Franz Glanz育种登录。其花径比洛斯兜兰与杏黄兜兰、硬叶兜兰的杂交子代都更大，但花质略逊

Paph. Fumi's Fair = *fairrieanum* × *vietnamense*，F. Suniyama育种，2011年Yamato-Noen登录。这是越南兜兰和费氏兜兰的杂交后代，因为费氏兜兰"翘胡子"的特性，使后代侧瓣卷曲

Paph. Dong Thi Luan = Delrosi × *vietnamense*，2014年Dong Thi Luan育种登录。*Paph.* Delrosi = *delenatii* × *rothschildianum*（1961年Vach. & Lec.育种登录），详见前述德氏兜兰的杂交育种。本杂交组合，虽然花径大于 *Paph.* Delrosi，但花质普遍不如 *Paph.* Delrosi肉厚蜡亮

五、旋瓣亚属（Subgenus *Cochlopetalum*）的杂交育种

作为兜兰属里一群独特的种类，旋瓣亚属的杂交育种其实并不少，但因有的原种叶片宽大而且软垂，影响子代的株态，加上其开花是一朵一朵逐次绽放的，无法形成缤纷热闹的群体效果，对于这些植株巨大却开花不多的种类来说，就渐渐影响了其受追捧的热度。因此，对于本亚属来说，如何塑造出其子代优美的株态及热闹的开花性，就成了杂交育种需要突破的方向。

旋瓣亚属的杂交育种，大致分为三类：

1. 亚属内的种间杂交及其F_2育种

以目前来说，旋瓣亚属只有多迪兜兰（*Paph. dodyanum*）、苍叶兜兰（*Paph. glaucophyllum*）、廉氏兜兰（*Paph. liemianum*）、魔葵兜兰（*Paph. moquettianum*）、报春兜兰（*Paph. primulianum*）、玛丽兜兰（*Paph. victoria-mariae*）、女王兜兰（*Paph. victoria-regina*）7种，其中多迪兜兰为近年来发现的新种，其杂交育种表现还未知；报春兜兰的植株及花朵都较小，算是迷你种；玛丽兜兰其花朵形色在本亚属中算是最差的；苍叶兜兰、廉氏兜兰、魔葵兜兰的叶片太宽大或太长而软垂；女王兜兰的叶片则较硬厚有精神。因此在旋瓣亚属内，常有种间杂交育种，以筛选株态、叶片皆优美的品系。在过去，兜兰的育种关注的重点是子代花朵的尺寸与色彩，但对兜兰的商业生产来说，茎叶优美而且适合包装、搬运也十分重要，因此商品规格化的株态，是育种上必须关注的重点，尤其是旋瓣亚属的杂交育种。

在过去很长的时间里（1906—2000年代），魔葵兜兰被归为苍叶兜兰的变种：*Paph. glaucophyllum* var. *moquetteanum*，因此在1990年代后期至2010年代前期，由魔葵兜兰与苍叶兜兰杂交所产生的子代，都以 *Paph. glaucophyllum* 之名在流通，直至2020年Olaf Gruss将之登录为 *Paph. Glaucomo*，从此路归路桥归桥，但关于魔葵兜兰和苍叶兜兰的原种及杂交育种，恐已有许多的混乱。而廉氏兜兰也曾被归为张伯伦兜兰（*Paph. chamberlainianum*）及女王兜兰的亚种或变种，甚至当年许多山采株被处理为苍叶兜兰买卖，其混乱情形也一样。如今，*Paph. chamberlainianum* 之名，被RHS公告取消，成为女王兜兰的同种异名，杂交登录时不再作为亲本名。

 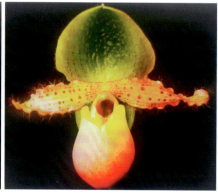 

Paph. Pinocchio，不同的花色

Paph. Pinocchio = *glaucophyllum* × *primulinum*，1977年 Marcel Lecoufle 育种登录。旋瓣亚属内的杂交育种，因报春兜兰而产生中等大小的植株，有花叶相衬的美观，还很可爱地取名为匹诺曹（小木偶）

Paph. Pedro's Moon 'R-H'= *armeniacum* × Pinocchio，1994年 Yamato-Noen 育种登录。详见前述杏黄兜兰的杂交育种

Paph. Fredensborg = Pinocchio × *malipoense*，2019年 Olaf Gruss 育种登录。这是 *Paph.* Pinocchio 与麻栗坡兜兰的杂交育种

2. 与多花亚属（Subgenus *Polyantha*）的杂交育种

除了植株及花朵都比较小的报春兜兰，旋瓣亚属的其他6种，花朵形色都比较接近，当与以花朵上线条见长的多花亚属种类杂交后，这些杂交子代都极其相似，以100多年前就已经育种登录的 *Paph.* Transvaal 及 *Paph.* Vanguard 来说，真的很难归纳出它们有多大的不同。*Paph.* Transvaal = *victoria-regina*（旧名 *chamberlainianum*）× *rothschildianum*，1901年 W. Appleton 育种登录。而 *Paph.* Vanguard = *glaucophyllum* × *rothschildianum*，1921年 Pitt 育种登录。差不多的花朵形色，杂交"兜兰之王"洛斯兜兰，杂交后代个体之间的差异也不易辨别。

Paph. Hsinying Pinolime 'Miao Hua' FCC/AOS（90分）= Valime × Pinocchio，2010年 Ching Hua 育种登录。绿黄花、琥珀色侧瓣和唇瓣的标准型兜兰 *Paph.* Valime，与绿色系 *Paph.* Pinocchio 的组合，产生美好的新肉饼形色，本个体仅以一朵花的卓然不群之姿，即在2016年台湾国际兰展（TIOS2016）获得 AOS 个体审查90高分的 FCC 金牌奖

Paph. Vanguard = *glaucophyllum* × *rothschildianum*，1921年 Pitt 育种登录

Paph. Transvaal = *victoria-regina* × *rothschildianum*，与 *Paph.* Vanguard 差不多的花朵形色

Paph. Vanguard's Lebeau = Vanguard × *rothschildianum*，2001年 Fuji Orch. 育种登录。*Paph.* Vanguard = *glaucophyllum* × *rothschildianum*。这个杂交种含有25%的 *Paph. glaucophyllum* 及75%的 *Paph. rothschildianum* 血统

Paph. Lebeau = Transvaal × *rothschildianum*,1992年Marcel Lecoufle 育种登录；Transvaal = *victoria-regina* × *rothschildianum*。这个杂交种含有25%的 *Paph. victoria-regina* 及75%的 *Paph. rothschildianum* 血统

Paph. Vanguard's Lebeau　　*Paph.* Lebeau 'S-R'　　*Paph.* Lebeau 'Golf'

3. 其他的杂交育种

在旋瓣亚属与多花亚属的杂交育种里，以与洛斯兜兰（*Paph. rothschildianum*）的杂交后代 *Paph.* Transvaal 和 *Paph.* Vanguard 最为知名，且后代最多，两者再分别回交洛斯兜兰的杂交子代，*Paph.* Lebeau 各方面的表现，极明显地胜过 *Paph.* Vanguard's Lebeau。这并非因为 *Paph.* Lebeau 比 *Paph.* Vanguard's Lebeau 早育种登录了9年，更大的原因是25%女王兜兰（*Paph. victoria-regina*）血统的影响。叶片较为硬挺且有力度的女王兜兰，从其子代到孙代，都比叶片长而垂软的苍叶兜兰（*Paph. glaucophyllum*）更有修饰叶片株态的潜力，在花朵形色、尺寸、数量不相上下的情况下，叶片直立株态优美者，当然比叶片散乱弯拗的更受青睐。

所以，在旋瓣亚属与多花亚属的杂交后代里，就出现了两个相关联现象：

其一，最负盛名，得奖、审查授奖最多的旋瓣亚属杂交种，是 *Paph.* Lebeau。

其二，*Paph.* Vanguard、*Paph.* Transvaal 以及由 *Paph.* Transvaal 回交洛斯兜兰的子代 *Paph.* Lebeau，这3种兜兰已成为由旋瓣亚属育种出的族群里，最多被再使用于杂交育种的超级亲本，其对象亲本，除了多花亚属的原种与杂交种之外，最受市场欢迎的是与小萼亚属的杂交子代，其次是与短瓣亚属的杂交子代。

Paph. In-Charm Golden 'Jian Tzu' BM/TPS = Vanguard × *armeniacum*，2004年In-Charm O. N. 育种登录。详见前述杏黄兜兰的杂交育种

Paph. Wössner Pinky 'Hsiao' BM/TPS = Vanguard × *vietnamense*，2005年Franz Glanz育种登录。这是*Paph.* Vanguard 与越南兜兰的杂交育种

Paph. Chou-Yi Golden 'Tristar'= In-Charm Golden × *armeniacum*，2020年Chouyi Orch.育种登录。详见前述杏黄兜兰的杂交育种

Paph. Tristar Rainbow 'Elim' SM/TPS = Vanguard × *micranthum*，2003年Taiwan Tristar育种登录。详见前述硬叶兜兰的杂交育种

Paph. Tainan Golden Bay 'Athena' SM/TPS

Paph. Tristar Rainbow 'Utopia' SM/TPS

Paph. Tainan Golden Bay 'Rosa' = Vanguard × Wellesleyanum，2012年Ruey Hua Orch.育种登录。*Paph.* Wellesleyanum = *concolor* × *godefroyae*（1875年A. Alberts育种登录），这是*Paph.* Vanguard与短瓣亚属内F_1的杂交育种

Paph. Golden Africa 'Phoenix' BM/TPS

Paph. Golden Africa 'Four Season' SM/TPS = Transvaal × Wellesleyanum，1993年O. Viengkhou育种登录。可将此种与 *Paph.* Tainan Golden Bay 做比较

Paph. Royal Wedding 'Hua-Yi' SM/TPS = Transvaal × niveum，1993年Dogashima育种登录。*Paph.* Royal Wedding，是1990—2000年代初期，全世界最知名的日本观光兰园Dogashima（らんの里堂ヶ島，中文多写为堂之岛）兜兰育种的代表作之一，亮蜡肉厚的花朵，霸气十足，曾经被重点展示作为吸引观光的活招牌

Paph. Lady Mirabel 'Sunlight' SM/TPS = Transvaal × *stonei*，1989年H. Burkhardt育种登录。这是 *Paph.* Transvaal 与多花亚属原种史东兜兰的杂交育种

Paph. Pink Bandit = Transvaal × *delenatii*，1988年Katsu. Suzuki育种登录。这是 *Paph.* Transvaal与小萼亚属德氏兜兰的杂交育种

Paph. In-Charm Fantasy 'Elim'= Transvaal × Pulsar，2003年In-Charm O. N.育种登录。这是 *Paph.* Transvaal与黑红色魔帝型兜兰 *Paph.* Pulsar的杂交育种

Paph. Pebblepath 'Weng Dong' SM/TPS = Transvaal × *henryanum*，1995 年 O. Viengkhou 育种登录。这是 *Paph.* Transvaal 与兜兰亚属亨利兜兰的杂交育种

Paph. Pebblepath 'T N Best'

Paph. Sweet Sato = Transvaal × Skip Bartlett，2003 年 Kenji Sato 育种登录。这是 *Paph.* Transvaal 与斑点花 *Paph.* Skip Bartlett 的杂交后代，*Paph.* Skip Bartlett = *godefroyae* × F. C. Puddle

Paph. Nikko Sunrise 'Lu Chu' BM/TPS = Lebeau × *armeniacum*，2008 年 Chiko Hisaya 育种登录。这是 *Paph.* Lebeau 与小萼亚属杏黄兜兰的杂交育种

Paph. In-Charm Mirage 'Shin-Yi' BM/TPS = Lebeau × godefroyae，2004年In-Charm O. N.育种登录。这是Paph. Lebeau与短瓣亚属原种古德兜兰的杂交育种

Paph. Elim Wonder 'Elim'= In-Charm Golden × Pacific Shamrock，2018年Elim Orch.育种登录。由Paph. In-Charm Golden与黄绿花白上萼片标准型兜兰Paph. Pacific Shamrock 的杂交育种

Paph. In-Charm Lady 'Every Day' BM/TPS = Lady Isabel × *glaucophyllum*, 2003年In-Charm O. N.育种登录

Paph. In-Charm Helen = In-Charm Lady × *helenae*, 2013年In-Charm O. N.育种登录。由 *Paph.* In-Charm Lady 与小巧的海伦兜兰进行杂交, 使植株更加小巧

Paph. In-Charm Lady, 由于魔葵兜兰曾被归为苍叶兜兰的变种: *Paph. glaucophyllum* var. *moquetteanum*, 所以有许多之前以苍叶兜兰为亲本登录的杂交种, 或许其实是魔葵兜兰的子代, 除非追溯到其原始亲本, 否则恐怕只能以分子生物学技术检测了

Paph.（In-Charm Lady × *niveum*），由 *Paph.* In-Charm Lady 与雪白兜兰的杂交后代

Paph. Lady Moquette 'Strike' BM/TPS = Lady Isabel × *moquetteanum*，2018年Favorlang Gdn. 育种登录。当初育种者清楚地标示出"Lady Isabel × *glaucophyllum* var. *moquetteanum*"，因此得以被正名

Paph. Transdoll 'Pisces' BM/TPS = *liemianum* × *rothschildianum*，1991年H. Doll 育种登录。同是旋瓣亚属的原种杂交洛斯兜兰而来，可将之与 *Paph.* Vanguard 及 *Paph.* Transvaal 做比较

Paph. Hung Sheng Knight 'Hung Sheng #1' BM/TPS = *moquetteanum* × *hangianum*，2007年Hung Sheng Orch. 育种登录。详见前述汉氏兜兰的杂交育种

Paph. Deedmannianum 'Elim' BM/TPS = *victoria-regina* × *spicerianum*，1897年W. B. Latham育种登录。这是一个古老的育种，由女王兜兰与兜兰亚属白旗兜兰的杂交育种，茂盛盆株热闹地开花，就像一群白头的红色小青蛙

女王兜兰（*Paph. victoria-regina*）　　　　　　　　白旗兜兰（*Paph. spicerianum*）

Paph. Deedmannianum

Paph. Hsinying Moonlight 'Lemon Ice' BM/TPS = *primulinum* × Yosemite Moon，2006年Ching Hua育种登录。这个黄绿色花朵个体，是由报春兜兰的黄绿花品系杂交上萼片白色的绿花标准型兜兰*Paph*. Yosemite Moon而来

Paph. In-Charm Lippehill 'In-Charm' BM/TOGA = Lippehill × *liemianum*，2006年In-Charm O. N.育种登录。由琥珀色的斑点花标准型兜兰*Paph*. Lippehill，与廉氏兜兰杂交而来，这种色系是旋瓣亚属与标准型兜兰杂交育种的期待方向之一

Paph. Xie Xie = *glaucophyllum* × *tigrinum*，2000年D. Pulley育种登录。这是苍叶兜兰与兜兰亚属的原种虎斑兜兰的杂交育种，其后代遗传了苍叶兜兰上萼片比较宽大而且不易后翻的特点，虎斑兜兰的"线条斑"被打碎成"粗斑点"

Paph. Shen-Liu Peri = *moquetteanum* × *anitum*，Shen Yi-Lung育种，2010年Shen-Liu Orchids登录。这是魔葵兜兰和黑马兜兰的杂交育种，整个花朵尤其是上萼片呈现黑色

六、多花亚属（Subgenus *Polyantha*）的杂交育种

讨论整个兜兰属的杂交育种之前，本来应先探讨"原种"自身的育种，但兜兰属的"原种育种"，是以多花亚属最为具体，其中洛斯兜兰（*Paph. rothschildianum*）最具代表性，因此在此论述。

在1990年代之前，只要有一株洛斯兜兰正在开花，不管什么类型的兜兰，都会将洛斯兜兰作为亲本进行杂交。当时的洛斯兜兰，是不被强求其完美，因为是"兜兰之王"，其杂交子代就通通都是"王子"或"公主"。到了1990年代前期，只要哪株洛斯兜兰的花朵上萼片宽度突破5cm的临界点，两侧瓣开展达25cm以上，对当时引领兰花个体审查的美国兰花协会（AOS）来说，审查至少是80分的AM（银牌奖）；但随着洛斯兜兰原种内兄弟交（×sib，或称姊妹交）持续地筛选育种，到1990年代后期，上萼片宽5cm以上，两侧瓣开展25cm以上，这两个过去让人趋之若鹜的数字标杆，变成对洛斯兜兰的基本要求。而于2000年代初期，重磅出现的 *Paph. rothschildianum*（'Val' FCC/AOS × 'Mont Millais' FCC/RHS、FCC/AOS），这个兄弟交的组合，成为个体审查金牌（FCC或GM）的摇篮，十数年之间，一再增加洛斯兜兰个体审查金牌的数量，基本上可以说，如果上萼片宽没有6cm以上，两侧瓣开展达不到30cm，除非其花色有更突出的表现，否则一定与金牌奖无缘。

紧接其后的金牌兄弟交组合，如 *Paph. rothschildianum*（'Mont Millais' FCC/RHS、FCC/AOS × 'Rex' FCC/AOS），是洛斯兜兰金牌奖的另一个摇篮。这两组洛斯兜兰的兄弟交，之所以能叱咤风云，都因 'Mount Millais' FCC/RHS、FCC/AOS 的王中之王血统，'Mount Millais' 是现今全球兜兰界公认遗传最突出最优异的洛斯兜兰个体。

新近的一组 *Paph. rothschildianum*（'Jordon Winter' FCC/AOS × 'Krull-Smith' FCC/AOS），其母本 'Jordon Winter' FCC/AOS，是截至目前花径最大的洛斯兜兰，两侧瓣开展40cm，相较于1990年代以前的25cm，及1990年AOS审查93分的 'Rex' FCC/AOS 之30.4cm，这10~15cm的巨大差距，凝聚着洛斯兜兰精粹及育种者数十年的心血。

这就是育种的成果，不只在于种与种之间的杂交，也在于同一原种内的自家兄弟交，有时为了能纯化某些遗传的特质，还会有若干的自交（×self）；没有优秀的原种个体，就不会有优异的杂交组合，就无法产生吸引人的新品种。多花亚属原种里，除了洛斯兜兰，在2000年前后至今，也就是我们后面所强调的"兜兰育种的第四阶段"，桑德氏兜兰（*Paph. sanderianum*）和菲律宾兜兰（*Paph. philippinense*）也分别在其种内的兄弟交育种上体现了巨大的优化成绩。但是，这两个原种，在其原种内的商业性优化育种上，又各出现了鱼与熊掌不可兼得的遗憾：

（1）桑德氏兜兰，属于栽培难度大、不易开花的种类，其原种内的育种，截至目前，大多展现在植株的适应性及生长势上，不该忽视的成果是，这十数年来，桑德氏兜兰的确越来越易栽培和开花，因此，育种上首先注重的是其适应性及生长势，其花形、花色、花瓣长度的追求反而在其次。当然，这是一个耗费时间的巨大工程，受桑德氏兜兰本身生长特性的限制，自小苗到开花，五年不算短，十年不算长，育种是一条很长的路。

（2）菲律宾兜兰，本来就易栽培、易开花，经过长时间的筛选育种，花形越来越美、花色越来越红黄分明、开花越来越花团锦簇，但是来自各产区、各品系的菲律宾兜兰，在一连串的原种内杂交育种之后，只留下越来越符合兜兰生产商喜好的单一融合型，以前常见的两个变种：*Paph. philippinense* var. *roebelenii* 及 *Paph. philippinense* var. *laevigattum*，都已经"被"消失了。曾经，*Paph. philippinense* var. *laevigattum* 被视为缩短多花亚属杂交后代童期的重点亲本，是多花性兜兰迈向商业量产的潜在性亲本之一，但是在今天却已难觅踪影。

洛斯兜兰（*Paph. rothschildianum*）的上萼片宽与两侧瓣开展，其亲本是 'Val' FCC/AOS × 'Mont Millais' FCC/RHS、FCC/AOS，这是原种内育种（兄弟交）个体

多花亚属分为3个组（Section）：*Mastigopetalum*、*Mystropetalum*、*Polyantha*，但我们在探讨多花亚属的亚属内杂交育种时，不会以"组"来做区分，而是简单地分为洛斯兜兰的后代和非洛斯兜兰的后代。这是因为多花亚属的杂交育种，超过了一大半，都围绕着"兜兰之王"洛斯兜兰在做杂交，亚属之内是如此，其他亚属与多花亚属做杂交育种，洛斯兜兰也是首选亲本。所以，我们在梳理多花亚属的杂交育种历史时，也就以洛斯兜兰为主轴来进行。洛斯兜兰于1887年在加里曼丹岛北部被发现，其杂交育种也就此展开。

第一阶段，为洛斯兜兰发现之后，至第一次世界大战爆发前。分为与多花亚属的杂交育种和与非多花亚属的杂交育种，分列如下：

与多花亚属的杂交育种：

（1）*Paph.* Lady Isobel = *rothschildianum* × *stonei*，1897年Statter育种登录（即后来的 *Paph.* Lady Isabel）。

（2）*Paph.* Prince Edward of York = *rothschildianum* × *sanderianum*，1898年Sanders [St Albans]（即创立兰花杂交登记名录的桑德氏公司）育种登录。

（3）*Paph.* William Trelease = *parishii* × *rothschildianum*，1898年Sanders [St Albans]育种登录。

（4）*Paph.* Saint Swithin = *philippinense* × *rothschildianum*，1901年Statter育种登录。

（5）*Paph.* Julius = *lowii* × *rothschildianum*，1914年Sanders [St Albans]育种登录。

而混入25%兜兰亚属血统的有两种，具有75%多花亚属的血统（50% *rothschildianum* 和25%其他原种），姑且列于此处。

（6）*Paph.* l'Ansonii = Morganiae × *rothschildianum*，1898年S. Low育种登录。

（*Paph.* Morganiae = *stonei* × *superbiens*，1880年Veitch育种登录。）

（7）*Paph.* Pelican = Sanderiano-Superbiens × *rothschildianum*，1904年N. C. Cookson育种登录。

（*Paph.* Sanderiano-Superbiens = *sanderianum* × *superbiens*，1893年N. C. Cookson育种登录）。

与非多花亚属的杂交育种：

（1）*Paph.* Faroultii = *rothschildianum* × *spicerianum*，1893年Faroult育种登录。

（2）*Paph.* Massaianum = *rothschildianum* × Superciliare，1893年Sanders [St Albans]登录。

（*Paph.* Superciliare = *barbatum* × *superbiens*，

1876年Veitch育种登录）。

（3）*Paph*. W. R. Lee = *rothschildianum* × *superbiens*，1894年W. R. Lee育种登录。

（4）*Paph*. Excelsior 1 = Harrisianum × *rothschildianum*，1894年Statter育种登录。

（*Paph*. Harrisianum = *barbatum* × *villosum*，1869年Veitch育种登录）。

（5）*Paph*. A.de Lairesse = *curtisii*（*syn. superbiens*）× *rothschildianum*，1895年Sanders [St Albans]育种登录。

（6）*Paph*. Jupiter = *hookerae* × *rothschildianum*，1895年R. I. Measures育种登录。

（7）*Paph*. Neptune = Io × *rothschildianum*，1896年Sanders [St Albans]育种登录。

（*Paph*. Io = *argus* × *lawrenceanum*，1886年N. C. Cookson育种登录）。

（8）*Paph*. Kimballianum = *dayanum* × *rothschildianum*，1896年Sanders公司以自然杂交种 × *kimballianum*的种名转登录。

（1886年Rchb.f.发表*Cypripedium* × *kimballianum*，1896年Rolfe改置为*Paphiopedilum* × *kimballianum*）。

（9）*Paph*. Callo-Rothschildianum = *callosum* × *rothschildianum*，1897年Sanders [St Albans]育种登录。

（10）*Paph*. Oakes Ames = *ciliolare* × *rothschildianum*，1897年Sanders [St Albans]育种登录。

（11）*Paph*. Tringiense = *barbatum* × *rothschildianum*，1897年Sanders [St Albans]育种登录。

（12）*Paph*. Vacuna = *rothschildianum* × *villosum*，1898年Veitch育种登录。

（13）*Paph*. Wiertzianum = *lawrenceanum* × *rothschildianum*，1898年Linden育种登录。

（14）*Paph*. Nebula = *rothschildianum* × Peetersianum，1898年Sanders [St Albans]育种登录。

（*Paph*. Peetersianum，1888年Peeters育种登录。后来取消，改为*Paph*. Selligerum）。

（*Paph*. Selligerum = *barbatum* × *philippinense*，1875年Veitch育种登录。）

（15）*Paph*. Mrs. Rehder = *argus* × *rothschildianum*，1899年F. A. Rehder育种登录。

（16）*Paph*. Comte Adrien de Germiny = *rothschildianum* × Swanianum，1899年Sanders [St Albans]育种登录。

（*Paph*. Swanianum = *barbatum* × *dayanum*，1876年W. Leech育种登录）。

（17）*Paph*. Duchess of Sutherland = *rothschildianum* × Youngianum，1899年Sanders[St Albans]育种登录。

（*Paph*. Youngianum = *philippinense* × *superbiens*，1890年Sanders[St Albans]育种登录）。

（18）*Paph*. Premier = Cymatodes × *rothschildianum*，1899年Sanders[St Albans]育种登录。

（*Paph*. Cymatodes = *curtisii*（*syn. superbiens*）× *superbiens*，1893年R. H. Measures育种登录）。

（19）*Paph*. Shillianum = Gowerianum × *rothschildianum*，1899年Law-Schofield育种登录。

（*Paph*. Gowerianum = *curtisii*（*syn. superbiens*）× *lawrenceanum*，1893年Sanders [St Albans]育种登录）。

（20）*Paph*. Edith = *boxallii*（*syn. villosum* var. *boxallii*）× *rothschildianum*，1900年R. I. Measures育种登录。

（21）*Paph*. Solon = *rothschildianum* × *tonsum*，1900年Lawrence育种登录。

（22）*Paph*. Bruxellense = *rothschildianum* × *venustum*，1901年Linden育种登录。

（23）*Paph*. Rolfei = *bellatulum* × *rothschildianum*，1901年W. Appleton育种登录。

（以第8项中改置*Paphiopedilum* × *kimballianum*的Rolfe姓氏命名登录）。

（24）*Paph*. Transvaal = *chamberlainianum*（*syn. victoria-regina*）× *rothschildianum*，1901年W. Appleton育种登录。

（25）*Paph*. Miranda = Augustum（*syn*. Augustum 1）× *rothschildianum*，1901年Bleu育种登录。

（*Paph*. Augustum 1 = *lawrenceanum* × Superciliare，1895年Bleu育种登录）。

（*Paph*. Superciliare = *barbatum* × *superbiens*，1876年Veitch育种登录）。

（26）*Paph*. Lamonteanum = Calypso × *rothschildianum*，1903年Sanders[St Albans]育种登录。

（*Paph*. Calypso = *boxallii*（*syn. villosum* var. *boxallii*）× *spicerianum*，1891年Veitch育种登录）。

（27）*Paph*. Elise = Pallas × *rothschildianum*，1903年Feiling育种登录。

（*Paph*. Pallas = *callosum* × Calophyllum，1891年D. Drewett育种登录）。

（*Paph*. Calophyllum = *barbatum* × *venustum*，1881年Williams育种登录）。

（28）*Paph.* Ingens = *insigne* × *rothschildianum*，1904年W. Appleton育种登录。

（29）*Paph.* King Edward VII = Nitens × *rothschildianum*，1904年Wellesley育种登录。

（*Paph.* Nitens = *insigne* × *villosum*，1877年Veitch育种登录）。

（30）*Paph.* Williamsonianum = Leeanum × *rothschildianum*，1904年Sanders[St Albans]育种登录。

（*Paph.* Leeanum = *insigne* × *spicerianum*，1884年Lawrence育种登录）。

（31）*Paph.* Cooksonii = *druryi* × *rothschildianum*，1905年N. C. Cookson育种登录。

（32）*Paph.* Daisy Barclay = *godefroyae* × *rothschildianum*，1905年Charlesworth Ltd.育种登录。

（33）*Paph.* Black Prince = Hera × *rothschildianum*，1906年Sanders[St Albans]育种登录。

（*Paph.* Hera = *boxallii*（syn. *villosum* var. *boxallii*）× Leeanum，1892年Veitch育种登录）。

（*Paph.* Leeanum = *insigne* × *spicerianum*，1884年Lawrence育种登录）。

（34）*Paph.* Dellense = *mastersianum* × *rothschildianum*，1907年Schroder育种登录。

（35）*Paph.* Shakespeare = Euryale × *rothschildianum*，1907年Sanders[St Albans]育种登录。

（*Paph.* Euryale = *lawrenceanum* × *superbiens*，1889年Veitch育种登录）。

（36）*Paph.* Andronicus = *rothschildianum* × *victoria-regina*，1908年Sanders[St Albans]育种登录。

（37）*Paph.* Woluwense = *niveum* × *rothschildianum*，1910年O/U育种登录。

洛斯兜兰与多花亚属的亚属内杂交育种，*Paph.* William Trelease较多见于1980年代至1990年代前段，而*Paph.* Julius是现今娄氏兜兰（*Paph. lowii*）结合洛斯兜兰系列的重要源头亲本，至于*Paph.* I'Ansonii与*Paph.* Pelican则已经销声匿迹；在此强调的是*Paph.* Lady Isabel、*Paph.* Prince Edward of York、*Paph.* Saint Swithin这3种，这100多年来，始终是经典的超级名花，尤其*Paph.* Prince Edward of York（约克爱德华王子），更是百年不衰经典款，不管在哪出现，都是霸气全场的目光焦点。

而洛斯兜兰与非多花亚属的亚属间杂交，*Paph.* Rolfei与*Paph.* Transvaal、*Paph.* Woluwense这3种，至今仍是兜兰杂交育种上的重点亲本，*Paph.* Transvaal已在旋瓣亚属的杂交育种里记述，至于与其齐名的*Paph.* Vanguard（= *glaucophyllum* × *rothschildianum*），则要等到1921年，才由Pitt育种登录。

Paph. Prince Edward of York 'San Lin' SM/TOGA = *rothschildianum* × *sanderianum*，1898年Sanders [St Albans]育种登录。此花登录时间是1898年，应该是纪念1894年出生的爱德华王子，也就是后来的爱德华八世，英国历史上赫赫有名的为爱情放弃王位的国王

Paph. Prince Edward of York 'H J'

Paph. Prince Edward of York 'Xiuya#1'

Paph. Prince Edward of York 'Fu-Cheng'

Paph. Prince Edward of York 'Shih-Yueh' FCC/AOS，2011年台湾国际兰展（TIOS2011）全场总冠军，并获AOS审查FCC金牌奖及CCE卓越栽培奖

Paph. Prince Edward of York 'Miao-Hua-11'

Paph. Julius = *lowii* × *rothschildianum*，1914 年 Sanders [St Albans]育种登录。这个*Paph*. Julius现今已少见，但却是lowii-rothschildianum系的源头亲本

Paph. Lady Isabel 'JM-Lady Tiger'BM/TOGA = *rothschildianum* × *stonei*, 1897年Statter育种登录。由于史东兜兰的遗传，使花朵上萼片呈现蜡亮的白底色

Paph. Lady Isobel 和 *Paph*. Lady Isabel 都是RHS承认的名字，但考虑到此花命名是纪念Lady Isobel Stanley，所以Lady Isobel更准确些。Lady Isobel Stanley的父亲在19世纪末担任加拿大总督，她是加拿大首批女冰球运动员之一，在推动冰球运动方面做出了杰出贡献，现在女子冰球的最高奖项就是以Lady Isobel Stanley的名字命名的，称作伊索贝尔杯或斯坦利杯，杯身上印着一句话"All those who pursue this cup, pursue a dream, a dream born with Isobel, that shall never die"，这也是兰花育种者所追求的：育种无止境，好花永远会被铭记！可能Isobel与Isabel太相似，而Isabel也对应西班牙的前女王伊莎贝尔一世，所以自此花诞生以来，两个名字都一直混用

Paph. Lady Isabel 'Sie Fong' BM/TPS   *Paph.* Lady Isabel 'Yang-Ji#8' BM/TPS   *Paph.* Lady Isabel 'Crown#3'

Paph. Lady Isabel 'North Chong Hua'

Paph. Saint Swithin 'Precca#1'= *philippinense* × *rothschildianum*，1901年Statter育种登录。一个好花的命名，与其育种一样重要，Swithin（Swithun）是英国九世纪的圣人，温彻斯特大教堂的守护神，以Swithin命名此花，据说因缘于神迹，它已经红火了120多年，而且还会继续神圣下去

Paph. Saint Swithin 'CH4'

Paph. Saint Swithin 'T. C.'

Paph. Saint Isabel 'Golf'= Lady Isabel × Saint Swithin，1992年F. Booth育种登录。这是*Paph.* Lady Isabel 与 *Paph.* Saint Swithin 杂交而来，洛斯兜兰的两株F₁互交，其血统中含50% *Paph. rothschildianum*、25% *Paph. stonei*、25% *Paph. philippinense*，3个多花亚属*Mastigopetalum*组的原种组合而来

第二阶段，从1915年至1985年前后，大致是"金童玉女麻栗坡"联袂出现、并被大量投入杂交育种之前。这70年的漫长时光里，世界持续在剧变，也历经了两次世界大战及国际冷战期，而兜兰的杂交育种就像鸭子划水，表面无波，内里一直在动。此时期，在洛斯兜兰的杂交育种里，脱颖而出的名花有 *Paph.* Delrosi（= *delenatii* × *rothschildianum*，1961年Vach. & Lec.育种登录），*Paph.* Iantha Stage（= *sukhakulii* × *rothschildianum*，1973 年 H. Stage 育种登录），*Paph.* Susan Booth（= *rothschildianum* × *glanduliferum*，1983年F. Booth育种登录），*Paph.* Saint Low（= Saint Swithin × *lowii*，1984年W. T. Upton

育种登录），*Paph*. Prime Child（= *rothschildianum* × *primulinum*，1985年Armacost育种登录），其余还有很多，这些是最常见于开始兴起的大小兰展里多花性兜兰杂交种的得奖常胜将军。

第三阶段，从1985年前后至2000年前后，"2000年前后"也只是概括，其分野，是现代分子生物学新证据的引用，催生被子植物APG分类法的出现，使得专业的、业余的兜兰育种者们，重新关注种与种之间的异同，推动兜兰界的杂交育种，进入更专业的时代。从此阶段起，多花亚属的杂交育种，不再是几乎全部以洛斯兜兰为主体，以前一直很难种、难长、难开花的桑德氏兜兰，因更多的野生植株被发现，以及人工繁殖筛选出生长势越来越强的个体，也开始挑战洛斯兜兰独占的超级亲本地位，其优秀的杂交子代，如 *Paph*. Michael Koopowitz（= *philippinense* × *sanderianum*，1993年Paphanatics育种登录），完全没有洛斯兜兰参与，而 *Paph*. Angel Hair（= Saint Swithin × *sanderianum*，1991年H. Doll育种登录），更是把已经100多年变不出新花样的 *Paph*. Saint Swithin，育出了一个将再风华百年的"天使之发"。另外，在此阶段被新发现而且花朵形态或色彩迥异的大叶兜兰（*Paph. gigantiflium*）、柯氏兜兰（*Paph. kolopakingii*）、黑马兜兰（*Paph. adductum* var. *anitum*），以及其他原种新出现的白变型个体等，都强势进入新育种的领域，产生了更多多彩多姿的多花性兜兰，满足各类型人群的喜爱。

第四阶段，从2000年前后至今，此时负责全世界兰花杂交登录的RHS开始进行兰科植物属、种的大变革，厘清分类，厘清种的界线，包括兜兰属，很多以前一直在用的种名变成了同种异名，也有原被列为变种的，公告成为独立种，在杂交育种登录上被列为亲本使用。此时期，延续第三阶段的发展，除了更丰富的杂交组合之外，更优秀亲本的选用、个体审查的判读与应用、更关注及探究父母本性状的搭配、生长势的改良、持续多代育种以筛选商业品系，是此阶段的5个共同认知。

以下，我们将多花亚属兜兰的杂交育种，分成多花亚属内的杂交育种和多花亚属与其他亚属间的杂交育种两部分来介绍。

1. 多花亚属内的杂交育种

Paph. Michael Koopowitz 'Falcon' SM/TOGA = *philippinense* × *sanderianum*，1993年Paphanatics育种登录。这是多花亚属里侧瓣最长的桑德氏兜兰，与侧瓣第二长的菲律宾兜兰杂交，产生多花亚属杂交种里侧瓣最长的F_1子代

Paph. Michael Koopowitz 'Showshan'

Paph. Michael Koopowitz 'Wen Shin'

Paph. Michael Koopowitz 'Tien'

Paph. Michael Koopowitz 'JM-Dragon'，2009年台湾国际兰展（TIOS2009）全场总冠军

Paph. Angel Hair 'Chen Sun'= Saint Swithin × *sanderianum*，1991年H. Doll育种登录。这个杂交种可以说汇集了整个多花亚属的精华，*Paph.* Saint Swithin = *philippinense* × *rothschildianum*，再和"兜兰之后"桑德氏兜兰杂交，3个亲本都是多花亚属里公认的杰出代表，也是最频繁使用的亲本，其后代想低调也困难

Paph. Angel Hair 'S-Y Red'

Paph. Angel Hair 'Chouyi#1' AM/AOS、SM/TOGA

Paph. Susan Booth = *rothschildianum* × *glanduliferum*，1983年F. Booth育种登录。这个杂交育种的亲本原种名及杂交登录名，曾多次变更，我们以目前RHS的决议，梳理以下5个重点简单地厘清：① *Paph. glanduliferum* 包含了旧名的 *Paph. wilhelminae*、*Paph. praestans*、*Paph. gardineri*、*Paph. bodegomensis*、*Paph. bodegomii*，除了 *Paph. glanduliferum*，其他的异名不再使用；② *Paph. wilhelminae* 为独立物种；③ *Paph.* Susan Booth的登录名，2011年由Don N. Lai发表，修正为 *Paph.* Susan Booth gx Nathaniel's Calicia Group；④ 由 *Paph. wilhelminae* 与 *Paph. rothschildianum* 杂交的子代，登录名是 *Paph.* William Ambler；⑤ 在商业及农业场合上，如果嫌 *Paph.* Susan Booth gx Nathaniel's Calicia Group 名字太长，就暂时以 *Paph.* Susan Booth继续使用

Paph. Susan Booth 'Ween Sin' BM/TPS

Paph. Susan Booth 'Dou Fang' SM/TPS

Paph. William Ambler 'TN-Black Eagle'= *rothschildianum* × *wilhelminae*，2001年T. Ott育种登录

Paph. William Ambler 'Elim' SM/TOGA

Paph. In-Charm Ambler 'Zoom'= Angel Hair × William Ambler，2013年In-Charm O. N.育种登录。由 *Paph.* Angel Hair 与 *Paph.* William Ambler 杂交育种而来

Paph. Berenice 'TN-Red Boy'= *lowii* × *philippinense*，1891 年 Capt. Vipan 育种登录。这也是个古老的多花亚属原种间的杂交育种，因娄氏兜兰与菲律宾兜兰的加乘遗传，侧瓣的形色很优美，相当受育种者们的青睐

Paph. Jerry Spence 'Tristar' = *rothschildianum* × Berenice，1989年 F. Booth 育种登录

Paph. Jerry Spence 'Ching Hua'

Paph. Shin-Yi Dragon = Berenice × Prince Edward of York，2001年 Ching Hua 育种登录

Paph. Burning Susan 'Doya'= Berenice × Susan Booth，1992年 F. Booth 育种登录

Paph. Shin-Yi Lady = Genevieve Booth × *sanderianum*，Shin-Yi Orch. 育种，2002年Ching Hua登录。*Paph.* Genevieve Booth = Mount Toro × *rothschildianum*（1989年F. Booth育种登录）

Paph. Shin-Yi Fireball 'Hwei Jin' SM/TPS = Berenice × Genevieve Booth，Shin-Yi Orch. 育种，2001年Ching Hua登录。这个育种的组成，含有25%的 *Paph. lowii*、37.5%的 *Paph. philippinense*、12.5%的 *Paph. stonei*、25%的 *Paph. rothschildianum* 血统，因持续三代的筛选，呈现明显的娄氏兜兰特征

Paph. Shin-Yi Fireball 'Haur Jih'，2018年台湾国际兰展（TIOS2018）兜兰组冠军

Paph. Xiuya Flying Swallow 'Xiuya'= Saint Low × *rothschildianum*，2009年Xiu Ya Orch.育种登录。*Paph.* Saint Low = Saint Swithin × *lowii*（1984年W. T. Upton育种登录）。这个育种组成，含有25%的 *Paph. lowii*、12.5%的 *Paph. philippinense*、62.5%的 *Paph. rothschildianum*血统

Paph. Xiuya Flying Swallow 'Red Hawk'，2007年台湾国际兰展（TIOS2007）兜兰组冠军

Paph. Xiuya Flying Swallow 'Red Hawk' FCC/AOS，2010年台湾国际兰展（TIOS2010）兜兰组冠军，并获AOS审查90高分的FCC金牌奖

Paph. Lady Rothschild 'King King'= *rothschildianum* × Lady Isabel，1994年F. Booth育种登录。这个育种组成，含有75%的*Paph. rothschildianum*及25%的*Paph. stonei*血统，花朵形态很像*Paph. rothschildianum*

Paph. Lady Rothschild 'Elim'

Paph. Lady Rothschild 'Ruey Hua #2' AM/AOS

Paph. Shin-Yi Cinderella 'Dayou'= Lady Rothschild × *sanderianum*，2011年Shin-Yi Orch.育种登录

Paph. Kemp Tower 'In-Charm' AM/AOS = Prince Edward of York × *philippinense*，2004年E. Young O. F.育种登录。这个杂交种也是汇集了整个多花亚属的精华，*Paph.* Prince Edward of York = *rothschildianum* × *sanderianum*，再和菲律宾兜兰杂交。可以与前面的 *Paph.* Angel Hair做对比，两者的血统比例不同，开花表现也大相径庭

Paph. Kemp Tower 'Champion' FCC/AOS，2008年台湾国际兰展（TIOS2008）兜兰组冠军，并获AOS个体审查92高分的FCC金牌奖

Paph. Sunlight Speratus 'Chin Hua'= Saint Speratus × *rothschildianum*，2016年Sunlight Orch.育种登录。*Paph.* Saint Speratus = Saint Swithin × Jerry Spence（1995年 F. Booth 育种登录）

Paph. Booth's Sand Lady 'Miao Hua'= Lady Isabel × *sanderianum*，1994年F. Booth育种登录

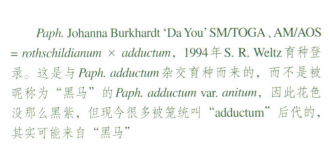

Paph. Johanna Burkhardt 'Da You' SM/TOGA、AM/AOS = *rothschildianum* × *adductum*，1994年S. R. Weltz育种登录。这是与*Paph. adductum*杂交育种而来的，而不是被昵称为"黑马"的*Paph. adductum* var. *anitum*，因此花色没那么黑紫，但现今很多被笼统叫"adductum"后代的，其实可能来自"黑马"

Paph. Paul Parks 'Huei Gin'

Paph. Paul Parks 'Elim' = *adductum* × *sanderianum*，2000年S. Tsui育种登录。由桑德氏兜兰遗传所带来的长丝侧瓣，总是随风飘逸着惊喜

　　回顾前三阶段，第一阶段是兜兰杂交育种的萌芽期，因第一次世界大战的爆发，而停滞了好多年；第二阶段有漫长的70年，已俨然育种出具有商业规模的标准型兜兰与魔帝型兜兰，成为兜兰的主流，而多花亚属的杂交育种则被视为极珍稀，身份高贵，每隔些时间，洛斯兜兰的某爱子，如 *Paph.* Prince Edward of York、*Paph.* Lady Isabel、*Paph.* Saint Swithin、*Paph.* William Trelease、*Paph.* Julius，及 *Paph.* Delrosi、*Paph.* Iantha Stage、*Paph.* Susan Booth、*Paph.* Saint Low 等开出了花，都是让群众只能举头瞻仰的传说，在现世只存在于琼楼玉宇殿堂里，人间哪得几回闻；而第三阶段，虽然旧时王谢堂前燕，已经飞入寻常百姓家，而且"金童玉女麻栗坡"等作为强势生力军加入育种中，给兜兰界带来了育种新前景，但若单纯以多花亚属内的杂交育种，其实也没新花样，这是在千禧年之前，多花亚属内杂交育种所面临的瓶颈，其后代的花朵形色，都很类似，直到再汇入新的育种亲本血液。

Paph. Fumimasa Sugiyama 'Tainan Lady' BM/TOGA = *platyphyllum* × *sanderianum*，2002年J. L. Fischer育种登录。*Paph. platyphyllum*早在1867年被发现，但直至2001年才确定独立种的地位，有趣的是早在1984年，它就有个子代黄老虎*Paph.* Yellow Tiger出现

Paph. Yellow Tiger 'R-H'

Paph. Yellow Tiger 'Mei Chen' BM/TPS = *platyphyllum* × *glanduliferum*，1984年F. Capriccio育种登录。这是多花亚属中两个原种的杂交育种。而*Paph.* Yellow Tiger，在2001年之前，还育出并登录了三个子代：*Paph.* Saint Tigris（= Yellow Tiger × Saint Swithin，1993年F. Booth育种登录），*Paph.* Ian Adam（= *stonei* × Yellow Tiger，1994年F. Booth育种登录），*Paph.* Mother Teresa（= Lady Isabel × Yellow Tiger，1994年F. Booth育种登录）

Paph. Taiwan 'Chouyi Coral' SM/TOGA = *rothschildianum* × *platyphyllum*，2003年Olaf Gruss育种登录

Paph. Shin-Yi Susan 'Wen Shin' SM/TOGA = William Ambler × Taiwan, Shin Yi Orch. 育种，2005年 Ching Hua 登录。由 *Paph.* Taiwan 与 *Paph.* William Ambler 杂交而来，母本 *Paph.* William Ambler 以前一直被归在 *Paph.* Susan Booth 里

Paph. Hung Sheng Eagle 'Haur Jih #3' GM/TOGA, TOGA个体审查90高分的GM金牌奖

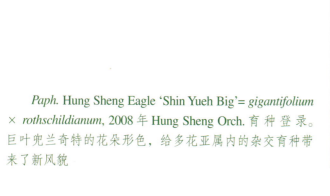

Paph. Hung Sheng Eagle 'Shin Yueh Big'= *gigantifolium* × *rothschildianum*, 2008年 Hung Sheng Orch. 育种登录。巨叶兜兰奇特的花朵形色，给多花亚属内的杂交育种带来了新风貌

Paph. Chiu Hua Dancer 'Sunlight Girl' BM/TPS = *gigantifolium* × *sanderianum*，2009年Chu-Tsai Kang育种登录

Paph. Chiu Hua Dancer 'Ping-Tung#2'

Paph. Boucles Blondes = *gigantifolium* × *philippinense*，2013年L'Amazone育种登录

Paph. Kolosand 'Green Dragon' GM/TOGA、GM/TPS = *kolopakingii* × *sanderianum*，1998年H. Congleton育种登录。这是由柯氏兜兰的白变型绿花个体（*Paph. kolopakingii* f. *album*）与桑德氏兜兰杂交而来的绿花育种，详见后述

Paph. Yang-Ji Diamond 'Fireball'= Prince Edward of York × *adductum* var. *anitum*，2009年Yang-Ji Orch.育种登录。是黑马兜兰（*Paph. anitum*）与 *Paph.* Prince Edward of York 的杂交，2009年 *Paph. anitum* 被RHS公告为独立种，RHS不久后又将它改为 *Paph. adductum* 的变种：*Paph. adductum* var. *anitum*，但因此时起，兜兰育种者们几乎都不以 *Paph. adductum* 作为杂交亲本了，只钟爱 *Paph. anitum*，在七嘴八舌、众口铄金之下，RHS只得接受在杂交登录上，将亲本特别标记为"*Paph. anitum*（syn. *Paph. adductum*）"，以与 *Paph. adductum* 作为种源的区分

Paph. Yang-Ji Diamond 'Tristar'

Paph. Yang-Ji Hawk 'Cocoa'= *sanderianum* × *adductum* var. *anitum*，2009年Yang-Ji Orch.育种登录。由黑马兜兰与侧瓣最长的桑德氏兜兰杂交而来，看那随着轻风飘扬的花瓣，是否有斜风细雨不须归的悠游感？

Paph. Yang-Ji Hawk 'Golden Star #1'

Paph. Yang-Ji Apple = *philippinense* × *adductum* var. *anitum*，2009年Yang-Ji Orch.育种登录。由黑马兜兰与菲律宾兜兰杂交而来，当使用不同菲律宾兜兰变种为亲本的时候，其后代的表现也各不相同，但名字只能是 *Paph.* Yang-Ji Apple，要体现不一样，只能通过个体名表达。这个杂交种是黑马兜兰与 *Paph. philippinense* var. *laevigatum* 杂交而来

Paph. Hsinying Anita 'Tristar'= Lady Isabel × *adductum* var. *anitum*，2009年Ching Hua育种登录。黑马兜兰因栽培难度较大而多用作父本，对象亲本的生长势很大程度上关乎着子代的生长势与成花率，譬如以 *Paph.* Lady Isabel作为母本，就比以桑德氏兜兰作为母本，其子代苗株的栽培就相对比较容易，即 *Paph.* Hsinying Anita 比 *Paph.* Yang-Ji Hawk 的栽培适应性更好

Paph. Hsinying Anita 'Shih-Yueh'

Paph. Hsinying Anita 'Wan Chiao'

Paph. Wössner Giganitum 'Haurjih #1' BM/TPS = *gigantifolium* × *adductum* var. *anitum*，2015年Olaf Gruss育种登录。如果是 *gigantifolium* × *adductum*，则登录为 *Paph.* Haur Jih Lucky，2012年Haur Jih Orchids育种登录

Paph. Wössner Black Wings 'Super Shih Yueh' GM/TOGA（91分）、FCC/AOS（94分），2014年台湾国际兰展（TIOS2014）兜兰组冠军

Paph. Wössner Black Wings = *rothschildianum* × *adductum* var. *anitum*，2009年Franz Glanz育种登录。在洛斯兜兰的纯多花亚属子代里，这个"W黑翅膀"，是继 *Paph.* Prince Edward of York（约克爱德华王子，1898年），及 *Paph.* Michael Koopowitz（麦克柯波威兹，1993年）之后，第三个天王级的世纪名花。2009年，这个杂交种第一朵花开轰动兰界并开启抢购热潮，全球兜兰界称其为"原子弹爆炸"，在2009—2010年的两年里，即有多个个体AOS审查得到FCC金牌奖，果不愧其父母是"兜兰之黑马"与"兜兰之王"

黑紫色"原带者",它使这个家族原本就具有的美丽线条更粗、更浓、更黑紫。为了加乘这效果,就要筛选花朵色彩黑浓、微呈宝蓝色光泽的黑马兜兰个体作为育种亲本,上萼片则越宽展越好

Paph. rothschildianum 洛斯兜兰

Paph. adductum var. *anitum* 黑马兜兰

Paph. Wössner Black Wings

Paph. Wössner Black Wings 的花朵特写。黑马兜兰可谓多花亚属里的黑紫色"原带者",它使这个家族原本就具有的美丽线条更粗、更浓、更黑紫。为了加乘这效果,就要筛选花朵色彩黑浓、微呈宝蓝色光泽的黑马兜兰个体作为育种亲本,上萼片则越宽展越好

Paph. Wössner Black Wings 'Chou-Yi' GM/TOGA、GM/TPS

Paph. Wössner Black Wings 'Chang' SM/TIOS, 2019年台湾国际兰展（TIOS2019）新花组冠军

Paph. Wössner Black Wings 'Ho'
SM/TIOS2019

Paph. Wössner Black Wings 'Arco'
SM/TOGA

Paph. Wössner Black Wings 'Arcolotus'

Paph. Wössner Black Wings 'Mainshow'
SM/TOGA（87分）

Paph. Wössner Black Wings 'Refaeli'

Paph. Wössner Black Wings 'BMW'
SM/TOGA（89分）

Paph. Wössner Black Wings 'Shih Yueh Black'，这个个体的侧瓣，会在下方交叉，像极了一群害羞的黑皮肤小人儿

Paph. Hung Sheng Cape = *stonei* × *adductum* var. *anitum*，2009年Hung Sheng Orch.育种登录。这是原种史东兜兰与黑马兜兰的杂交育种，黑马兜兰成为超级亲本，其垂直向下的侧瓣能够使杂交后代的侧瓣更挺直，显得精气神十足，几乎所有的多花性兜兰都来与之配对

Paph. Sunlight Anita 'Li'= Lady Rothschild × *adductum* var. *anitum*，2018年Sunlight Orch.育种登录

Paph. In-Charm Anita = Genevieve Booth × *Paph. adductum* var. *anitum*，2013年In-Charm O. N.育种登录。到此，我们不难发现一个现象，几乎所有黑马兜兰的杂交后代，当育种者登录的时候，杂交名都带有自己兰园的名字，比如In-Charm（颍川兰园）、Hung Sheng（宏升兰园）、Wössner（育种大师Franz Glanz的Wössner Orchideen）、Hsinying（新营兰园）、Yang-Ji（洋吉兰园）、Sunlight（三泰兰园），当育种者对自己所育出的兰花非常满意时才会冠以自己兰园的名字，这个新的杂交组合也代表着兰园的育种水平，与有荣焉

Paph. Shih-Yueh Sunlight 'Hui Ci #2'= Bouilly Port × *adductum* var. *anitum*，2018年 Sunlight Orch. 育种登录。*Paph.* Bouilly Port = Angel Hair × *rothschildianum*，2003年 E. Young O. F. 育种登录

就如同我们在前面所论述过的，魔帝型兜兰的花色育种，为何同样是 *Paph.* Maudiae，其花色却有一般型、深红、绿色的差别？以绿色花的 *Paph.* Maudiae 'The Queen' 来说，父母亲本都是绿花色的白变型，是由 *Paph. callosum* f. *album* 与 *Paph. lawrenceanum* f. *album* 结合而来，才能产生绿花的子代；而多花亚属内绿花的育种，也是相同原理。

Paph. Mount Toro 的绿花型，*Paph.* Mount Toro = *stonei* × *philippinense*，1976年 Mrs R. Cryder 育种登录。当时所作育种都是一般花色，而这种绿色花，是来自史东兜兰白变型（*Paph. stonei* f. *album*）与菲律宾兜兰白变型（*Paph. philippinense* var. *laevigattum* f. *album*）的杂交组合，在2010年前后育出

Paph. stonei f. *album* 史东兜兰白变型

Paph. philippinense var. *laevigattum* f. *album* 菲律宾兜兰白变型

Paph. Mount Toro 的绿花型

Paph. Mount Toro 'Shih Yueh #6' SM/TOGA

Paph. Mount Toro 'Shih Yueh #8' BM/TOGA

Paph. Kolosand 'Green Dragon' GM/TOGA、GM/TPS = *kolopakingii* × *sanderianum*，1998 年 H. Congleton 育种登录。因为桑德氏兜兰还没出现过绿花的白变型，这个育种的亲本是花色比较浅的桑德氏兜兰与柯氏兜兰的绿花白变型（*Paph. kolopakingii* f. *album*），两者杂交后筛选而得的绿花个体，在其上萼片，具有明显的黑紫线条，而其侧瓣上，也可见大大小小的斑点。登录名 Kolosand，是以 *kolopakingii* 的 kolo，加上 *sanderianum* 的 sand，拼凑而来

Paph. sanderianum 的浅色花（左图），与一般花色（右图）比较

Paph. sanderianum 的浅色花（左图），与一般花色（右图）比较

2. 多花亚属与其他亚属间的杂交育种

全球兜兰界公认，多花亚属与其他亚属间的杂交育种，当以与小萼亚属"金童玉女麻栗坡"的育种最为出彩，且看 *Paph.* Dollgoldi、*Paph.* Gloria Naugle、*Paph.* Harold Koopowitz，这三个由"金童玉女麻栗坡"与洛斯兜兰（*Paph. rothschildianum*）跨亚属育种的新天王，相较于多花亚属纯血的三霸王：*Paph.* Prince Edward of York、*Paph.* Michael Koopowitz、*Paph.* Wössner Black Wings，以其少得多的花朵数，却夺彩不遑多让，径自分庭抗礼，但可惜的是，许多国人尤认外国的月亮比较圆，愣不知珍惜自家宝。

Paph. Gloria Naugle = *rothschildianum* × *micranthum*，1993年 J. Naugle 育种登录。详见前述硬叶兜兰的杂交育种

Paph. Dollgoldi

Paph. Dollgoldi = *rothschildianum* × *armeniacum*，1988年 H. Doll 育种登录。详见前述杏黄兜兰的杂交育种

Paph. Harold Koopowitz = *malipoense* × *rothschildianum*，1995 年 Paphanatics 育种登录。详见麻栗坡兜兰杂交育种，本个体为黄花型

Paph. Harold Koopowitz，本个体为绿花型

Paph. Yasumasa Takahashi = Harold Koopowitz × *rothschildianum*，2005 年 Y. Takahashi 育种登录。由 *Paph.* Harold Koopowitz 回交洛斯兜兰，也是亮眼的名花，但可惜的是由 *Paph.* Yasumasa Takahashi 再育种出现的子代甚少

　　于此先要说明的是，在多花亚属与其他亚属间的杂交育种里，仍是以洛斯兜兰（*Paph. rothschildianum*）为主体，这是因为，在本书所划分的兜兰育种第四阶段——新式多花亚属原种亲本出现之前，在多花亚属里除了桑德氏兜兰（*Paph. sanderianum*），其他原种一旦与其他亚属杂交，其子代都会面临着无法摆脱的阴影：虽然形似洛斯兜兰的子代，却比不上洛斯兜兰的子代出色，其花朵的形貌、色彩、大小、黑紫线条等，都没那份霸王傲视的气场。但，并非多花亚属的其他原种就一无是处，若少了这些其他原种所注入的各形各色的特点，洛斯兜兰也就只能唱独角戏，产生不了缤纷美妙的多花性兜兰大家族。

Paph. Dollgoldi（= *rothschildianum* × *armeniacum*，左图）与 *Paph.* Wössner Kolarmi（= *kolopakingii* × *armeniacum*，1997 年 Franz Glanz 育种登录。右图）

Paph. Kee Chin Lim = *platyphyllum* × *malipoense*，2001 年 Ratcliffe 育种登录

Paph. Gerd Röllke 'MH-1'= *rothschildianum* × *emersonii*，1995年E. Potent育种登录。这是洛斯兜兰与小萼亚属白花兜兰的杂交育种。多花亚属花朵上的黑紫色线条，在与小萼亚属结合时，大多能化为显眼的红色线条

Paph. Alexej 'Chouyi#240' SM/TPS = *rothschildianum* × *hangianum*，2007年Olaf Gruss育种登录。详见汉氏兜兰的杂交育种

Paph. Kuo-Jang Rogo 'Kuo Jang' BM/TPS = Virgo × *rothschildianum*，2010年Kuo-Jang Orch.育种登录。*Paph.* Virgo = *godefroyae* × Psyche（1921年C. Cookson育种登录），而*Paph.* Psyche = *bellatulum* × *niveum*（1893年Winn育种登录）。本育种的原种组合，为50%的 *Paph. rothschildianum*，及短瓣亚属12.5%的 *Paph. bellatulum*、12.5%的 *Paph. niveum*、25%的 *Paph. godefroyae*

Paph. Jih Red Sun = Delrosi × Lady Isabel，2010年 Haur Jih Orchids育种登录。是洛斯兜兰的两个F_1子代的杂交组合，但由*Paph.* Jih Red Sun再育种出现的子代甚少

Paph. Rolfei 'Black Devil'= *bellatulum* × *rothschildianum*，1901年W. Appleton育种登录。洛斯兜兰与短瓣亚属巨瓣兜兰的杂交，这是个很古老的育种，也是多花亚属与短瓣亚属杂交的具体案例，由巨瓣兜兰的黑紫色粗斑，加乘了多花亚属上萼片及侧瓣上线条形色的优美

Paph.（Rolfei × Lady Isabel），再一次跟绿叶多花类兜兰杂交，实际上花朵的形质改变很少

Paph. Tainan Pink Sky 'Ruey Hua'= Delrosi × *wenshanense*，2014年Ruey Hua Orch.育种登录。这是*Paph.* Delrosi与短瓣亚属文山兜兰的杂交育种，有许多形色优美的个体

Paph. Tainan Pink Sky 'Red Seasons'

Paph. Chou-Yi Rookie = *thaianum* × *rothschildianum*，2018年Chouyi Orch.育种登录。当洛斯兜兰跟小萼亚属花朵最小的泰国兜兰杂交后，得到这么一品小巧可爱的后代，可以与*Paph.* Woluwense做一下对比（兰桂坊 供图）

Paph. Woluwense 'TN-Angel' SM/TPS = *niveum* × *rothschildianum*，1910年O/U育种登录。这也是个古老的育种，第二个多花亚属与短瓣亚属杂交的具体案例，由雪白兜兰的细密斑点，带来了与*Paph.* Rolfei不一样的线斑分布，属于柔性的优美

Paph. Woluwense 'Taichung' BM/TOGA

Paph. In-Charm Lace = *rothschildianum* × Sierra Lace，2003年In-Charm O. N. 育种登录。*Paph.* Sierra Lace = Virgo × Greyi（1993年Orchid Zone 育种登录），*Paph.* Greyi = *godefroyae* × *niveum*（1888年Corning 育种登录）。本育种的原种组合，为50%的 *Paph. rothschildianum*，及短瓣亚属25%的 *Paph. godefroyae*、18.75%的 *Paph. niveum*、6.25%的 *Paph. bellatulum*

Paph. In-Charm Maid 'Mon Yo' BM/TPS = Lady Isabel × Greyi，2003年In-Charm O. N. 育种登录。本育种的原种组合，为多花亚属25%的 *Paph. rothschildianum*、25%的 *Paph. stonei* 及短瓣亚属25%的 *Paph. godefroyae*、25%的 *Paph. niveum*

在旋瓣亚属的杂交育种里，我们讨论过 *Paph.* Transvaal 及 *Paph.* Vanguard，而在此，这一对表姊妹霸王花，仍是必须提及的经典育种案例。*Paph.* Transvaal = *victoria-regina* × *rothschildianum*，1901年W. Appleton 育种登录。

Paph. victoria-regina 女王兜兰

Paph. rothschildianum 洛斯兜兰

Paph. Transvaal 川斯瓦兜兰

Paph. Lady Mirabe 'Mon Yo' BM/TPS = Transvaal × *stonei*，1989年H. Burkhardt育种登录。本育种的原种组合，为多花亚属50%的 *Paph. stonei*、25%的 *Paph. rothschildianum* 及旋瓣亚属25%的 *Paph. victoria-regina*

Paph. Royal Wedding 'Ruey Hua' SM/TOGA = Transvaal × *niveum*，1993年Dogashima育种登录。日本的"らんの里堂ヶ島"（Dogashima，中文多写为堂之岛）兜兰育种代表作之一，详见旋瓣亚属的杂交育种

*Paph.*Vanguard = *glaucophyllum* × *rothschildianum*，1921年Pitt育种登录。

Paph. glaucophyllum 苍叶兜兰

Paph. rothschildianum 洛斯兜兰

*Paph.*Vanguard

Paph.（Vanguard × *godefroyae*），多花亚属、旋瓣亚属及短瓣亚属，3个亚属组成的育种

Paph. Tristar Rainbow 'Pink Lady' SM/TOGA = Vanguard × *micranthum*，2003年Taiwan Tristar育种登录。详见硬叶兜兰的杂交育种

Paph. In-Charm Sky 'MH-1'= Vanguard × *malipoense*，2003年In-Charm O. N.育种登录。上萼片中央鲜明的绿色，来自苍叶兜兰与麻栗坡兜兰的共同影响

Paph. In-Charm Sky 'Sunlight'

Paph. Lawless Sandguard = Vanguard × *sanderianum*，2001年G. Lawless育种登录。由于桑德氏兜兰的遗传使侧瓣变长

Paph. Lebeau 'Dr.King' SM/TPS = Transvaal × *rothschildianum*，1992年Marcel Lecoufle育种登录

Paph. Lebeau 'Hsinying'

　　一般来说，洛斯兜兰因花朵宽大的上萼片，及其向两旁外扩的平直侧瓣，尽显其霸气的王者风范，这两个特点，也都极强势地遗传给子代，尤其与旋瓣亚属结合育出的 *Paph.* Transvaal 及 *Paph.* Vanguard 最具代表性。由 *Paph.* Transvaal 及 *Paph.* Vanguard 回交洛斯兜兰获得的 *Paph.* Lebeau 及 *Paph.* Vanguard's Lebeau，更稳固地保持了洛斯兜兰遗传的这两个特点，因此在各地大小的兰展场合里，也常霸驻着得奖台。

Paph. Lebeau 'AP#2'

Paph. Tristar Young Beauty = Lebeau × *micranthum*，2003年Taiwan Tristar育种登录

Paph. Vanguard's Lebeau 'Ho Pin'

其实,洛斯兜兰,或是洛斯兜兰的多花亚属杂交子代,与旋瓣亚属里上萼片宽阔的种类杂交,就会产生与 *Paph.* Transvaal 及 *Paph.* Vanguard 形貌甚相似的后代,譬如 *Paph.* Lady Moquette。

Paph. Vanguard's Lebeau = Vanguard × *rothschildianum*, 2001年 Fuji Orch. 育种登录

Paph. Lady Moquette 'Duoyea' = Lady Isabel × *moquetteanum*,2018年Favorlang Gdn.育种登录。有的杂交子代花朵的侧瓣,未必都能如洛斯兜兰那样趋向水平外扩伸展,有些会在侧瓣近中央位置转而下弯,有些会在靠近基部处下垂,这是源于某些旋瓣亚属原种的个体差异。以前兜兰育种中,因侧瓣无法开展,直接影响花径的大小,而被视为缺点,但现今,由于桑德氏兜兰已被大量用作育种亲本,兜兰爱好者的视野更加广阔,也能接受各种个性的花朵模样

Paph. Iantha Stage 'Chouyi#1' BM/TOGA = *sukhakulii* × *rothschildianum*，1973年H. Stage育种登录。洛斯兜兰与单花斑叶亚属原种苏氏兜兰的杂交育种，这是风靡于1980年代及1990年代的名花，因苏氏兜兰的绿色花色遗传性佳，产生了许多优美的绿底色花色个体

多花亚属与其他亚属的杂交育种，还有一个类型发展甚早，就是我们在兜兰育种的第一阶段里（1915年之前），所列的洛斯兜兰与魔帝型兜兰的杂交育种。这个类型发展至今，还大多是趣味性的方向，具商业潜能的育种依然甚少，其中代表性的有早期的 *Paph.* Iantha Stage，以及深黑红花育种和绿色花育种。

Paph. Sunlight Moqlady 'Sunlight' = In-Charm Lady × *rothschildianum*，2016年Sunlight Orch.育种登录。*Paph.* In-Charm Lady = Lady Isabel × *glaucophyllum*（2003年In-Charm O. N.育种登录）。本育种的原种组合为多花亚属62.5%的 *Paph. rothschildianum*、12.5%的 *Paph. stonei* 及旋瓣亚属25%的 *Paph. glaucophyllum*

Paph. In-Charm Redhawk = Saint Swithin × Redhawk，2003年 In-Charm O. N. 育种登录。是挑选深花色的 *Paph.* Saint Swithin 与深红花色魔帝型的 *Paph.* Redhawk 杂交而来，由其中产生了一些深黑红色的个体。*Paph.* Redhawk = Maudiae × Fremont Peak（1991年 Orchid Zone 育种登录），*Paph.* Maudiae 与 *Paph.* Fremont Peak 都是深红色品系的魔帝型兜兰

Paph. In-Charm Redhawk 'Ruey-Hua'

Paph. Green Horizon = Makuli × *philippinense*，1993年 Orchid Zone 育种登录。这是兰友们所熟知的品种"绿色地平线"。是由魔帝型 *Paph.* Makuli 的绿花品系，与绿花的 *Paph. philippinense* f. *album* 杂交育种而来；而 *Paph.* Makuli = Maudiae × sukhakulii（1974年 K. Andrew O. 育种登录），也是以 *Paph.* Maudiae 的绿花品系，与绿花的 *Paph. sukhakulii* f. *album* 杂交育种而来

Paph. Green Horizon 'Account#1' SM/TPS

七、关于育种的一些感想

我们讨论、介绍的只是兜兰育种的一小部分，以小管难窥一豹，无法涵括全部，尤其许多曾名噪一时的育种及经典名花，如今早已难寻觅其踪影；再者，许多近年育出的新品种，遗憾尚无法窥其梗概，遑论全貌。期盼在不久的将来，在科研及图文资料更周密齐全时，我们能更完善地撰写一本兜兰育种的著作。

前面所提及的，都只是纯粹的杂交选育，而育种的范畴，远不只有授粉杂交及栽种实生苗这两个步骤，更复杂的譬如较特殊的远缘杂交育种、多倍体育种等，则尚未涉及；但关于染色体数对杂交育种的影响，我们概略地讨论一下。

小萼亚属（Subgenus *Parvisepalum*）、短瓣亚属（Subgenus *Brachypetalum*）、多花亚属（Subgenus *Polyantha*）的染色体数都是 $2n=26$，因此其亚属内的种间杂交，或亚属之间的杂交，所产生的实生苗生长良好，开花也比较整齐。而兜兰亚属（Subgenus *Paphiopedilum*）里，南印兜兰（*Paph. druryi*）的染色体数为 $2n=30$，白旗兜兰（*Paph. spicerianum*）的染色体数为 $2n=30、28$，但其他原种大多数为 $2n=26$，所以当染色体数是 $2n=26$ 的原种或杂交种，与南印兜兰或是白旗兜兰进行杂交时，通常就会有出苗少，容易出现畸形苗、畸形花等情形。而单花斑叶亚属（Subgenus *Sigmatopetalum*）、旋瓣亚属（Subgenus *Cochlopetalum*）的染色体数变异更大，$2n$ 介于 28~41 之间，其杂交育种的成功与否，尤其复杂。表4-1是目前已知的兜兰属染色体数目，这是按照不同亚属进行汇总的，在附录五中，按照染色体数目和兜兰种类进行了汇总。表4-2是日本大和农园洋兰部（Yamato Noen Orchids）的椙山文备（Fumimasa Sugiyama），于TIOS2005 Paphiopedilum & Phalaenopsis Symposium研讨会演讲时，所发表的数据，提供给读者们作为参考。

古德兜兰（*Paph. godefroyae*）（兰桂坊 供图）

表4-1 兜兰原种的染色体数

亚属	原种	染色体数（2n）	亚属	原种	染色体数（2n）
小萼亚属（Parvisepalum）	Paph. armeniacum	26	单花斑叶亚属（Sigmatopetalum）	Paph. hookerae	28
	Paph. delenatii	26		Paph. sangii	28
	Paph. emersonii	26		Paph. callosum	32
	Paph. malipoense	26		Paph. ciliolare	32
	Paph. micranthum	26		Paph. tonsum	32
短瓣亚属（Brachypetalum）	Paph. bellatulum	26		Paph. curtisii	36
	Paph. concolor	26		Paph. fowliei	36
	Paph. godefroyae	26		Paph. hennisianum	36
	Paph. leucochilum	26		Paph. mastersianum	36
	Paph. niveum	26		Paph. superbiens	36
多花亚属（Polyantha）	Paph. haynaldianum	26		Paph. appletonianum	38
	Paph. lowii	26		Paph. argus	38
	Paph. parishii	26		Paph. barbatum	38
	Paph. philippinense	26		Paph. javanicum	38
	Paph. rothschildianum	26		Paph. violascens	38
	Paph. stonei	26		Paph. fowliei	40
兜兰亚属（Paphiopedilum）	Paph. barbigerum	26		Paph. sukhakulii	40
	Paph. charlesworthii	26		Paph. urbanianum	40
	Paph. exul	26		Paph. venustum	40
	Paph. fairrieanum	26	旋瓣亚属（Cochlopetalum）	Paph. victoria-mariae	30
	Paph. gratrixianum	26		Paph. primulinum	32
	Paph. henryanum	26		Paph. moquettianum	34
	Paph. hirsutissimum	26		Paph. glaucophyllum	36
	Paph. insigne	26		Paph. liemianum	32或36
	Paph. tigrinum	26		Paph. dayanum	34或36
	Paph. villosum	26		Paph. victoria-regina	34或36
	Paph. druryi	30			
	Paph. spicerianum	30			

表4-2 兜兰杂交群（个体）的染色体数

品种名	父母亲本	染色体数（2n）
Paph. Albion FCC/RHS	Astarte × *niveum*	39
Paph. Bell Ringer 'Chimes'	Chardmoore × Wooburn	67
Paph. Betty Bracy 'Springtime' AM/AOS	Gwenpur × Actaeus Bianca	41
Paph. Chardmoore 'Mrs. Corburn'	Christopher × Lena	27
Paph. Chilton AM/RHS	Culver × Grace Darling	28
Paph. F. C. Puddle 'Bodnant' FCC/RHS	Actaeus × Astarte	41
Paph. Floralies 'The Cardinal'	Atlantis × Meigle	54
Paph. Gertrude West 'The Queen'	Lady Phulmoni × Robert Paterson	52
Paph. Hellas 'Westonbirt' FCC/RHS	Desdemona × Tania	27
Paph. La Honda 'Guy Stoddard' HCC/AOS	Dianalus × Cadina	27
Paph. Meadowsweet 'Purity'	Chilton × F. C. Puddle	46
Paph. Mem. F. M. Ogilvie	Curtmanni × Pyramus	42
Paph. Miller's Daughter	Chantal × Dusty Miller	43
Paph. Paeony 'Regency' AM/RHS	Noble × Belisaire	58
Paph. Silvara 'Madonna'	Sungrove × F. C. Puddle	54
Paph. Snow Bunting 'Muriel'	F. C. Puddle × Florence Spencer	54
Paph. Sparsholt 'Jaguar' AM/RHS	Ernest E. Platt × Blendia	55
Paph. Tommie Hanes 'Althea' FCC/AOS	Gwenpur × Greensleeves	41
Paph. Whitemoor 'Norriton'	F. C. Puddle × Dervish	53
Paph. Winston Churchill 'Redoubtable'	Eridge × Hampden	54

（Fumimasa Sugiyama – TIOS2005 *Paphiopedilum* & Phalaenopsis Symposium）

（注：本表，多为标准型兜兰或相关种。）

虽然我国原产许多兜兰的原种，但相较于蝴蝶兰、石斛兰及国兰，甚至是我国并无原产的卡特兰等，其杂交育种所受重视的程度较低。他山之石可以攻玉，国际上兜兰育种及其成果，可作为我国在兜兰育种领域的借鉴及参考。

作者认为，今后我国在兜兰的育种方面，当着重四个方向：

1. 兜兰属种质资源保护、收集、评价与利用研究

我国有着相对丰富的兜兰属植物种质资源，但保护意识相对薄弱，尤其是近年来，由于环境的恶化，原生境遭到破坏，一些兜兰属原生种已濒临灭绝，具有育种价值的种质资源收集难度越来越大。2021年9月，国家林业和草原局、农业农村部发布的《国家重点保护野生植物名录》中，除了带叶兜兰和硬叶兜兰为国家二级保护植物外，其余的所有兜兰都属于国家一级保护植物，从国家法律层面给兜兰属原生种予以保护。要杜绝野外兜兰资源的偷采偷挖，切实保护好兜兰属植物的野生资源，减轻野外兜兰资源的生存压力，就必须筛选优异的原种个体，通过自交育种等方式复合选育，进而培育出更为优异的商业性原种，就像前文提到过的洛斯兜兰（*Paph. rothschildianum*）一样，人工培育的种苗在栽培适应性以及开花的形貌、色彩、大小都远远优于野生种，爱好者们才不再追求野生种，野生资源才能得到彻底的保护。与此同时，引进国外优良种质资源，并以此为基础进行新品种选育，能大大缩短新品种培育的时间。我们只有在具有优异的种质资源和优良的父母本的基础上，才能不断选育出商品性状好、适应性强、具有自主知识产权的新品种，进而满足市场需要，并在国内外市场上具有竞争力。

2. 明确兜兰主要育种目标和重要亲本

虽然经历了100多年的杂交育种，但即使已经全部利用了兜兰属中最基本的遗传基因，也永远无法达到完美，这是因为育种目标会随商品的供求状况及社会审美的变化而变化，因此兜兰性状改良的研究是一项长期工作。目前兜兰的育种方向主要有两个，一是大花型、多花性的盆花和切花兜兰育种，容易栽培、生长势好、幼年期短、开花性佳、开花整齐、花多热闹、株态适中而适宜包装和运输，以及实生瓶苗出苗率高、繁殖容易，是商业性兜兰的必备要求。目前市场的主流是以魔帝类兜兰、肉饼类兜兰为代表的各花色品种，虽然已经有很大的改观与进步，但所谓育种，没有最好，只有更好，就是要一代比一代更完善。另一类是珍奇赏玩类，包括各种国内外原生种优异个体、白变型、叶艺、花朵变异各类型兜兰等，这一类主要是以原生种为主。此两类的市场有所不同，栽培规模和栽培环境条件也有许多差异，需要根据不同的市场需求制定不同的育种目标。

Paph. Wössner China Moon 'Da You' (= *armeniacum* × *hangianum*)，植株形态优美，花梗与花朵、植株的比例恰当，是兜兰盆花能受到青睐的基本要求，我国原产的杏黄兜兰，不仅在金黄花色上，其植株的优美，也是极其重要的育种优势

Paph. Emerald Lake 'Emerald Jade'，花梗的长短、花朵的大小、植株的体量，直接影响视觉上美观

Paph. Hung Sheng Jewel 'Chang'，魔帝型兜兰之所以广受喜爱，它们适中的花梗长度功不可没，除了具有延伸视觉的效果，还带来清新脱俗的心理感受，并且是极佳的切花材料；而它们的株态除了优美，也很适宜商业上的包装和运输

3. 优良亲本育种培育优异种质

亲本个体的选择对育种后代的影响巨大，同一种兜兰不同个体的杂交后代表现也会千差万别。比如硬叶兜兰（*Paph. micranthum*），目前就有不同的个体，除了花色上有深浅之分，在瓣形上也有圆整之别，另外还有纯白的 album 个体、象牙白的 eburneum 个体，采用不同颜色、不同瓣形的亲本，后代颜色和瓣形也会截然不同。在兜兰杂交育种过程中，经常会出现亲本的优良性状被杂交对象的性状所覆盖的情况，这就需要对具有某些特殊性状的种类进行多代自交或回交，以突出特殊性状，使亲本的特殊性状加强后再进行育种。

4. 加强交流和完善兜兰审查制度

加强兜兰的相关展示或展览，让普通民众也了解和喜爱兜兰，扩大兜兰的市场规模。此外举办关于兜兰育种的研讨会，并且产、学、研、媒四方汇流，让兜兰的相关育种得到更多的关注；行业管理部门和科研院所，联合兜兰的产业栽培者、育种者，建立兜兰的审查制度，定期举行兜兰的个体审查会，以提高兜兰产业的水平，促进良性发展。

Paph. Michael Koopowitz，多花性的兜兰，美则美矣，但是其巨大的植株，带来包装及运输上的困扰，而其普遍倒伏或弯折的叶片，更经常让许多消费者打消了高价购买的意愿

Paph. Lippewunder，植株较大的标准型兜兰，也普遍有叶片容易倒伏及弯折的缺点，影响其商品价值

Paph. In-Charm Gold 'Yellow King'= Emerald Magic × *helenae*，我国所原产的迷你种海伦兜兰给标准型兜兰的育种带来优美的株态及叶态

Paph. helenae（海伦兜兰），只产于我国广西西南部，以及越南北部

Paph. micranthum，株态、叶片及花朵均非常优美的硬叶兜兰，是我国珍贵的瑰宝，与多花亚属及旋瓣亚属的杂交育种子代不仅花朵惊艳，也是改良了多花亚属及旋瓣亚属叶片大又软的缺点

吾生也有涯，而知也无涯，正是兜兰育种者们的心情写照——吾生有涯，而兜兰育种无涯。与君共勉！

第五章 兜兰的栽培管理与繁殖

兜兰属植物自亚洲至太平洋岛屿的热带及亚热带中高海拔地区，由喜马拉雅山脉至巴布亚新几内亚都有分布，为多年生地生、半附生或附生常绿草本，稍具肉质而被毛的纤维根，大多数生于疏林下或林缘多石、透光、腐殖质丰富的酸性山地上，也见于岩壁上或树上。总体来说，对生境的要求是排水、通风好，有一定的荫蔽，又能透光，而且根部能够保持湿润的环境，但必须注意的是，不同兜兰属种类之间的生态习性有明显的差异，在栽培中必须根据具体的种类类别，制定合理有效的管理方法。本章将从栽培场所、盆具和器皿、基质、栽培方法、环境调控、无菌播种等方面详细介绍兜兰的栽培管理与繁殖方法。

一、栽培场所

兜兰的种植一般按其放置的场地，划分为室外栽培和室内栽培两大类。一般而言，室外栽培多在与兜兰原产地气候相仿的地区实行；室内栽培是指在人造温室环境下的栽植方法。由于兜兰原产于热带和亚热带地区，所以在我国除了华南和西南一些地区可实行室外栽培外，其他大部分地区须以室内栽培为主。

依据兜兰的栽培场所性质可分为个人趣味式栽培和兰园专业生产。

个人趣味式栽培：最主要的特色是因地制宜、充分利用空间，例如居家的窗台、阳台、屋顶、壁边、墙角、庭院等，有条件的可以搭建简易的兰房。首先，必须要注重采光和遮光，以及天寒时的遮风挡霜；其次是花床的架高、水源与排水以及进出栽培场所的方便性等；特别要注意的是不能影响家人、邻居的生活空间，并且不会对房舍产生结构上或安全上的影响。

兰园专业生产：专业生产的兰园有多种结构形式，在接近兜兰属原产地最常见的是以塑料膜加遮阳网及骨架构成的兰室，其结构简单，以木材或水泥或金属管搭成架后，外层附一层塑料膜，以遮挡雨水和防范冬季低温，在其内部设置一层活动的遮阳网。兰室应选择风势不强的地方，以防强风对塑料膜和遮阳网的破坏。在北方，多用造价更高昂的能够加温的密封式温室。

温室结合各种现代高科技可达到自动化温湿度、光照强度控制的功能，夏天散热降温、冬天加热保温。通过水帘和风机降温系统，既达到强制降温的目的，又增加温室内的空气湿度。温室虽有保温作用，但天气过冷时，温室内仍需人工加温来保证兜兰安全越冬，最有效的方法是在温室内安置暖气管道，如无暖气管道，大型温室可设置机械加温机，小型温室和家居温室可以用暖风机来保证温度的稳定。

不管何种栽培方式，兰盆都不可直接放置在地面上，这是由于地面通风不畅，不利于根系的生长，所以必须使用苗床架高栽培，这样也可避免杂草的滋扰、浸水以及病虫害的侵扰，这里所说的病虫害包括直接由地面而来的啃啮害虫、蜗牛、蛞蝓，及浇水时由地面反溅的水分夹带的脏泥、杂菌溅到叶背上产生的病害。

以上各种栽培方式，都需要有遮阳网，遮阳网基本上都是黑色，但为了一些特定场合或个人喜好，

在华南地区，在室外仿自然栽种的带叶兜兰

兜兰温室规模化栽培，经过统一的催花处理，花朵整齐开放

简易温室种植,以水泥柱支撑,外层附一层塑料膜。所有兰花都放置在以砖块支撑的支架上

现代温室种植,有自动喷淋装置及自动遮阳网

也有银灰色等颜色。遮阳网有各种不同遮光率的差别,必须视采光、遮光不同需求来选用遮光率,其材质有较便宜却易受风吹日晒雨淋而损坏的四股针织网、价格较昂贵但较坚韧强固的百吉网,可依个人需求选用。架设遮阳网还需考虑方便掀起或取下,才可于连续的阴天或阳光薄弱的冬天得到更多的日照。

二、盆具和器皿

一般兜兰作为观赏花卉均用盆栽的方法栽植。盆栽兜兰可自由搬动,销售、参展、装饰时比较方便,冬季又可从室外搬入室内或温室过冬,从而不受环境和地域的约束和限制。用作栽培兜兰的盆具和器皿按制造材料的不同,有如下几类:

上釉彩的瓷器、陶器盆: 较易摔破、毁损,价格也较昂贵,通常在兰展或厅堂展示时作为套盆使用,只是为了美观作为临时使用。

素烧盆: 也称瓦盆、红盆、红陶盆,是没有上釉彩的红色陶盆,质地有厚薄之分,其排水性高、透气性好,在设施内栽培必须时常浇水以保持较高湿度,在泰国、越南等地露天栽培经常使用素烧盆。素烧盆有两大缺点:一是很容易破碎;二是盆器表面容易脏污以及生长青苔。

塑料盆、塑胶盆: 因材质轻、美观和不易打碎越来越受到栽培者的青睐,以前多为黑色或红色盆,但近年来因应个人喜好与颜色搭配需求,白、绿、蓝、乳黄、咖啡等各种颜色盆也都大量出现,以一般兜兰栽培需要及植株生长来说并没有差异,可依自己喜好选用。

营养钵: 是栽植各阶段苗株时所使用,一般是兰园或大量栽培的场所使用,但是越来越多的兰友喜好自己栽培瓶苗或小苗,营养钵因为方便和便宜,趣味性兰友也越来越多使用。营养钵有黑色不透光与白色透明两种，因为兜兰的根没有光合作用功能，一般不会暴露于阳光下，所以当使用白色透明营养钵时，外面会再套一个黑色的营养钵，方便通过透明营养钵观察根系生长的同时起到避光的作用。型号以盆口直径（称口径）分为0.7寸*盆、1.5寸盆、3寸盆、4寸盆等。

穴盘：一般是兰园或大量栽培的场所栽培兜兰小苗时使用，同一穴盘中可以大量栽培同一品种，方便管理、搬运。

塑料筐：一般栽培兜兰出瓶苗时使用，根据需要选择筐体大小及筐眼密度，同一个品种聚合栽培在同一个筐中。优点是透水透气性好、价格便宜、方便易得；缺点是必须严防根腐病、软腐病等传染性病害，如果一棵感染，可能整筐染病。

盆盘：是集中放置中、小兰盆的塑料筐，可以避免倒伏并可以集中管理，分为平底盘、穴盘，穴盘规格有15孔（用于置放1.5~3寸盆）、12孔（用于置放3~3.5寸盆）以及大孔（用于置放其他尺寸大盆）。善用苗盘除了方便栽培管理，也可适当地调配苗床空间的利用。

另外，签丝、花夹、铝丝等整形器具，也是兜兰栽培中常备的。

三、常用基质

在自然界，几乎所有兜兰属植物都生于多石、富含腐殖质的地表或岩缝中、树干上，所以根部四周必须有足够空间使空气可以流通，并使多余水分容易挥发，避免根部腐烂，在选用基质上要选择缝隙大、不能保水太久、吸湿、易干、具有透气性、不易腐烂的基质。

用白色透明营养钵时，一般外面再套一个黑色的营养钵

有时会在一个营养钵外面再套一个营养钵，但外面的营养钵只放少量基质，目的是保持湿度

用穴盘种植的兜兰小苗

用塑料筐种植的兜兰小苗

---

* 1寸 ≈ 3.33cm。

位于温室一角的各种苗盘和塑料筐

以树皮为基质栽培的兜兰

以兰石为主要基质栽培的兜兰

以陶粒、珍珠岩、椰丝、木炭为基质栽培的兜兰

1. 盆栽的基质

树皮：以松树、红树、杉树、栎树等树皮加以分割筛选而成，以皮厚疏松者为佳。使用前要用清水浸泡2~3天，将树皮脱脂，以免日后树脂在细菌的作用下发酵而危及兰根。按照树皮大小分为特粗、粗块、中粒、细粒、屑粉等数级。细粒至粗块可用于兜兰的栽培，一般小苗阶段用细粒树皮，大苗阶段用中粒或粗块树皮，可单用或混合其他基质使用。树皮具有良好的保肥、保湿、吸水性，但缺点是容易滋生杂菌和蚂蚁。

兰石：又称轻石、水沸石，具多孔性，保湿及排水透气性皆佳，又富含矿物质，是现在主流的兜兰栽培介质，一般与树皮、蛇木屑等其他基质混合后使用，通常兰石：蛇木屑：树皮按照2：1：1的比例混合使用。

蛇木屑：蛇木屑来源于树蕨的根，依粗细分为1~4号，1号最粗；4号最细，接近屑粉状；2号和3号多与木炭、树皮、兰石或碎砖等混合，作为混合材料用于兜兰的栽培。蛇木屑透水和透气性良好，不易腐烂，但保水力差，水分易挥发是其不足之处。

椰壳、椰丝：椰子壳破碎后使用，分为细粒至粗块、纤维丝等多级，在兜兰栽培上多与其他基质混合，以免过于潮湿，以泰国使用最多。

珍珠岩：为硅石经高温高压烧结而成，依粒径也分为细粒至粗块数级，纯白色，保湿及排水透气性皆佳，富含钙、镁等矿物质，一般与其他基质混合，但固着力差、易被水冲走是其缺点。

陶粒：一种经高温烧结的褐色多孔圆粒状体，具有透水和透气性良好的特点，一般与兰石、树皮、蛇木屑等混合使用。

木炭：以木材经人工炭化而成的栽培介质，也分为细粒至粗块数级，木炭有良好的吸附作用，可将杂菌吸附杀灭，并有良好的透气性和透水性。在实际应用上，木炭常与兰石和树皮混合使用，或单用放于盆底作透气疏水的基质。

泡沫塑料：应用时将其切成粗粒状，然后填入盆底层作透气增强物。它有质轻、透气的优点，但本身不吸水，易被水冲散而不宜用作专用基质，仅用来作填塞盆底层，起透气疏水的作用。

碎石：一般以破碎、裂片状、有棱角者为佳，洗净后与其他基质混合使用。除了可提供矿物质外，也增加兰盆重量，以免兰盆倾倒。

碎砖：是将砖块经人工敲碎而成，具有经久不腐、透水和透气性良好的特点。但肥力低、易滋生杂菌和成为昆虫的居所是其不足。在实际应用上多作盆底的透水层基质，或与木炭、树蕨根和树皮等混合使用。

水苔：又称水草，是一类植株体较长的苔藓类植物，主要产于新西兰、智利、中国，中国主要生产于广西、贵州等地。以新西兰所产品质最佳：其植株体长、叶片大而厚、颜色也最白，但是价格相当高昂。使用前须以清水浸泡软化，脱酸、除去杂质，然后脱水，以免过湿。一般在小苗或中苗的时候使用水苔种植，如果对兜兰习性了解或者栽培技艺高超，可以用水苔种植，因浇水控制不易，初学者最好不要用水苔种植。水苔种植兜兰不能压太紧，而且由于刚移栽的小苗嫩根有损伤，还未恢复，含水量太高或排水性和透气性不良，容易烂根。另外，水苔种植根部和水苔都黏连在一起，换盆时不好处理，一般在兜兰成苗栽培中较少使用。用水苔种植最大优点就是邮寄方便，用其他基质种植时，植株打包邮寄必须考虑将基质牢牢固定住，否则基质将会倾覆而出，一般采用盆面盖一张纸，然后用胶带紧紧捆扎住，费时费力，用水苔作基质则无须考虑这些。

每位兜兰爱好者或者专业生产者都有自己熟悉和喜好的基质配方，每种基质配方都与栽培环境和栽培管理措施密不可分，并没有哪一种基质配方是最好的，只要适合自己的就是最好的。

在基质配制之前要进行加工与消毒。无机物一般不用消毒，洗净后在阳光直射下晒干备用即可，而有机物由于大多含有草籽、虫卵、真菌孢子等，故需要认真消毒。最常用的消毒方法是用福尔马林（40%甲醛）的50倍液喷洒，一般用量为400mL/m³。喷洒后密闭放置2周，启封10~20天后即可使用。其次是用蒸汽消毒，任何装置都可以，只要让蒸汽通过基质1小时即可达到杀菌灭虫的目的。

2. 板植的植材

一般兜兰种植以盆栽为主，也有许多人喜爱以附生板植方式来栽培。板植的条件是空气中湿度要高，或者环境中的蒸发较弱且较慢，而且能常洒水。一般板植用的是蛇木板和橡木板，都是将吸水和保水性好的水苔作为根部保护基质，再绑缚到蛇木板或橡木板上。对于板植新手来说，植株在经板植方式栽植后可先平放生长一段时间，待植株长出新根和新芽，生长稳固后再吊挂起来。

四、设施栽培环境调控

光照和温度是兜兰生长过程中两个至关重要的因素，因此不管采用何种人工栽培设施，其目的主

以椰壳、碎石为基质栽种的兜兰

以纯水苔为基质种植的兜兰小苗

以纯水苔为基质种植的兜兰,根系与水苔牢牢固定在一起,运输方便

板植的亨利兜兰

光照过弱,叶片变薄变软,叶色变为暗绿或暗蓝,并不开花

阳光过强,致使叶片黄化

要是调控兜兰的生长环境,从而创造出一个较适合的光照和温度条件,来满足兜兰生长的需求。

1. 光照

兜兰属植物所需的光照较其他兰花少,对光照的要求因种而异,大多数兜兰在野外生长于湿润有遮阴的林下,在人工栽培管理过程中,应尽量模仿其野生环境。一般栽培管理时,春秋季遮光30%~50%,夏季遮光70%~80%,冬季遮光30%或者全光照。在合适光照环境下的兜兰,叶片较厚,植株健壮,抗病力强,能够抵抗病虫害侵扰。若光照太弱或过分荫蔽,兜兰生长发育迟缓,叶片变薄变软,叶色暗绿或暗蓝,花梗变短,花朵难以开放,即使开放也会出现花朵数较少、花径变小、花朵畸形、花色不鲜艳等情形;因为光照不足,盆里基质水分不易蒸发,极易因基质湿度过大而烂根。光照过强,植株生长迟缓,花期缩短,花色、叶色变淡,如果没有良好的通风散热,兜兰的叶片易晒伤,伴随而来的就是炭疽病等病害,除了植株相当不美观,也影响其健康生长。

在兜兰的不同生长阶段,应结合温度条件进行遮阴管理。小苗和移栽或换盆后的植株需要的光照较低,可以保持在5000~8000 lx。中苗和大苗时应提高光照强度,控制在10000~15000 lx。在栽培和管理过程中，需要根据栽培条件及植株的生长状况进行观察和总结，及时调整和修正。因为在同一栽培场地或设施条件下，采光条件也有差异，可以根据植株的生长需求和生长状态进行调整，把喜光的种类，比如绿叶多花类放到光照强的位置，不喜光的种类，比如斑叶种类放到光线较弱的地方，必要时可以加设一层遮阳网进行光照调节。

2. 温度

兜兰属植物虽然产于热带与亚热带地区，但大多生长于空气流通而又有适当遮阴的环境中，因而性喜凉爽，过高过低的温度均不利于兜兰的生长。一般来说，兜兰生长适温为15~28℃，但种类不同，对温度的要求亦不同。原产于热带低海拔地区的斑叶类兜兰（比如紫纹兜兰、彩云兜兰），对于高温或低温，特别是温度的骤升剧降都比较敏感；反之，亚热带或热带山地的种类（比如硬叶兜兰、杏黄兜兰），则较能忍受高温或低温的不利影响。在整个兜兰栽培过程中，注意保持昼夜较大的温差，使白天的温度高于夜间5~10℃，才有利于生长和花芽分化，尤其是对于叶片比较小的种类（比如朗氏兜兰、硬叶兜兰、海伦兜兰），除了需要凉爽的环境外，还需要一定的昼夜温差，才能更好地开花。

应尽量避免夏季最高温度超过30℃。夏季温度比较高，空气比较干燥，应更多地采用遮光、通风、地面喷水、水帘等方法增湿降温。夏季是兜兰的快速生长期，健康生长的兜兰叶片颜色翠绿而且斜上伸展，根部也在快速生长中，需充分给水，保持基质湿润，但不能呈浸水状况。切忌在夏季中午高温时对植株直接喷水，幼嫩叶片叶心极易积水，此时高温能造成整个幼嫩叶片从基部溃烂，导致不可挽回的损失。

一般越冬温度可保持白天20℃左右，夜间12~15℃。不同类型的兜兰耐寒程度不同，一般而言，小萼亚属、短瓣亚属、兜兰亚属耐寒力较好，在5~7℃仍不会造成伤害，其余兜兰种类则要求越冬温度在10℃以上，尤其是多花亚属，比如桑德氏兜兰、黑马兜兰以及含有它们血统的后代，耐低温能力极

在夏季，通过雾化喷水，既能降低温度，又能增加湿度

遭受较轻冻害的兜兰植株，叶片出现黑色斑点或成片的黑斑

遭受严重冻害的兜兰植株，受害部位呈水渍状

差；若越冬温度长期低于10℃，则叶色暗淡，生长严重受阻，花芽生长缓慢或不分化，严重时会出现冻害或死亡；如果冬季夜间温度长期超过20℃，则会因为营养生长过盛而抑制生殖生长，导致花芽不分化或花芽僵化。在防寒的同时，还要注意适当通风，除特别寒冷的天气外，要定期开门或打开东南面的窗户，使室内外空气得以交换，防止湿度过大而滋生病虫害。

3. 浇水

浇水的首要问题是水质。水质的好坏首先取决于水中盐分的浓度，EC值应低于0.5mS/cm。以自来水为水源时，建议另置储水装置，沉淀自来水中的氯气等添加物后，再用来浇洒；以地下水（井水）、溪河水、山泉水等为水源时，须注意是否含有不适于兜兰生长的高矿物质、高铁质、高盐度等，也需测量其pH值，兜兰喜偏酸性介质，适宜pH值为5.5~6.5。

浇水时间应因季节而变化。夏秋季节勿在中午进行，宜在早上浇水，其余时间可以叶面喷雾，保持基质潮湿，增加室内湿度，降低温度；冬春季节在较温暖的午前或中午浇水，使水温与室温大致相近，以防温度骤降对植株的影响，同时要使植株在黄昏以前晾干，叶面不留水分过夜。

兜兰没有假鳞茎，其抗干旱能力比有假鳞茎的种类，比如卡特兰、石斛兰要差很多。在兜兰的原生环境中，几乎所有种类都生长在水分供应充足、而又不滞留水分的地方，这点很重要，兜兰的根为肉质根，根部长时间浸水将会丧失呼吸功能而导致烂根。一般兰花业余栽植者常浇水太多造成积水，根被水浸死。浇水的次数和水量要根据具体天气情况而定，一般夏秋季3~4天充分浇水1次，冬春季7~10天浇水1次，充分浇水可以冲刷掉盆内累积的无机盐分及杂质。也有栽培业者推荐"连续两次浇水法"，即第一次浇水用来溶解基质中的盐分，30~40分钟后第二次浇水，在充足浇水的同时，基质中的盐分也被冲洗掉。

兜兰的根部也要忌干燥。如果长时间没有浇水，基质过于干燥，盆栽数量少时，可以采用浸盆的办法使基质充分吸水，即将花盆放入桶中，加水到花盆2/3处，使基质充分吸水。如果是大量栽培时，应连续几天多次浇水，基质必须浇透。只有在基质充分吸水并排水后才能较长时间保持湿润，才能使根部处于湿润环境中，但不能有积水现象。

天冷或炎热时要注意保护新芽及花芽，在新芽和花芽生长期，以实施根部浇水为宜，尽量少喷水，否则叶心和花鞘积水极易引起嫩芽腐烂，造成损失。花朵开放后，因为兜兰的唇瓣呈兜状，极易积水，因此浇水时应避免淋到花朵上，否则会使唇瓣积水而导致花期缩短。

兜兰在不同的发育阶段对水分的要求不同。一般来说，小苗耐干旱能力较差，需经常浇水，维持湿润。生长季节除基质浇水外，还应结合叶面喷水、地上洒水，维持70%~80%空气相对湿度。冬季室内干燥，必须进行地面洒水，以保证叶片和花芽的正常生长，空气相对湿度要保持在60%以上。

4. 通风

这里的"通风"包含三方面的含义：一是场地通气条件良好，新鲜空气流通，保证植株呼吸到新鲜的空气；二是兰盆之间保持适当的间隔距离，有利于保持良好的通风透气透光条件，避免叶片相互交错和摩擦；三是疏松透气的基质，有利于保持适宜的水分和透气条件，保证兰根呼吸畅通。在高温高湿的夏季，需加强通风和遮阳，及时开启天窗通风，或启动循环风扇进行排湿，降低室内湿度，控制适宜湿度可以抑制病菌繁衍，减少病害。需要指出的是，降低温度的办法最好是采用通风，如果用增加湿度的方法来降温，则会使原本过高的空气湿度更高，更加有利于病菌的繁衍。兜兰忌闷湿，闷湿环境下容易感染致命的茎腐病。兜兰有一特点，就是茎已经完全腐烂，但其叶片仍然保持绿色，外观看不出任何异样，所以发现茎腐病时就已经是晚期，此时已经无法挽回。同时，定期调整植株间距，盆与盆之间要适当调整，不可太密，以确保植株通风透光。通风条件好的情况下，可以抑制病虫害的滋生和蔓延。

5. 日常管理

栽培兜兰除浇水施肥之外，还有其他一些需要注意的细节。如分株的伤口要抹药，旧盆重复使用要清洗消毒，杂草要拔除，盆面脏污、盆里青苔需及时清理，干枯的老叶要小心去除，花梗冒出后要及时设立支柱支撑，否则在花朵开放后，由于重力作用歪斜，此时再设立支柱，花朵会呈抬头姿势，影响美观。

需及时调整苗床上兜兰摆放的密度，但不宜过于频繁，有的兜兰种类花梗出现到开花需要数月的时间，如麻栗坡兜兰需要6个月以上，虎斑兜兰需要4个月，时常挪动花盆会导致落蕾。还有，除非刻意注重生长方向，否则不要将兰盆方向改来改去，持续改变方位而没有固定的向光性将影响兜兰生长。

杂草要拔除，盆里青苔尽量清理，干枯的老叶要小心去除，及时分盆

五、施肥管理

兜兰每个植株一年只生长1~2个新芽，新芽长成植株后不会再有生长。适当的肥料供应，才能促进新芽充分发育，植株才会开花。所以适当施肥是兜兰生长健壮、花形优美、花色艳丽的重要保证。

1. 肥料的类型

（1）无机肥料

一般无机肥料以大量元素为主要配方，搭配微量元素制造而成，一般会以3个数字标示出氮、磷、钾三要素的比例，如：20-20-20、30-10-10、10-30-20等，还有些是5个数字的标示，如：20-20-20-1-1、30-10-10-1-0.5、10-30-20-2-1.5等，就是标示出了氮、磷、钾、镁、钙五要素的比例。

商品的无机肥料种类很多，有多种品牌，依其使用方法又可大略分为：

速效性肥：易溶于水中，用以喷洒叶面。包

括尿素［$CO(NH_2)_2$］、硫酸铵［$(NH_4)_2SO_4$］、硝酸钾（KNO_3）、硝酸铵（NH_4NO_3）、磷酸二氢钾（KH_2PO_4），以及国外知名品牌如花宝（Hyponex）、必达（Peter）等。

缓释肥：置放于花盆基质里，随着浇水时缓慢溶解。国外知名品牌如魔肥（Magamp-K）、好康多（Hi-Control）、奥绿肥（Osmocote）等。

（2）有机肥料

由自然动植物材料加工而成，粗略分为：

纯植物性固状或粉末肥：如黄豆饼、各种油粕、米糠、海藻粉等。

纯动物性固状或粉末肥：如骨粉、鱼粉等。

海藻精液肥：由海草经去盐加工后的提取液，富含氨基酸及多种微量元素，经清水稀释后喷洒叶面施肥。

鱼精肥：亦为液态肥，是由鱼类内脏组织经去盐、萃取后浓缩制成，以清水稀释后喷洒叶面施用。

动植物性混合配方肥：有喷洒用的液肥，也有长效性的缓释肥；有市售品牌，也可自制。

（3）辅助肥料

除了无机肥料及有机肥料之外，栽培兜兰时也会使用辅助肥料，主要包括活力剂和植物生长调节剂，如速大多活力剂、施达活力剂等，主要成分为植物生长调节物质、维生素及配合生长的氨基酸等。

2. 兜兰的施肥管理

兜兰一般需肥量较少，施肥浓度不宜过高，在生长季节一般每2周施肥一次，而在非生长季节不施肥或尽量少施肥。兜兰不适宜使用缓释肥，因为时常要浇水，浇水会让缓释肥加速溶解，而过多盐分的积累会伤害植株根部，容易引起烂根。最佳的施肥方式是将肥料溶于水中，稀释后喷洒于叶面与根部，同时为避免肥料盐积问题，一个月至少一次用大水冲刷方式浇水，冲掉有害物质。施用时要根据兜兰的不同生长期，调整氮、磷、钾的比例。在小苗生长期，以氮磷钾比例为9∶45∶15的混合肥，浓

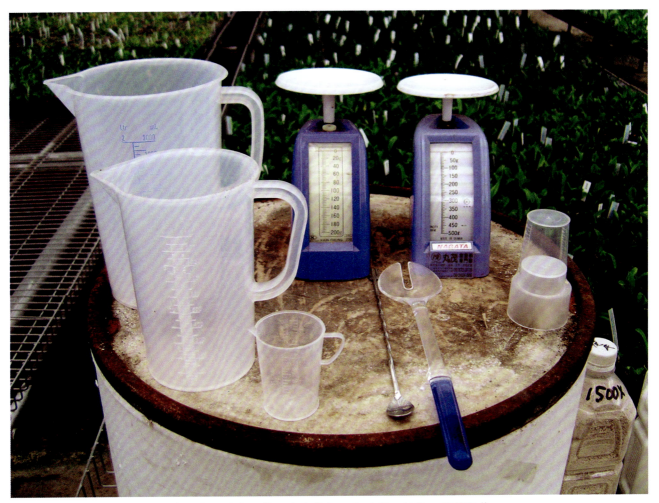

喷洒液肥用的工具：大小量杯、小磅秤、长匙、搅拌匙等

度3000~4000倍液为宜。1~2个月后，小苗根系发育良好，新根生长正常，可施用以氮磷钾比例为30-10-10的肥料，浓度为1500~2500倍液。中苗期宜施氮磷钾比例为10-15-20的肥料1000~3000倍液，每2周施1次，不可过浓；大苗期施肥浓度可以加大，氮磷钾比例为10-20-30，配成1000倍液，每2周施1次。增加磷钾肥的含量，有利于兜兰的花芽分化，使其花期长，花色艳丽，提高观赏价值。

3. 施肥的原则

不管是无机肥或有机肥，施用肥料都需谨慎，植物体所能吸收有限，施用过量时，可能产生肥害，造成不可挽回的损失。所以施肥必须谨记以下原则：

肥料宁稀勿浓。施肥的原则是薄肥，不施肥或施肥少兜兰不会死亡，最多生长缓慢。施肥过量可能使兜兰致死。因此必须精准计量肥料用量，不可大约估量。

开花期内不施肥。开花期施肥，植株养分过剩，激发营养生长，从而缩短或抵消了正在进行的生殖生长，造成花蕾早落或花芽枯萎。

施肥一般在阴天或者晴天的傍晚进行，切勿在晴天的中午前后进行，以免造成肥水快速蒸发，在植株吸收前已使液肥的浓度提高，伤及嫩芽和嫩叶。

施肥前暂停浇水1次，施肥后根系能更好更快地吸收肥分。

换盆后不要立即施肥。由于换盆时会伤及根系，尤其是嫩根，造成伤口，肥水会将伤根"沤"坏，造成烂根。

高温时勿施肥。因温度超过30℃时，植株处于休眠状态，生理活动减弱，此时施肥会烧根，导致植株腐烂。

有些肥料彼此间产生拮抗，例如钙镁拮抗，也有些肥料彼此酸碱值相反，会互相破坏，使用前要先充分了解其特性，仔细阅读肥料说明书或成分标示。

在适当的时候施用适当的肥，譬如小苗时以氮肥为主，大苗花芽分化时要增加磷钾肥的比例。

六、瓶苗出瓶与栽培

现在兜兰组织培养技术还不完善，目前市场出售的瓶苗都是通过无菌播种而来。很多专业栽培者如果遇到好的亲本，都会去做一下新的育种，这也是目前兜兰品种多样、颜色多变的源头之一，也是推动整个兜兰产业不断发展的动力。而业余爱好者则随着栽培技艺的升高，会逐渐挑战自己，并最终会购买一些瓶苗，一来价格便宜，二来可以自小苗开始培育自己心仪的兜兰，三来都会抱着一个"中奖"的心态，万一自己购买的瓶苗里出现一株石破天惊的靓花呢？所有这些都会涉及瓶苗的移栽与养护管理，只有方法得当，才能提高移栽成活率，才能保证幼苗苗壮成长。

1. 移栽前的准备

瓶苗由于是在无菌、有营养供给、适宜光照和温度、近100%的相对湿度环境条件下生长的，因此，在生理、形态等方面都与自然条件下生长的小苗有着很大的差异。所以，必须通过炼苗，从而在生理、形态、组织上发生相应的变化，使之更适合于自然环境，才能保证瓶苗移栽成功。

移栽前可将瓶苗在不开瓶的状态下移到遮光60%的环境下锻炼5~7天，使其逐步适应外部光照，然后再开瓶炼苗3~5天，经受较低湿度的处理，以适应将来自然的湿度条件。并且准备以下材料：25cm×35cm方形苗筐（每筐可种植100苗），这主要是专业栽培业者大规模栽培所用，如果瓶苗数量太少，也可用1.5寸的塑料小钵。栽培基质根据栽培环境和栽培喜好选择，基质可以用最细的兰石、3号蛇木屑、3号或4号树皮，比例为2:1:1；也可以选用水苔和树皮。水苔使用前先浸泡12小时，甩干机甩干，再用90℃水浸泡0.5小时，用于杀菌消毒以及杀死杂草种子，再用甩干机甩干待用。瓶苗数量少时也可人工攥干水苔，以攥不出水分为度。树皮选用0.5cm和1.5cm的松树皮，使用前用90℃水浸泡1小时左右用于消毒，也可以用苯菌灵2000倍液充分浸泡，使基质充分吸水并达到灭菌的目的。

2. 出瓶和洗苗

因为现在的兰花组培瓶都是口小肚大的玻璃瓶，瓶里的兜兰苗根系都粘连长在一起，即使使劲摇晃组培瓶也很难倒出小苗，如果用镊子夹取，很容易扯伤叶片和根系，所以最好的办法是直接打碎瓶子，同时要小心碎玻璃伤人。从破碎的瓶中取出粘连在一起的小苗，用自来水冲洗掉根部黏着的全部培养基，否则残留的培养基能够带来病菌感染，也容易造成基质酸化，导致小苗根系不容易生长。因为小苗的根会粘连在一起，分离时要小心仔细，尽量避免伤根。可以将已洗净培养基的瓶苗放置阴凉处2~3小时后再拆苗，此时根系因为有脱水迹象会比较软，拆苗时不容易伤根。尽量分成单苗，每苗至少保留1~2条完整的根系。用10000倍苯菌灵（或多菌灵、百菌清、甲基托布津）浸泡小苗10分钟，并在种植后用杀菌剂稀释液来浇透水，以清除杂菌对首次移栽幼苗的危害。

3. 栽培方法

对小苗进行分级，不管是单盆种植还是聚合盆种植，要使长势一致的小苗在一起。使用混合基质种植时，将根系充分舒展，然后填充基质至小苗根茎处，即最下面两片叶交叉处再往下一点点，基质不要没过叶片交叉点，否则很容易因积水时间过长导致叶片腐烂。种植时需留盆沿，即基质距离盆口1cm左右为宜，以方便充分浇水。

使用水苔和树皮作聚合盆种植时，先在苗筐最底部平铺约5cm厚、直径1.5cm的一层树皮，按垂直方向放一层水苔，然后将小苗按间隔排列于水苔之上，再放置一层水苔并压紧，如此往复。

种植后插标签，用于标记种苗名称和移栽时间等信息。

4. 水分和湿度管理

总体原则是提高周围环境的空气湿度，降低基质中的水分含量，使叶面的蒸腾减少，尽量接近培养瓶中的条件，使小苗始终保持挺拔的姿态。可以通过搭设小拱棚，以减少水分的蒸发，并且初期常喷雾，保持空气相对湿度75%~80%。5~7天后，当小苗叶片挺立，有生长趋势，可逐渐降低湿度，减少喷水次数，将拱棚两端打开通风，使小苗适应湿度较小的环境。约15天以后揭去拱棚的薄膜，转入正常管理，根据天气情况和季节不同，合理调整浇水方式，夏秋季节一般在晴天早上浇水，3天左右浇水一次，冬季在晴天的中午浇水，7~10天一次；肥料采用氮磷钾比例为20-20-20的4000倍液肥，每浇水两次施用液体肥一次。不要放置缓释肥。

5. 温度和光照

种植的过程中最适宜的温度为22~25℃。如果温度超过30℃，易滋生细菌，而且蒸腾加强，水分平衡受到破坏，不利于小苗的快速缓苗；如果温度低于15℃，则生长减弱或停滞，缓苗期加长且成活率降低。

新移栽的小苗先期需要遮阴，当小苗进入新的生长时，逐渐加强光照，以散射光为主。正常管理下光照可在5000~8000 lx，其中绿叶种需光强度高于斑叶种，两种不同类型的兜兰在光照方面可区别管理。光照过强会使植株蒸腾作用加强，水分平衡矛盾更加尖锐，同时导致叶绿素受到破坏，叶片失绿、变黄。

经人工繁殖的兜兰瓶苗

出瓶前10~15天将瓶苗放置于遮光60%的环境下进行炼苗

6. 防止菌类滋生

瓶苗从无菌异养培养，转入温度高、湿度小的自养环境中，由于组织幼嫩，易滋生杂菌造成苗霉烂或根茎处腐烂导致死亡。在栽苗时应尽量少伤苗、伤根避免感染病菌。在瓶苗移植至苗床后半个月内，危害最为严重的是由腐霉菌引起的猝倒病，可同时用苯菌灵和敌克松，每周2~3次，连续使用2周；在整个生长期，每间隔7~10天轮换喷1次杀菌剂，以便有效地保护幼苗。

用报纸将瓶包卷，以铁槌自玻璃瓶近底处小心击破，碎玻璃危险，需特别注意安全

碎玻璃很多，需注意安全，用镊子小心将瓶苗夹出

冲洗干净根部的培养基，尽量避免根系受伤

洗净培养基，可以看到根都交织在一起，健康的根系根尖都有白色的生长点

仔细分离根系，使每棵小苗至少保留1~2条完整的根，并按照苗的大小进行分级

用10000倍苯菌灵浸泡小苗20分钟，然后取出晾干

工厂化大规模种植，用苗盘装瓶苗，在顶部再盖一个苗盘，用夹子夹住边沿

将苗盘一同浸入10000倍苯菌灵溶液中，浸泡20分钟

取出晾干

对栽培所需要的苗盘、小钵等物品进行消毒

将小苗放入营养钵正中央，使根系充分伸展

加入基质，至小苗根茎处，留沿口

栽植完成。由于小营养钵容易倒伏,以塑料筐将同一品种成排放置一起。插上铭牌,并记录出瓶栽种日期,浇透水一次

为了最大效率利用温室空间,可在苗床下设置一层,放置刚出瓶的小苗,上层苗盘之间要留出适当空隙,以利于下层有适当光照

新栽植的小苗开始生长

规模化种植的小苗

聚合盆栽植

先在苗筐底部平铺一层约5cm厚、直径1.5cm的树皮,以利于排水

按垂直方向放一层水苔,然后将小苗按一定间隔排列于水苔之中,再放置一层水苔并压紧,一排一排如此往复

按照苗的分级大小栽种完成的聚合盆。插上铭牌，并记录出瓶栽种日期

一段时日之后，小苗有开始生长的迹象

聚合盆苗株拥挤，需要及时分栽。可按苗株大小分别以1.5寸及3寸塑料钵栽植

工厂化种植聚合盆苗

用纯树皮种植聚合盆瓶苗

先在苗筐底部平铺一层约5cm厚、直径1.5cm的树皮，以利于排水

再放约3cm厚、直径1cm的树皮，然后将瓶苗按间隔排列于树皮上

一只手扶正小苗,另一只手将树皮撒在苗的周围

用树皮栽植好的聚合盆瓶苗

一段时日以后,已经开始生长的小苗

用树皮聚合盆栽培的已正常生长的小苗

栽培时间长的聚合盆小苗,盆面长了一层水苔

聚合盆小苗的根系

七、中苗的栽培与管理

当出瓶苗生长6~8个月后,原来1.5寸的塑料小钵要更换为2.5寸营养钵。聚合盆栽植的小苗也需要换盆到2.5寸营养钵单独栽植。基质根据自己的栽种喜好选择,可选用3号兰石:3号蛇木屑:3号树皮=2:1:1的基质,也可选用直径1cm的松树皮,种植前使用苯菌灵2000倍液充分浸泡基质,使之充分吸水并达到灭菌目的。

此时根系并未成团,呈舒展的状态,种植时不可以将所有根系聚在一起,因为如果此时有一条根因为受伤而腐烂，会导致其邻近的根系受损，因此要将根充分舒展，最好将根系分列于盆沿，然后填充基质至根茎处。务必将所有根系覆盖，一般兜兰基部生根处要比基质表面低1~1.5cm。种植时需留盆沿，基质距离盆口1cm左右为宜，以方便充分浇水。种植后插标签，最好每一盆都标记种苗名称等信息，以方便区分。

种植后可以浇一次大水，将基质粉末冲刷干净，此后保持7~14天不浇水，以免受伤的根系湿度过大而感染病菌。可以每天向叶面喷水1~3次，保持环境的湿度，以防植株脱水。浇水时间尽量选择在天气晴朗或者气温较高的上午完成，温度低、湿度大不利于植株生长，还容易发生病害；另外，如温度低时下午浇水，夜间时植株叶片仍然潮湿，长时间如此，叶片容易产生黑斑。

白天光照强度可控制在10000 lx左右。兜兰生长最需要的是早上的阳光，上午阳光可适当加强，因为上午虽然光照强但温度处于缓慢上升阶段，即使是15000 lx左右的光照也不会对兜兰造成伤害，反而更容易促进其生长，便于根系快速长出。下午的光照比较强，且温度高，因此需注意通风降温。

中苗阶段的兜兰最适宜温度是22~25℃，在此阶段兜兰植株已经具备一定的抗性，最低温度10℃，最高温度30℃也不会对植株造成伤害。但在冬季需要加温，而且尽量温度高一些，可使白天温度25℃，晚上温度最低15℃，这样方便其快速生长，在较短的时间内长成商品苗。

刚换盆的第一个月，7天左右施氮磷钾比例为20-20-20的2000倍液肥一次，一个月以后根系长出后可以每2周施氮磷钾比例为10-15-20的2000倍液肥一次。

用聚合盆种植的瓶苗经过6~8个月的生长，盆面开始显得拥挤

用营养钵种植的小苗根系开始绕盆生长，此时需要更换中盆

用小钵种植的瓶苗脱盆后，可以看到健康的根系，根尖呈白色

去除烂根和烂叶

将苗子按照大小进行分级

材料准备：直径1cm树皮、2.5寸苗杯、泡沫块、铅笔与标签

先在盆底放几粒泡沫块，以利于透气

把小苗垂直放于小钵中央，加树皮

加树皮至根茎处，即最下面两片叶交汇处

整齐摆放于苗盘之上，按照大小分级摆放

放于苗床之上，插标签，记录品种名及上盆时间。浇灌苯菌灵2000倍液一次，需浇透

缓苗后正常生长的中苗

工厂化栽培整齐的中苗

八、大苗的栽培与管理

当中苗生长8~9个月后，根系已经开始环绕盆壁生长，此时可以换盆到3.5寸苗杯。基质可选用兰石∶蛇木屑∶树皮=1∶1∶1，也可选用直径1~1.5cm的松树皮，种植前使用2000倍液苯菌灵充分浸泡基质，使其充分吸水并达到灭菌的目的。

此时生长健壮的植株根系已经成团，并将基质紧紧包围住，在换盆过程中，不必替换旧基质，在3.5寸盆下面先放厚2cm左右树皮，将植株立于盆中央，再往盆周围加满树皮压实，上面基本不用再加盖树皮，能够覆盖植株根系即可，基质距离盆口2cm左右为宜，以方便充分浇水。

大苗生长的光照强度可控制在10000~15000 lx，还是以上午的阳光为主，冬春季节上午基本不用遮阳网，下午可使用一层40%遮阳网；夏秋季节根据天气和温度合理使用遮阳网，一般晴天上午使用80%遮阳网，下午温度超过30℃可再增加一层40%遮阳网。

换盆后，根系并不多的情况下基本采用每次少量浇水，增加浇水次数的方法。浇水时使上半部分基质浇湿就停，水分会慢慢往下流，这样能够让盆中水分快速地干掉，利于根系的快速生长。换盆后3个月左右，根系开始绕盆生长，这时可以浇透水。浇水频率还是以盆中基质的干湿程度决定，当盆面基质已干，此时盆中水分差不多是饱和时的30%~40%，可以继续浇透水。大苗阶段兜兰最适宜温度还是22~25℃，在开花当年的10月以前都尽量保持较高温度，10月下旬以后可以低温（13~15℃）处理以促使其花芽分化，花苞出现后温度最好控制在15℃以上，这样花梗容易抽得高；花梗抽高后，花苞开始变大的过程又可以控制低温，温度10~15℃可以让花苞生长变慢，拉长销售时间；植株开花以后尽量低温，在10℃左右可以延长花期。

刚换盆的第一个月，5~7天施一次氮磷钾比例为20-20-20的1500倍液肥，一个月以后根系生长后可以每2周施1次氮磷钾比例为10-20-30的1000倍液肥。

中苗生长8~9个月后，用手按盆壁，可以感受到根系已经环绕盆壁生长

根系紧紧包裹基质，旧基质还未酸败，不必替换

先在盆底放几粒泡沫块，以利于透气

把苗垂直放于盆中央，添加基质

添加基质至根茎处，即基部两片叶交汇处，留2cm的沿口

刚上盆的大苗，每个植株都插上标签，以防错乱

生长健壮的大苗,叶片呈"V"字形

成苗,可以进行催花处理

工厂化栽培的肉饼兜兰开花状况

九、成苗植株的换盆

随着兜兰植株的长大,原来的盆子已经过小,营养和水分不能及时供应,影响进一步的生长,此时基质也多有腐败酸化的迹象,同时由于高盐分的积累会对根系造成伤害,所以需要更换基质并更换大一些的盆。根据植株生长状况和所使用的基质不同,通常每2~3年换一次盆。同时,在兜兰种植过程中,对外来新引进种类或者长势不好的种类,必须要进行重新修整和种植。对于新引进的兜兰需要换成自己熟悉的基质,这样方便统一管理;植株长势不良,首要原因是根系不正常,所以要重新上盆。对以上情况,首先将旧基质去除,修理根系,用经消毒的利刃去除烂叶、烂根、折根等,然后进行消毒处理。切口可用多菌灵粉末或者木炭粉末处理,也可以用1000倍高锰酸钾浸泡整个植株3~5秒后取出,放置10~15分钟后再冲洗干净,晾干后即可种植,更换新基质。

基质在种植或换盆之前必须先用苯菌灵2000倍液浸泡1天,使其充分吸水。根据根系生长的状况选择盆子的大小,要杜绝小苗栽大盆的现象,否则极易因为浇水过多,通气不畅通而烂根。要求盆比根团直径大1/3倍左右。健康的根系呈黄白色,根毛旺盛,

随着兜兰生长,盆子已经显得过小,要么进行分株,要么更换更大的盆

观察侧面盆壁,根系已经绕盆生长

脱盆观察,基质还没有酸败迹象,根系正常,有嫩根尖

准备更大的盆,以直径比原来盆大1/3为好。在盆底放入泡沫,植株在盆中央,加入基质

添加基质至原来盆面高度,塞紧

长时间未换盆,根系已经布满,基质也已经酸化

轻抖植株，去除旧基质，去除烂根、烂叶

准备更大的盆，以直径比原来盆大1/3为好。在盆底放入泡沫，植株在盆中央，加入基质

添加基质至根茎处，即基部两片叶交汇处

根尖呈白色。长势不佳的植株，烂根或者断根比较多，修理后根系较少，则必须用小盆种植，待根系恢复后再慢慢换大盆。种大苗时，一般盆底为了方便透气排水用碎瓦块或者泡沫填充，如果长时间未换盆，生长健壮的植株根系会沿着盆沿生成网格状，此时不必将根团分离，直接将网格状根团包裹的旧基质去除，填充新基质并将网格根团内填满填实。换盆后不要施肥。种植后浇一次大水，将基质粉末冲刷干净，对于根系健壮的植株可以转入正常的栽培管理，根系差的种类要保持7~14天不浇水，使受伤的根部避免因湿度过大而感染病菌。可以每天向叶面喷水1~3次，以保持环境的湿度，防止植株脱水。如果新引进的植株经过长途运输或者因为根系差，出现脱水导致茎叶萎蔫，可以用细软丝和支柱保持茎叶伸展向上，这样有利于光合作用产物向根部运输，利于早日生根。

十、繁殖技术

兜兰的繁殖可分为无性繁殖和有性繁殖两大类。无性繁殖主要包括分株繁殖和组织培养。分株繁殖虽然繁殖系数低，但可以最大限度地保留亲本的开花特性，并且短时间可以获得开花株，是目前繁殖优良开花株的主要做法。组织培养繁殖系数高，但目前兜兰的组织培养技术体系并不完善，还不能成功地大规模繁殖，这也是为什么兜兰价格居高不下的原因，尤其是那些优良的可以作为育种亲本的开花株。兜兰有性繁殖主要是指播种繁殖，通过播种可以获得大量幼苗。

1. 分株繁殖

兜兰是合轴类（复茎性）兰花，每年从基部侧芽生出新苗，而老苗并不立即死亡，新苗又不断增多，经过几年的栽培生长，通常兜兰的植株会逐渐壮大，栽培容器逐渐被根绕满，过多的植株挤在一起会引起彼此对光照、空气、水分和养分的争夺，经常导致新芽因为营养不足或者生长空间不够而难以萌发，此时需要换更大的盆，或者予以分株，达到增殖的目的。

不同种类兜兰的生长期并不完全相同，分株最佳时机是在新芽长出之前或开花以后。一般说来，大多数兜兰属植物在春季开始进入生长的活跃期，这期间兜兰的新根、新芽蓄势待发，植株也积累了较多的营养，抗病能力强，此时进行分株，既可以避免分株操作时误伤兜兰的嫩根和新芽，同时也有利于新植株快速恢复生长。对于在夏天开花的种类（如飘带兜兰、长瓣兜兰、亨利兜兰、红旗兜兰等），需花后在秋季分株。一般避免在旺盛生长期和寒冷的休眠期分株或换盆，夏季温度高，易腐烂，冬季温度低，恢复比较慢。

分株繁殖的操作程序大致如下：

（1）在分株前一段时间要控制水分，使盆中基

植株脱盆，观察根系是否健康

抖落基质，可见基质已有酸败迹象，根系中间空膛，有死根和烂根

观察植株丛的自然分界线，保证2~3株/丛，用手分开或者经消毒的剪刀剪开

去除死根、烂根、伤根、烂叶，尽量保留没有受伤的根系，保证每丛分株有2~3条根

对于分株形成的伤口，涂抹木炭或者多菌灵粉末

用大小合适的盆栽种，盆底放上泡沫块以利排水，使根系伸展在盆壁周围，勿使根系集中在一起，否则如果有一条根腐烂，会导致邻近根一起腐烂

质适当干燥，根系发白变软，既易于脱盆，又能减轻分株与种植过程中对根的损伤，以缩短恢复时间和提高成活率。

（2）将植株全部取出兰盆，轻摇细抖，将基质完全抖落。长势健壮的植株，根系成团，紧紧包围基质，用镊子或竹签将旧基质去掉，放在阴凉处晾晒一段时间，等根系变软再操作。整理植株，剪除掉烂叶、烂根，因为兜兰根生长不易，尽量保留正常的根。

（3）细心观察植株丛的自然分界线，2~3株/丛，用消毒的剪刀轻轻剪开，新生成的1年生植株尽量与

如果植株根系少，可以设立支柱，用软线将植株固定在支柱上

添加基质至根茎处，浇透水，放置在阴凉处，缓苗15~20天后即可进行常规管理

大量分株同一品种时，可同时集中处理

伤口抹药或晾干伤口，放于较阴凉通风处1~3天

可以将植株放入杀菌稀释液中，也可以将杀菌稀释液浇在根系上

一般大型兰场，都有这样的操作台，方便操作

将植株置于盆正中，兰根自然分散于盆内，使根系完全与基质接触，如果使用大颗粒基质，盆底可以不放塑料泡沫块

一手扶植株使其直立，一手放基质

充填基质至根茎处并压实，为了使根系与基质更好地接触，可用签子捣送基质

添加基质至根茎处，留2 cm左右的沿口

栽植后浇透水，放置在阴凉处，经常喷水，保持较高空气相对湿度，缓苗15~20天后即可进行常规管理

老株分成一组，切割过程中注意新芽的位置，不要损伤新芽，尽量保留根系，要使每小丛都拥有自己的根系。在植株丛的中央，经常是开过花的老株，此时可能没有新芽发出，但开过花的植株基部可能存在隐芽，经过分株后，受过刺激的老株可能再重新发出新芽。

（4）依植株大小选择不同型号的花盆，在盆底部1/4处填入碎瓦片或者泡沫等块状物，以利于排水透气。将分株后的植株栽于盆中，将根系自然分散于盆内并使之完全与基质接触，充填基质至根茎处并压实，以植株得以固定为度。如果植株根系少，基质不能很好地固定住植株，随时摇晃，新发出的根系芽点极易受到损伤，这种情况下需要设立支柱，用软线将植株固定在支柱上，使植株不摇晃。务必使新芽露出盆面，基质不可以埋没新芽，否则极易腐烂。留2cm左右的沿口。

（5）栽植后浇透水，不要放置缓释肥，放置在阴凉的地方。通过经常喷水，保持较高的空气湿度，以利于尽早恢复生长，待缓苗15~20天后即可进行常规管理。

2. 有性繁殖

兰科植物每个蒴果通常含数万粒种子，理论上播种可以获得大量的种苗，但必须注意的是，播种繁殖也是杂交育种采用的方法，经播种形成的种苗，其花形、花色等均不甚一致，尤其是亲本不同种的人工杂交种，其后代差异甚大，要获得比较优良的杂交后代，必须谨慎选择亲本，包括亲本的配对、亲本的开花特性等，这在前面杂交种已论述，不再赘述。

兜兰的有性繁殖方法有自然播种法和无菌播种法2种。

（1）自然播种法

将成熟蒴果的种子播于亲本植株的花盆中。兜兰种子非常细小，在蒴果成熟时，胚只发育到球形胚阶段即呈静止状态，胚发育不完全，没有胚乳，因此没有可供给种子发芽时所需的养分。在自然状态下发芽率极低，只有与兰菌共生才能少量发芽。由于亲本植株的基质中或许会有兜兰种子发芽时必需的共生真菌，因而有可能会萌发。在18世纪初无菌播种技术尚未出现前，欧美的育种家多采用此法来播种。有菌播种只适合于水苔这种较细密性的基质，因种子易随浇水而冲至盆底或盆外，因此自然播种法并不适合兰石、树皮等粗粒的基质。如果用粗粒基质，可以播种前在母株盆面上铺上一层切碎的水苔，将种子播在水苔上。自然播种法简单易行，无须复杂的程序和工具，适合一般家庭养兰者使用；但是兜兰种子过小，肉眼不易看到，发芽时间较长，容易因一时疏忽将种子或幼苗冲掉和损坏；另外，此法的成功机会甚微，即使成功，出苗的数量也十分少，故在兜兰生产上极少应用。

（2）无菌播种法

无菌播种是指在实验室无菌条件下将种子播种在专用培养基上，使种子萌发、生长和发育的繁殖方法。

蒴果的成熟度对兜兰无菌播种的萌发至关重要。太过幼嫩的种子萌发率低，其原因是种胚发育还未成熟，需要更多的时间进行营养物质合成或形成器官，才能利于种子从培养基中吸收萌发所需的营养物质。成熟的种子萌发率也低，比如杏黄兜兰和硬叶兜兰，授粉后180天蒴果已近开裂，黑色的种子已无萌发能力，相关研究认为，成熟的种子形成了不可渗透的种皮，水分和营养物质的吸收受到木质素、软木脂或角质层等物质的阻碍，或在种子中出现了某种如脱落酸（ABA）的物质抑制了种子萌发，或缺少了如赤霉素（GA_3）等相关促进种子萌发的激素。

一般来说，蒴果从授粉至种子完全成熟的2/3时间阶段，是无菌播种效果最佳的时期。此阶段用肉眼观察，蒴果的外表皮色泽由绿色初步变为黄色，剥开蒴果，可见种子已从白色开始逐渐变为黄色，略开散。但是，不同的兜兰种类蒴果成熟期是不同的，从外表看色泽也未必可靠。由于蒴果的成熟度对于种子萌发有极为重要的影响，而且不同地区、不同的栽培条件下蒴果的成熟时间也有一定差异，这就要求平时多多观察和总结，多向有经验的兰花栽培者请教，再结合自己的栽培条件，确定最佳的蒴果采收期。表5-1总结了一些兜兰的最佳播种时期，同一种出现不同的采收天数，是因为各数据是不同栽培者的经验总结。再次说明，最佳播种时期只是一个大概的参考，还需要结合自己的栽培条件进行总结和调整。

表5-1　不同种类兜兰的最佳播种采收期

中文名	学名	授粉后播种采收期（天）
菲律宾兜兰	*Paph. philipinense*	90
古德兜兰	*Paph. goodefroyae*	90, 180
海氏兜兰	*Paph. haynaldianum*	90
报春兜兰	*Paph. primulinum*	110, 180
杏黄兜兰	*Paph. armeniacum*	120
亨利兜兰	*Paph. henryanum*	120~180, 360
巨瓣兜兰	*Paph. bellatulum*	130, 180
卷萼兜兰	*Paph. appletonianum*	130, 180
娄氏兜兰	*Paph. lowii*	130
硬叶兜兰	*Paph. micranthum*	130
带叶兜兰	*Paph. hirsutissimum*	150, 180
德氏兜兰	*Paph. delenatii*	150, 180
海伦兜兰	*Paph. helenae*	150, 360
同色兜兰	*Paph. concolor*	150, 180
白旗兜兰	*Paph. spicerianum*	150, 360
雪白兜兰	*Paph. niveum*	150
越南兜兰	*Paph. vietnamense*	150
白花兜兰	*Paph. emersonii*	180, 120
波瓣兜兰	*Paph. insigne* var. *sanderae*	180, 360
彩云兜兰	*Paph. wardii*	180, 300
汉氏兜兰	*Paph. hangianum*	180
文山兜兰白变型	*Paph. wenshanense* f. *album*	180, 120
麻栗坡兜兰	*Paph. malipoence*	180~240, 120
紫毛兜兰	*Paph. villosum*	200, 360
格力兜兰	*Paph. gratrixianum*	210, 360
曲蕊兜兰	*Paph. supardii*	240
小叶兜兰	*Paph. barbigerum*	240, 360
费氏兜兰	*Paph. fairrieanum*	240
胼胝兜兰	*Paph. callosum*	270
紫纹兜兰	*Paph. purpuratum*	330, 360
小男孩兜兰	*Paph. barbigerum* var. *coccineum*	360
长瓣兜兰	*Paph. dianthum*	420, 360
虎斑兜兰	*Paph. tigrinum*	450~540

不同的兜兰种类适宜的无菌播种培养基也会不同，但总体来说大部分兜兰更适合于低盐浓度的培养基，如1/2MS、1/4MS培养基，高盐浓度的培养基会抑制萌发。培养基中适当添加如马铃薯汁、椰汁、香蕉泥及活性炭等有机物对兜兰种子的萌发和生长有促进作用。

无菌播种在超净工作台上进行，在操作前准备好所有的药剂和工具，保持超净工作台的无菌状态。将未开裂的果荚去除宿存花被、蕊柱、果柄，经自来水洗净后，置于10%次氯酸钠溶液中消毒20分钟，用75%的酒精表面消毒3分钟，直接在酒精灯上灼烧去除果荚表面酒精，这样就可以完成消毒。在超净台上，用经灭菌的解剖刀切开果荚，将种子均匀撒到培养基上。播种密度以瓶中种子都能接触到培养基为度，太密时会影响发芽率及发芽后的正常生长。

兜兰种子萌发需要较高温度，在25℃左右萌发较快，温度过高种子易褐变死亡，温度过低发芽慢。当温度低于10℃时，即使满足营养条件也不能萌发。随着兜兰小苗的生长，要逐渐进行分瓶，一般每瓶幼苗保持20株左右为佳。3个月左右进行一次分瓶，要视种类和生长状况而定。经过几次分瓶，当兜兰小苗长到3~5cm、有2~3条较好的根时，可将幼苗移出培养瓶，栽植到盆中。

兜兰无菌播种，种子均匀撒在培养基上

种子开始萌发

小苗第一次分瓶

中苗

大苗

兜兰无菌播种从播种到大苗状态

第六章 兜兰的病虫害防治

防治病虫害是兜兰栽培中的一项重要工作，必须贯彻"预防为主，综合防治，防重于治"的原则。严格检疫制度，杜绝病虫害的来源，在栽种前，要严格对植株和基质进行消毒，杜绝和减少昆虫及人为造成机械损伤和接触传染；在日常管理中要保持环境清洁、适时通风、适当光照、及时排水，创造一个良好的环境；同时，注意改善栽培管理技术和栽培环境条件，培育健壮的兰苗，增强其自身抵抗病虫害的能力。

病虫害分病害与虫害，病害分为传染性病害与非传染性的生理性障碍，其中传染性病害又分为细菌性病害、真菌性病害与病毒性病害。虫害，泛指所有昆虫或其他节肢动物造成的损害。

一、细菌性病害

细菌性病害和真菌性病害，常常很难分辨，尤其细菌性病害中的软腐病与真菌性病害的疫病病症很相似。对于兜兰病害防治来说，判别是细菌性或是真菌性病害是很重要的第一步，如果无法判断，防治将难以着手，无法对症下药。

判断病害是细菌性还是真菌性，有3个简单的方法：

（1）细菌性病害在腐烂部位通常会有酸腐刺鼻的恶臭味，真菌性病害则通常只是普通的酸臭味或霉烂味。

（2）以手指轻挤多肉质的腐烂部位，如果是细菌性的软腐病通常会流出许多乳白色汁液，其内含有大量病原细菌，如将此腐烂部位病端浸入装有清水的玻璃杯中，可以看到会流出乳白状菌泥，然后扩散开来；真菌性病害则无此现象。

（3）将病株植物体置于装有微湿棉球的塑料袋中封住袋口，2~3天后如果腐烂部位长出白色纤细的菌丝，则是真菌性病害；细菌性病害则无此现象。

兜兰的细菌性病害种类相对较少，代表性的是软腐病，其次是基腐病，这两种病害都是致命的，要特别注意预防。

1. 细菌性软腐病（Bacterial soft rot）

主要由欧氏杆菌属（*Erwinia*）细菌引起的植物病害。一般发生于当年生的植株，发芽期、幼苗期和成株期均能发病。初期在基部近基质处出现水渍状小斑点，随后会扩大为圆形的暗色烫伤状的病斑，病斑的周围有淡黄色晕，后逐渐向上部叶片扩展，发病组织呈黄褐色水渍状腐烂，有臭味，湿度大时发病部位表面渗出白色菌脓，可贯穿整个叶片，进而造成叶片软化腐烂，植株地上部分倒伏，容易拔起。

细菌软腐病主要通过伤口感染，在分株或换盆时特别容易由伤口侵染，害虫造成的伤口也是感染的途径。另外，叶片感染后，病区表皮与叶肉组织分离，病斑上产生出的病原细菌受到外力（如浇水、施肥、喷药、移动植株等）影响很容易飞溅传染，特别容易由新芽、新叶的气孔侵入致病。软腐病病原可在土壤、基质、盆器中存活数年之久，其寄主范围广，会感染各种各样的观赏植物、农作物，因此必须注意周围环境的感染源。

细菌性软腐病主要发生于高温多湿的环境，感染迅速，发病快，蔓延快。整个植株会像被水泡软一样溃烂，并发出腐烂酸臭味。目前尚没有可以完全根治的药物，而且一旦发现罹病通常已经无救，因此特别要注重预防，平时注意基质的含水状况，防止湿度过大，保持适度的株行距，及时通风。保持足够的警觉性，一旦发现病叶、病株时迅速清除隔离，严重的植株直接销毁，而尚轻微感染的须立即用经消毒的剪刀剪除，并将以下防治方法中的药物之一与水1:1兑溶调匀，涂抹伤口。

防治方法：

（1）对于怀疑有软腐病感染的处所，夏天15~30天，冬天每30~60天一次，轮流喷30.3%四环霉素（achroplant）1000倍液、或63%代森锰锌（mancozeb）可湿性粉剂500倍液、或77%氢氧化铜（kocide）可湿性粉剂400倍液。

（2）对于已感染软腐病的兰园、苗床，每隔7~10天1次，连续4次，轮流喷洒30.3%四环霉素

软腐病为害幼苗，整个植株倒伏

软腐病为害成株，从基部起呈水渍状腐烂

感染软腐病后，新叶基部出现水渍状黄褐色腐烂，叶片软化倒伏

整个植株感染软腐病，基部表皮破裂，内含物流出，表面渗出白色菌脓

1000倍液、或68.8%多保链霉素（atakin）1000倍液、或18.8%链霉素（streptomycin）1000倍液、或63%代森锰锌可湿性粉剂500倍液。

（3）细菌软腐病的病原细菌对链霉素、多保链霉素的持续使用可能会产生抗药性，勿一直重复施用。

2. 细菌性基腐病（Bacterial brown rot）

病原菌为 *Erwinia cypripedii*。一般先从近基质的叶片基部产生水渍状椭圆形斑，渐扩展为边缘褐色、中间枯白的不规则形大斑，剥去叶鞘可见根茎部已变为黑褐色，有时可见深褐色纵条，整个植株基部腐烂，腐烂部位呈水渍状，伴有恶臭，腐烂组织向上逐渐扩展，以致叶片完全枯萎。基腐病发病期为兜兰叶片展叶期，病原菌从新叶及叶鞘基部幼嫩组织侵染，植株外层叶片先发病，而后由外至内扩展导致心叶腐烂，整株腐烂枯死。

防治方法： 同软腐病。

3. 细菌性褐斑病（Bacterial brown spot）

又称褐色腐败病，病原菌为 *Pseudomonas cattleyae*，发病时首先在叶片出现一些几毫米大小的水渍状的浓绿色斑点，随后这些斑点迅速扩展成轮廓清晰的黑褐色中至大型病斑，病斑周围常形成黄晕，通常病害发展迅速，在几天之内扩及全叶片，罹病叶片会迅速如水渍状般软化褐变腐败，散发出腐败的恶臭味，最终所有叶片软化褐变腐败，引起整个植株的死亡。

防治方法：

细菌性褐斑病病原在一般的土壤环境中即普遍存在，寄主范围广泛，常由周围的花卉、蔬菜及其他植物传染。多由伤口直接感染，在分株及换盆时要注意，再次使用旧盆器更要注重消毒。在高温多湿时容易发生，发病虽不如软腐病迅速猛烈，但其病原细菌的残存能力顽强，剪除病叶部位后仍会持续向外扩展，不易根除。其药物防治大致与软腐病相同。

感染细菌性基腐病的植株，剥去叶鞘可见根茎部已变为黑褐色

感染细菌性基腐病后，植株由外至内扩展导致心叶腐烂，整株水渍状腐烂枯死

细菌性基腐病主要发生于高温多湿的环境，近基质的叶片基部产生水渍状椭圆形斑，并散发出腐烂酸臭味

感染细菌性基腐病的叶片，叶片基部表皮破裂，内含物流出，有腐烂酸臭味

细菌性褐斑病发病初期为褐色斑点，病斑周围常形成黄晕

出现细菌性褐斑病病斑后，如果不加以防治，病斑会逐渐扩大

细菌性褐斑病发展迅速，在几天之内扩及全叶片，罹病叶片会迅速如水渍状般软化褐变腐败

细菌性褐斑病在高温多湿的环境下发展迅速，引起植株死亡

4. 细菌性花腐病（Bacterial rot）

病原菌为 *Pseudomonas aeruginos* 和 *P. florescens*。细菌性花腐病主要危害兜兰花朵，多发生于低温且高湿度环境，特别是通风不良处所，在萼片、花瓣上出现水渍状圆形小斑点，而后小斑点逐渐变为灰色至褐色病斑，具有水渍状晕圈。

防治办法：剪除病花，加强通风。药物防治同软腐病。

几种细菌性病害可共同防治，以预防为主，因为一旦发现染病，已基本无救助希望。要严格检验检疫，引进新植株要注意是否染病，要单独放置在一起进行隔离养护；当个别植株发病时要及时移走病株，作隔离处理；及时清除病株残体，集中处理或烧毁；严格禁止从发病盆中的任何植株上分株；严禁使用病盆内的基质，新基质使用前最好经暴晒2~3天。

感染细菌性花腐病初期，出现水渍状圆形小斑点

小斑点逐渐变为灰色至褐色病斑

细菌性花腐病病斑具有水渍状晕圈，并且有内含物溢出

整个花朵受细菌性花腐病侵染，已无观赏价值

二、真菌性病害

真菌性病害是指由真菌（Fungus，泛指真菌界）的病原菌所导致的病害，寄生性真菌从寄主吸取养分，破坏组织，引发许多症状，如霉变、斑点、发锈、溃疡、枯萎、腐烂、猝倒等，最后导致植株死亡。真菌性病害主要借助风、雨、昆虫或者种苗传播，主要通过植物表皮的气孔、皮孔等自然孔口和各种伤口侵入体内，也可直接侵入无伤表皮。

除前面介绍的细菌性病害与真菌性病害的简便辨别方式；另外，真菌性病害通常还会在病斑、病体上产生呈同心圆或波状的排列式分布的孢子群，这也是真菌性病害的重要特征。兜兰发生的真菌性病害主要有下列数种：

1. 叶枯病（Leaf blight）

叶枯病多从叶缘、叶尖侵染发生，开始为淡褐色小点，后渐扩大为不规则的大型斑块，红褐色至灰褐色，其上有波状轮纹，形似云纹状，最后由中央向外变灰白色，之后相近病斑融合成不规则的大型病斑，干枯面积达叶片的1/3~1/2，枯死的部分叶尖卷曲，呈灰白色，病健界限明显，病健叶交界处有黑色横纹。在旧的干涸病斑上会出现如针尖般大小的灰黑色、扁平圆形小粒点，沿轮纹排列，这是它的分生孢子器。

防治方法：

剪除病叶。当叶片罹病较轻微时，在离病斑2~3cm处用经消毒的剪刀剪除病叶，并将以下药物之一与水1∶1兑溶调匀、涂抹伤口。较严重时直接剪除枯凋叶片，并在伤口涂抹药剂，病叶剪下后要烧毁或深埋。

药剂防治： 氯硝胺（dicloran）1000倍液与代森锰锌600倍液混合均匀喷洒，每10天1次，连续施用2~3次。

叶枯病受害部位病健界限明显，病健叶交界处有黑色横纹

叶枯病受害部位呈灰白色，其上有波状轮纹

2. 根腐病（Root blight）

由腐霉、镰刀菌、疫霉等多种病原侵染引起。可见根部腐烂呈褐色，上有白色或褐色的真菌残留物。叶片色泽变为浅灰色，干枯，有黑褐色斑块，边缘向内卷。一般发生于刚分株移栽不久的植株上，早期植株不表现症状，后随着根部腐烂程度的加剧，吸收水分和养分的功能逐渐减弱，地上部分因养分供不应求，新叶首先发黄，在中午前后光照强、蒸发量大时，植株上部叶片出现萎蔫，但夜间又能恢复。当发现发病时，已无救治希望。病菌在基质中或病残体上越冬，成为翌年主要侵染源，病菌从根茎部或根部伤口侵入，通过雨水或灌溉水进行传播和蔓延。春季多雨、梅雨期间多雨的年份发病严重。

防治方法：

注重分株换盆时对伤口、基质、花盆进行消毒处理。发病时，喷洒80%代森锰锌可湿性粉剂500倍液、或70%甲基代森锌（antracol）可湿性粉剂500倍液、或80%代森锌（zineb）可湿性粉剂500倍液，每隔7~10天1次，连续3~4次。

干枯面积达叶片的1/3~1/2，枯死的部分叶尖卷曲，在旧的干涸病斑上会出现如针尖般大小的灰黑色小点

感染根腐病后，叶片色泽变为浅灰色，干枯，边缘向内卷，从根部已经开始腐烂

根腐病一般发生于刚分株移栽不久的植株上,当发现发病时,已无救治希望

受根腐病病害侵扰,整株死亡

叶背感染叶斑病,出现黑色圆形或不规则形斑点

叶斑病病斑近圆形或不规则形,中间有一个白色中心,微具轮纹,外围可见黄色晕圈

3. 叶斑病（Spot disease）

病原为柱盘孢属真菌（*Cylindrosporium* sp.）。首先在叶片上出现红褐色至黑色的小斑点,随后扩大为直径5~10mm的黑色圆形斑点,边缘褐色至紫褐色,病斑近圆形或不规则形,灰色至灰褐色,病斑中间有一个白色中心,微具轮纹,外围可见一个黄色晕圈。病斑较大,一般发生于叶片中下部,有时出现穿孔现象,病斑以上的叶段变黄枯死。简单的辨认方式是在旧的病斑表面上有许多小黑点,这是它的分生孢子器。多发生在秋季到春季,尤以冬季为多,通风不良的栽培环境最易发生。

防治方法与叶枯病相同。

叶斑病一般发生于叶片中下部,有时出现穿孔现象,病斑以上的叶段变黄枯死

炭疽病发生在叶尖时,叶尖呈现红褐色病斑,病斑下延致使叶片成段枯死

4. 炭疽病(Anthracnose)

又称兰花斑点病(Orchid spot),由病原真菌 *Colletotrichum gloeosporioides* 所引起,是广泛分布的世界性病害,并且寄主范围很广,会造成许多观赏植物、农作物发病。大多发生于高温多湿、植株拥挤、通风不良、基质含水量偏大时,7~9月是该病盛发期。病菌存活在土壤中及植株病残体上,借助浇水、昆虫、气流等传播,由各种伤口或自然开口(如气孔、叶尖、叶缘)侵入,多从生长衰弱的老叶片上开始发病。初期在叶片上出现淡绿色至淡绿黄色的圆形针尖状小斑点,而后斑点逐渐坏疽,变为黑褐色,并逐渐扩大。病斑明显表现为一条条暗色组织,常被黄色带包围。当黑色病斑发展时,周围组织变为

由叶片上的日灼引起的炭疽病感染

暗褐色或灰色，而且凹陷。有时相邻的数个炭疽斑点各自扩大并融合，形成不特定形状的大型炭疽病斑。后期于病斑处形成许多黑色小颗粒体，在高湿度时会溢出粉红至橙色黏状物，这是它的分生孢子群，分生孢子群会因光照影响而常呈轮纹、波纹状。

防治方法：

（1）当叶片罹病较轻微时，在离病斑2~3cm处用经消毒的剪刀剪除病叶，并将以下药物之一与水1∶1兑溶调匀、涂抹伤口。较严重时将枯凋叶片直接摘除，也于伤口处涂抹药剂。

（2）喷洒80%代森锰锌可湿性粉剂500倍液、或70%甲基代森锌可湿性粉剂500倍液、或80%代森锌可湿性粉剂500倍液、或50%咪鲜胺（sporgon）可湿性粉剂6000倍液、或25%咪鲜胺乳剂2500倍液、或50%多菌灵（carbendazime）1000倍液、或75%百菌清（dacotech）水悬粉1000倍液，每隔7~10天1次，连续3~4次。

炭疽病初期在叶片上出现淡绿色至淡绿黄色的圆形针尖状小斑点，叶片中部病斑呈椭圆形或圆形，叶缘病斑呈半圆形；当黑色病斑发展时，周围组织变为暗褐色或灰色，而且凹陷

感染炭疽病的植株，有时相邻的数个炭疽斑点各自扩大并融合，形成不特定形状的大型炭疽病斑

受炭疽病侵害，整个植株死亡

5. 黑腐病（Black rot）

病原真菌为 *Xanthomonas* sp.。有时先感染幼芽，使得未长成的叶变黑脱落，有时先感染根部，然后向上扩展至叶基部。染病初期出现小的褐色湿斑点，有黄色边缘，然后逐渐扩大，呈褐色水渍状不定形病斑，而后迅速向四周扩展成黑褐色的大块病斑，较大与较多的病斑中央变为黑褐色或褐色，在挤压时会渗出水分。之后水渍状部位迅速扩及全叶片，数日之内整个叶片腐败黑变，靠近叶的基部也明显变为黑色。接着急速感染邻近苗株，如果没有抑制，在数周之内整个区块的苗株都可能感染，腐烂死亡。病部组织湿度较高时会产生白色的霉状物，这就是病原菌的菌丝及孢囊，会借浇水、雨水飞溅传染，以及由露水、移动的高湿气（如雾）将释放的孢子传播出去。病原真菌在被害植株组织及基质之中可能长期潜伏生存，然后在潮湿的条件下迅速感染发病。病原菌能够以厚壁孢子形式抵抗干燥、低温、高温等不良环境，所以能存活于旧基质、旧兰盆许多年，然后由根部或植株下方侵入新的植株；如果是由根部或植株下方感染，则于植株下方产生明显的黑褐色病斑，所以又称黑脚病，随之往上蔓延，叶片即因下方的茎部坏死，自叶基变黑，此时植株已难以再救治成活。

黑腐病一旦感染通常难以救治，因此预防特别重于治疗，平时须做好健康管理，并且在高温多湿、通风不良、露天淋雨的情况下提高警觉，一旦发现怀疑的植株应立即隔离。如果确定是黑腐病，须迅速施以药剂防治。

防治方法：

（1）苗株感染或是成株病部近半时通常都已无法挽救，应直接将该植株连同盆器基质一并以塑料袋密封后销毁，其余植株也须立即喷药。

（2）中大苗与成株如果病发在叶片并且尚轻微，应迅速用经消毒的剪刀剪除病叶，伤口涂抹快得宁（quinotate）、氯唑灵（terrazole）等与水

感染黑腐病初期，形成呈褐色水渍状不定形病斑

水渍状部位迅速扩及全叶片，数日之内整个叶片腐败黑变，靠近叶的基部也明显变为黑色，整个植株死亡

由根部或植株下方感染黑腐病，则于植株下方产生明显的黑褐色病斑，随后往上蔓延，直至整个植株死亡

在高温多湿、通风不良、露天淋雨的情况下，黑腐病病菌传染迅速，如不及时防治，邻近植株也会染病

长瓣兜兰因受蚜虫的侵害，蚜虫分泌蜜液，花梗与花朵的连接部位引发煤烟病

1∶1调匀浓剂，并全株喷洒66.5%霜霉威盐酸盐（previcur）液剂1000倍液、或33.5%快得宁水悬粉或乳剂1500倍液、或35%氯唑灵可湿性粉剂1000倍液、或25%氯唑灵可湿性粉剂1500倍液，每隔7~10天喷洒1次，连续3~4次，喷药后一周内勿浇水。

（3）栽植后的出瓶苗，可以以上述一项药剂溶液浓度减半防治；以水苔为基质时，喷洒一次植株后将药液灌注于水苔之中；如混合基质时则充分喷洒基质。数天后基质将干时再浇水。

6. 煤烟病（Sooty mold）

煤烟病并非是侵入植株体内的病害，而是因为脏污，影响观赏效果，严重时则造成气孔阻塞，阻碍光合作用，影响植株的健康，进而导致其他的病害。它的成因是体表的甜质黏液受到Meliolia属真菌类（如Meliolia methitidiae）感染，这些黏液的来源有二：一为某些种类自身的某些部位（如花梗、花朵背面、子房，或是叶背、叶缘、叶基凹处等）所分泌的甜汁蜜露；二是某些昆虫（如蚜虫、介壳虫等）所分泌的蜜露。

防治方法：

可以参考炭疽病的防治用药来防治。另外，可以50%乙烯菌核利（ronilan）可湿性粉剂500倍液喷施。

7. 枯萎病（Rhizoctonia wilt）

由病原菌尖镰孢（*Fusarium oxysporum*）引起。枯萎病发病期为兰花展叶期至成株期，最重要的诊断特征是整个植株变褐色至黑色，内部组织及其维管束变褐坏死。植株发病时先在接近基质的根茎处变褐，褐变部位逐渐向上扩展，引起叶片由下而上逐渐枯黄，叶片扭曲，边缘内卷，叶色暗淡，呈失水状，出现干枯，新叶停止生长，这一过程出现的

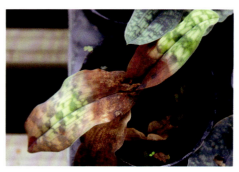

感染枯萎病后，接近基质的根茎处变褐，褐变部位逐渐向上扩展，引起叶片失去生机，由下而上逐渐枯黄

枯萎病严重时，叶片扭曲，边缘内卷，整个植株变褐色至黑色，整株死亡

速度随根部的腐烂程度而变化。检查根部常可看到褐色腐烂部分，可引起兜兰整株或整丛死亡。

防治方法：

一经发现，应立即清除病原。及时清除病株残体、病盆和带菌基质，集中处理销毁。可以参考黑腐病的防治方法及用药进行防治。

三、病毒性病害

病毒性病害是由病毒（Virus）所造成的病害，病毒是一类介于生物与非生物之间的类生物病原体，无法自己繁殖，必须在活寄主细胞中靠其营养繁殖，脱离寄主细胞或寄主细胞死亡，其繁殖就会停止，并且大量死亡，但仍有部分病毒可以存活一段时间，当它们再侵入新寄主时便能继续繁殖并致病。病毒可在多种植物之间彼此感染，这也是兰花的栽培处所附近必须清除杂草的原因之一。

目前已发现的感染植物的病毒有4000多种，其中有20~30种感染兰花的记录，其中发生于兜兰的病毒性病害以东亚兰嵌纹病毒（Cymbidium mosaic virus, CyMV）最普遍。东亚兰嵌纹病毒属于马铃薯X群病毒群（Potexvirus group），又叫兰花花叶病、黑条坏死病、坏死病，具有性质稳定的特性，在寄主细胞内浓度相当高，并可聚合成结晶状态，传播方式以机械性伤口感染为主，目前在自然界中尚未发现媒介昆虫。

当兜兰感染病毒病后，病毒夺取植物细胞内营养，整体植株生长受到严重影响，开花亦不正常，并且会传染其他植物。兜兰的病毒病常见如下症状：①叶片颜色不均，或出现黄色条纹或块斑，此条纹或块斑会逐渐凹陷并坏死；②叶片常呈现无故扭转或弯曲变形；③有时叶片表面出现不明显至明显的褪色条纹或斑块，翻转叶背于该处有凹陷的不明伤口或微疱，然后逐渐坏死；④新芽萎缩、发育不良，并常伴随黄色条纹或斑块，甚至出现坏死的褐化条斑；⑤开花怪异，如花色分布错乱、产生不良色斑或条纹，或者花朵歪扭、不均、变形、出现不明坏疽等；⑥叶片出现许多不明的坏疽伤口，或是不定形的结痂。病毒侵害兜兰后，有的只引起一种特有的症状，如花叶或者变色，有的则可能出现多种症状，可以先后出现、同时出现或在不同条件下表现不同症状。

但是有时植株生长不良时也会出现一些令人怀疑是病毒感染的病症，例如：①某些元素缺乏（如缺铁、缺镁、缺氮）时的叶片黄化或生理障碍；②肥害或药害；③生长调节剂（如矮化剂）等使用不当造成的生长不良；④某些虫类吸食汁液为害；⑤细菌性或真菌性病害引起的黄化、坏疽、病斑；⑥冻害或热害；⑦除草剂影响；⑧遗传变异或新芽变异，如镶嵌现象、皱变现象；⑨植株衰弱；⑩不明的刺伤或刻伤。当出现以上症状时，应提高警觉，并隔离观察。

兜兰一旦感染病毒病，目前没有方法、药物可以治愈，所以只能以防范来杜绝，一旦感染通常丢弃或销毁，如果发现植株显现异状却一时无法断定是否为病毒感染，则必须隔离观察。当兜兰感染病毒病后，短时间之内并不会显现病症。病毒并不会自己移动，其传播与侵入寄主的过程完全是被动的，必须通过伤口或其他生物媒介才能侵入寄主细胞，养护过程中使用未经消毒的刀剪是其最主要的传染途径。病毒在寄主外存活时间很长，即使一段时日后仍会传染。刀剪消毒时以5%的NaOH浸泡1分钟以上；

叶片上出现凹凸不平的黄化病斑,并且叶缘向内皱缩

叶片上出现凹凸不平的黄化病斑,大片坏疽伤口,叶背有不正常的愈伤痂斑

叶片皱缩,出现白化现象　　　　　　　叶片上满布黄化的凹凸不平病斑,叶片也不正常扭转

叶片皱缩,不能正常生长

受病毒侵染，着色不均的花朵　　　　　花朵着色不正常，叶片出现皱缩，这是受病毒侵染的明显特征

另一方便的方法是以打火机、酒精灯或煤气炉火烤5~15秒（刀面两面，剪刀则要打开）；或以沸水煮5分钟。另外，当植株拥挤，彼此茎叶摩擦造成伤口也可能造成病毒传染。

四、虫害

虫害多表现为叶片或花朵变色、斑点、孔洞、疤痕、卷曲等症状，危害轻微时，只是局部受害，影响美观，危害严重时可导致植株枯黄，凋零死亡。害虫不仅产生实质性危害，其危害产生的伤口也是病菌、病毒的侵入通道，进一步加重对植株体的损害。常见的兜兰虫害分述如下。

1. 介壳虫类

同翅目（Homoptera）的昆虫，是刺吸式口器的害虫，固定附着植物茎叶吸食汁液危害，有时与蚂蚁共生，受到蚂蚁的保护。因虫体的外表有如贝壳类一样的外壳，所以称为介壳虫（Scales），又称蚧虫，俗称树虱。有些种类雌雄虫同为固着寄生，有些种类雌虫固着，雄虫可移动，也有某些种类的体表覆有白色粉状蜡质物，也另称为粉介壳虫。危害兜兰最常见的是吹棉介壳虫（Icerya purchasi），其他类介壳虫的危害及防治方法大致相同。

吹棉介壳虫大多聚集躲藏于叶和花的背面以及花鞘内等隐秘并且水淋浇不到之处。当其危害叶背时，在叶片正面可见褪绿或黄色斑块，翻开叶片背面会见到密集寄生的介壳虫。繁殖相当迅速，并且整年都可繁殖，尤以气温高时繁殖更快，一旦没有注意并及时防治，就会迅速蔓延，并且诱发其他更严重的病害。

防治方法：

在栽培上，除保持通风透光外应保持植株叶片和基质的干燥，植株间摆放的间距尤为重要。因介壳虫类大多喜阴暗环境，应特别注意茎叶上浇水时淋洒不到的部位，如发现少数介壳虫时，可以用手指、棉花棒或毛笔蘸水刷除虫体，并检查较隐秘处是否有躲藏。介壳虫因为有蜡质包被，一般药力不易到达，在若虫期用药才比较有效，而它的若虫期是不整齐的，所以在防治时需要时时观察，把握时机进行防治。可用以下药物来防治：50%西维因（carbaryl）可湿性粉剂1000倍液、或50%马拉硫磷（malathion）乳剂1000倍液，每7~10天喷洒1次，连续3次。

2. 蚜虫

是可移动性的同翅目昆虫，又称腻虫、蜜虫。通常成虫有翅，幼虫无翅，其危害都相同。多集中于新叶、嫩芽、花芽、花梗、花苞、花朵等软嫩部位，吸食汁液，导致植株生长受抑，出现斑点、缩叶、卷叶、虫瘿等危害症状。栽培环境较干燥时更容易发生。蚜虫排泄物为蜜露，为蚂蚁所喜食，也多与蚂蚁共生，受到蚂蚁保护，并会受到蚂蚁驱策迁移，被称为蚂蚁的"乳牛"，蜜露分泌量多时会覆盖植物表面，影响光合作用，诱发煤烟病。

防治方法：

当个别植株或叶片出现蚜虫时，可用软刷或棉花球蘸肥皂水将害虫轻轻刷去，同时将黏附于叶片

介壳虫危害兜兰花朵，大多聚集躲藏于花的背面以及花鞘内等隐秘并且水淋浇不到之处

介壳虫危害兜兰叶片，一般躲藏于叶背，危害部位变黄

蚜虫危害兜兰的花苞，同时引起煤污病

蚜虫危害兜兰的花朵，此花朵唇瓣畸形，有可能是发育过程中受蚜虫危害所致

蚜虫危害杏黄兜兰的花朵

上的蜜露和黑霉等擦拭干净。可采用黄色黏虫板诱杀蚜虫。危害较严重时，可以喷施下列药物：50%西维因可湿性粉剂1000倍液、或50%马拉硫磷乳剂1000倍液、或2.5%溴氰菊酯（deltamethrin）2000倍液、或25%噻虫嗪（thiamethoxam）5000~10000倍液，每7~10天喷洒1次，连续3次。

3. 白粉虱

学名 *Trialeurodes vaporariorum*，属同翅目粉虱科，别名小白蛾子。该虫分布广泛，危害严重。白粉虱个体很小，仅有1mm长，白色，繁殖速度快。一年可发生10余代，以7~8月为繁殖的高峰，8~9月危害最为严重。成虫一般群集在嫩叶背面，具刺吸式口器，吸食茎叶汁液危害，致使叶片发黄变形。白粉虱由夏至冬不断发生，并分泌大量蜜液，严重污染叶片，常引起煤污病的发生，尤其会造成病毒性病害的传染。

防治方法：

白粉虱对黄色有强烈的趋性，尤其危害黄色的花朵，可采用黄色黏虫板进行诱杀。危害较严重时，可以喷施下列药物：可用10%吡虫啉（imidacloprid）4000~5000倍液，或2.5%溴氰菊酯2000倍液，或25%噻虫嗪5000~10000倍液，或75%苯噻螨（omite）乳剂2500倍液，一般每5~7天1次，连喷2~3次。

4. 鳞翅目的幼虫

蝴蝶和蛾类的幼虫，属于鳞翅目（Lepidoptera）害虫，是啮咬性的昆虫，以啃食叶片、嫩芽、苗株及花朵为主，最常见的是斜纹夜盗蛾（*Prodenia litura*）的幼虫，危害所有绿色植物，平时躲藏于隐秘处，在夜间迅速爬出啃食后又迅速爬回藏匿处躲藏。

防治方法：

数量少时以手或镊子抓除，不易抓除或是较严重时则以50%西维因可湿性粉剂800倍液，或是以90%灭多威（lannate）可湿性粉剂（成株2000倍液、苗株3000倍液），每7~10天喷洒1次，至少要连续2次。

白粉虱危害，尤以黄色花朵为甚

鳞翅目的幼虫危害幼苗，常常一夜之间将幼苗啃食殆尽，留下一粒粒虫屎，可以在周围的基质中搜寻到害虫

鳞翅目的幼虫危害兜兰叶片，一般成苗的叶片不是它们喜欢的食物，但如果周围没有其他食物，叶片也会被啃食

鳞翅目的幼虫啃食花蕾，导致败蕾　　鳞翅目的幼虫啃食花瓣　　鳞翅目的幼虫啃食花瓣，喷药后死亡

5. 花蓟马

蓟马是缨翅目（Thysanoptera）的极小型昆虫，危害各类植物花朵的种类称为花蓟马，体长只在1~2mm之间，肉眼较难以观察清楚。有的种类成虫有翅，有的无翅，幼虫与成虫都聚生在一起危害，幼虫体色淡，白黄色至略黄褐色，成虫一般都是黑色，是锉吸性的害虫，以其如锉刀般的口器锉伤花朵表面后吸食汁液，其造成伤痕如锉伤一般，花蕾被危害后萎缩而黄化脱落，成熟的花苞被危害后，开花时花瓣扭曲皱缩，在开放的花朵中，蓟马从侧瓣与萼片交叠处的边缘开始锉伤吸食，形成白色斑点或条斑，导致花瓣褪色、干枯。

防治方法：

一旦发现花朵被锉伤时，通常蓟马已经开始繁衍，即将严重，此时单以手除的方式已经无法杜绝，必须进行药物防治：以50%甲胺磷（tamaron）乳剂2000倍液、或50%马拉硫磷剂乳1000倍液、或40.8%毒死蜱（dursban）乳剂1000倍液喷洒，每7~10天1次，连续3次。

花蓟马喜欢危害黄色的兜兰花朵，躲藏于侧瓣与萼片交叠处的边缘

红蜘蛛危害兜兰的叶片，图中如锈蚀般的愈痕、皱痕即为危害症状，虫体微小，需要仔细观察才会发现虫体移动

6. 红蜘蛛

蛛形纲（Arachnida）的节肢动物，非常细小，只有1mm左右，肉眼不能看清楚，需要借助放大镜才能观察到，常为橘红色或橘黄色，故又称红蜘蛛（Tetranychus cinnbarinus）。红蜘蛛一般在叶背或者折叶处危害，藏在浇不到水、淋不到雨处，性喜干燥环境，吸食叶片汁液，造成叶片失绿，其聚集危害处常见到如锈蚀般的愈痕、皱痕，或极细小、密集的红褐色咬痕。

防治方法：

红蜘蛛繁殖力强，在高温干燥情况下，5天就可以完成一代，生长适温为25~28℃，通常在早春大量繁殖。因性喜干燥，平时浇水要注意淋湿叶背，少量发生时可用棉花棒或毛笔蘸水刷除虫体，也可喷施一般虫害用药即能根除，注意喷洒叶背。但是如果虫体数量多，危害严重，则以10%甲氰菊酯（danitol）乳剂2500倍液、或8%三氯杀螨砜（tedion）乳剂1200倍液、或75%苯噻螨乳剂2500倍液喷洒植株及叶背，每7~10天1次，连续3~4次。药剂应轮流使用，以避免红蜘蛛产生抗药性。

7. 蜗牛及蛞蝓

陆生的软体动物害虫，分为蜗牛、小蜗牛和蛞蝓，蜗牛和蛞蝓特别喜爱啃食苗株、花蕾、花朵及新芽，因为爬行时分泌湿润黏液润滑，所以会留下反光时呈现白色的透明黏液痕迹，很容易判断。小蜗牛体长3~5mm，体扁形，壳近白色透明，但因肉身为黑色，故活体呈现黑色，啃食根部、新芽及新叶，躲藏于基质内，常会疏于察觉。它们多出现在阴暗、潮湿的地方，晚上出来活动。虽然它们啃食植株不会致死，但其啃食的部位都是幼嫩的新芽及花蕾，甚是恼人，常常让人感觉功亏一篑。

防治方法：

在温室周围撒石灰粉，形成隔离带，阻止它们靠近植株；及时清除杂草和落叶，注意环境清洁；兰盆不要直接放在地上，要设立支架以隔绝害虫从地面爬入；轻微危害或是零星发现时，可在清晨和傍晚持手电筒检查盆底和植株，用手或镊子抓除，也可以用蔬菜、水果等做诱饵集中捕杀；如果情况严重或无法以手抓除时，在基质表面撒上6%聚乙醛饵剂（bug-geta，俗称灭蜗灵）诱杀，严重时以系统性药剂防治，10%甲拌磷（thimet）粒剂、或10%涕灭威（temik）粒剂，以6寸盆为例，每盆0.5g施用于基质上。

8. 病虫害防治小妙方

植物病虫害的控制、预防药品都是有毒的，在平时要妥善密封于小孩、宠物无法触及之处。喷洒农药时还会污染环境，有的药品会发出难闻气味，会对家人和邻居造成困扰，严重者会使人畜中毒。尤其是阳台养花，数量不多，按照配药比例配了一大桶，结果只使用很少一部分，剩下的只能白白倒掉，造成浪费。实际上民间流传着无公害防治花卉病虫害的小妙方，具有取材容易、成本低廉、方法简便、无副作用、行之有效等诸多优点，值得一试。对于家庭阳台养花来说，"小"妙方，有时候也许能够解决"大"问题。

（1）茶麸，也称茶枯、茶籽饼，是茶籽榨油后剩下的渣料。茶麸中含有皂素和糖苷，其水浸出液呈碱性，对害虫有很好的胃毒和触杀作用。制作及防治方法：将捣碎成粉状的茶麸和沸水按1:5的比例浸泡一昼夜，用过滤液喷洒兰株，可防治蚜虫和红蜘蛛；用其浸泡兰盆和栽培基质，同时淋浇兰盆放置的场所，可防治蜗牛和蛞蝓。

（2）异味蔬菜（大葱、大蒜、韭菜、生姜、洋葱、辣椒、花椒等）。

①将大蒜捣碎，取其汁液按照1:25的比例与清水混合喷洒植株，可治蚜虫、红蜘蛛、介壳虫及灰霉病。将大蒜用刀切成碎块，放在盆花的表土上，正常浇水，几天后蚯蚓、蚂蚁绝迹。

②将切碎的大葱与水按1:30的比例浸泡一昼夜，用过滤液喷洒兰株，可防治蚜虫、软体害虫及白粉病。

③将姜捣烂取汁，加入10倍水，喷洒兰株，可防治蚜虫。

④将洋葱剁成碎末，榨取原汁按照1:30比例与清水混合喷洒，可治红蜘蛛、蚜虫。

⑤将花椒：辣椒：水按1:1:100比例混合，浸泡一昼夜，用过滤液喷洒兰株，可治红蜘蛛、蚜虫、白粉虱。

蛞蝓啃食兜兰的花蕾，造成花蕾黄化早衰，图中白色为蛞蝓经过后留下的黏液

小蜗牛，体型很小，平时躲藏于基质内，啃食根部、新芽及新叶

（3）烟叶中含烟碱3%左右。烟碱对害虫具有强烈的触杀和胃毒作用。按照烟叶：生石灰：水=1：1：30的比例配制，一昼夜浸泡，用过滤液喷洒兰株，可防治蚜虫、蓟马等害虫。

（4）将食醋用清水稀释100倍液，将稀释液均匀地喷洒兰叶正背面，可治介壳虫，还可防治黑斑病、白粉病、叶斑病、黄化病等。食醋中含有丰富的钙、氨基酸、B族维生素等，经常喷洒还可以增加兰株营养，促进兰株生长。

五、生理障碍及健康管理

1. 生理障碍

兜兰有时植株生长不良，看似是发生病害，但并非来自传染性的病原，而是由于不利于兜兰生长发育的物理和化学等非生物因子造成的，其成因包括植株拥挤、久未换盆、营养不良（缺某些肥，或是某些肥分过剩）、温度冷热急变、高温、强光、灼伤、冻害（因低温所造成之冻伤、茎叶皱扭、生长停顿、消苞等）、干燥、浸根淹死腐烂、基质埋住植株太深、肥害、药害等，不胜枚举，需要注意的是，非生物因子引起的病害虽然不会传染，但它导致植株生长不良，抗病虫害能力减弱，会诱发或加重侵染性的病虫害。

2. 兜兰花朵畸变

在兜兰栽培中经常会出现畸形的花朵变异，有的变异属于偶然变异，是在花芽分化过程中受到环境变化或损伤所致，这跟栽培条件和栽培管理技术有关。偶然变异的植株在第二年花朵会正常开放，但有的花朵变异是稳定的，可以连续多代遗传，花朵也具有结实能力，这些与众不同的变异花，虽然不如正常花更有姿韵和风采，但它作为大自然另类进化的作品，欣赏起来也妙趣横生。

（1）畸形

在栽培中，经常发现花朵有不正常开放现象，表现为花瓣缺失、唇瓣畸形等现象，这一类属于畸形，观赏价值不大，基本没有商业价值，属于偶然变异，第二年花朵会正常开放。

（2）稳定变异

①唇瓣花瓣化变异：表现为唇瓣变异为花瓣，形成正三角形的内三瓣，呈"米"字状。蕊柱也发

兜兰热伤，一般在运输过程中遭遇高温所致，是属于非传染性病害，需要立即剪除病叶，防止进一步腐烂

生变异，不能正常授粉结实，此为稳定变异。

②花瓣唇瓣化变异：这与国兰栽培中"蝶化"现象相似，两片花瓣变异成唇瓣，形成有3个唇瓣的花朵，花形变得更丰富，使观赏性大为增加，此为稳定变异，花朵具有可授性，能够结实。

③萼片花瓣变异：萼片和花瓣各增加1枚。

④叶色变异：当兰花的叶片失去正常的绿色而变为其他颜色时，一般是白色和黄色的条纹或斑块，称为叶艺。叶艺类兰花不同于前面所述的病毒，感染病毒后虽然也有条纹或斑块出现，但植株叶片会伴随皱缩、结痂，植株也会逐渐衰弱。叶艺是基因变异所致，能够正常生长，但由于叶绿素缺少，比正常植株生长速度要慢。花朵只能在开花季节欣赏，叶艺能够全年欣赏，叶艺类兜兰属于可遇不可求，市场价值比较高，也是众多的兰花爱好者争相收集的资源。

⑤花色变异：花色变异的原因比较复杂，花色与花瓣所含的色素种类、含量、分布以及花瓣细胞结构都有着密切的关系。此外，细胞液泡pH值、辅助着色物质、金属离子等内在因素也会显著影响花

唇瓣畸形

花瓣缺失畸形

出现双唇瓣现象

两朵花合生在一起

稳定变异，唇瓣花瓣化的带叶兜兰（*Paph. hirsutissimum*）个体

稳定变异，花瓣唇瓣化的波瓣兜兰（*Paph. insigne*）个体

稳定变异，花瓣唇瓣化的亨利兜兰（*Paph. henryanum*）个体

稳定变异，花瓣唇瓣化的带叶兜兰（*Paph. hirsutissimum*）个体

稳定变异，花瓣唇瓣化的魔术灯笼（*Paph.* Magic Lantern = *micranthum* × *delenatii*）个体

稳定变异，花瓣唇瓣化的洛斯兜兰（*Paph. rothschildianum*）个体（林昆锋 供图）

出现叶艺的兜兰,但叶艺不稳定,也正是这种可变性增加了更多的期待性

出现叶艺的带叶兜兰(*Paph. hirsutissimum*)

亨利兜兰(*Paph. henryanum*)出现花色变异,此个体上萼片底色呈红色

Paph. Chou-Yi Wench (= *wenshanense* × *hangianum*),花色出现变异(李进兴 供图)

的颜色。外在因素有温度、光照、基质、激素等,也能影响到花色呈现。在兜兰栽培过程中,如果出现花色变异那是一个相当大的惊喜,稳定的花色变异可以作为兜兰的变型处理。有的花色变异不稳定,不能稳定遗传,属于昙花一现,当环境正常时,花色也恢复正常。

3. 健康管理

健康管理是对栽培环境和个人栽培技术的综合要求,包含处所、日照、通风、基质、浇水、施肥等,基本已分述于栽培篇,此处我们只以条列式分述其要点。

健康管理首重干净清洁,爱好者少量种植或专业兰园种植都要遵循这个原则。在此再次提醒:

(1)栽培处所必须通风良好,尤其是在高温高湿的夏季,要保证空气流通无碍,而且要保证自然风循环,有的兰友在兰棚或阳台装了风扇,这对降低空气湿度是有用的,但还需要交换新鲜空气。

(2)彻底清除栽培场所内的杂草,苗床下及周围的杂草必须清除,以免滋生虫害及成为病菌传播处。盆内长出的杂草必须拔除,青苔杂藓尽量清除。

(3)健康的种苗根系完整健康,无伤根或者少伤根,无烂根或空根,叶姿挺拔,叶色正常有光泽,叶面干净,无病斑。引进种苗时要保证健康正常,栽种前必须采取消毒杀菌和灭虫措施。

(4)需重复使用旧盆时,必须洗净后暴晒数日或以药剂消毒,如果感染过严重病害则必须销毁。勿重复使用旧基质,发生过病害或虫害的基质必须彻底清除,种植新苗时要使用新基质,所有基质均须消毒后再使用。使用过的刀剪要充分消毒。

（5）避免兰株摆放拥挤，茎叶保持适当间距，防止叶片相互摩擦产生伤口，避免病菌互相传染。

（6）彻底清除栽培场所内的病株残体，及时清除枯黄老叶，否则日久将滋生杂菌。

（7）兰盆内保持干净，以清水冲刷掉积淀的盐类。必须清除松脱的基质碎屑，否则容易脏污植株，附在叶背，阻塞气孔，病菌、杂菌也容易自气孔侵入。

（8）有时候因为病虫害、分株过勤、栽培不当及植株老化等而导致植株生长缓慢，并呈现叶片变黄、烂根、烂芽等病态。若不及时采取救护措施，这些病弱植株就会逐渐衰竭而亡，因此，要及时进行救护，并进行精细管理。

（9）植株衰弱或幼小，或健康的植株为了多发新芽，形成壮芽，则须及时摘除花芽；如果育种时必须要看一下首花品质，那么开花后一两天、观察评价并拍照后迅速将其摘除。

（10）盆栽种植时，盆径宜小不宜大，以根系舒展能碰到盆壁为度。如果盆径过大，容易造成积水，导致兰根腐烂，尤其是对那些病弱植株尤为重要。

（11）盆中基质的高度以刚没过根茎处为度，即基部两片叶交汇处稍下一点。在栽培中常常因为浇水的冲击造成基质缺失或堆积，要及时处理。

（12）日照太强会灼伤叶片；日照太弱茎叶会徒长，也影响抵抗病虫害的能力。不同的种类日照强度需求不尽相同，可自己观察斟酌。

（13）在夏季盆中基质略干一点管理比较好。浇水时，宜选择在晚上或者是早晨，在太阳出来前最好叶面和叶缝中无多余水分，尤其是新芽，由于新叶层层包裹，极易在叶心积水，如果温度过高，容易造成整个新芽溃烂。

（14）真正必须时才分株、换盆，尽量避免在夏季高温季节分株、换盆。在高温高湿的条件下，分株、换盆造成的兰苗伤口，极易感染。即使伤口没有引发感染，由于在夏季是新芽的快速生长期，根系受伤影响水分和养分的吸收，打破了原有的生长平衡，最终造成新生成的植株弱小。

（15）夏季高温季节尽量不施肥，如果必须施肥宜采用喷施叶面肥的方式进行。

（16）细心观察植株生长，一旦发现病虫害立即隔离植株并治疗。

（17）"防重于治"，预防工作要常抓不懈，要定期喷洒药液，即使没有发现病情也要用药，防患于未然。在夏季最好是一周左右喷灌一次噁霉灵、敌克松等杀真菌剂和农用链霉素等杀细菌剂，防治根腐病和软腐病。

（18）遵照药品说明剂量使用，不可超过正常用量，否则易导致药伤；要注意定期更换药物种类，同一病虫害的药品尽量2~3种轮流使用，避免病原菌、害虫产生抗药性；每月要对兰场进行1~2次全面消毒。建议傍晚喷洒药剂，药液滞留时间长，有利于增强杀虫灭菌的效果。

（19）打药或者施肥时最好添加展着剂，可加强液态对植株体表的表面张力，使药剂或肥料更贴合植株，以达到药剂或肥料功效；药剂和肥料可以一同使用，但要注意彼此是否互相影响，如酸碱相抗、互相凝结等。

（20）打药或者施肥以喷雾为佳，雾状越细、越密越好；喷洒时将喷柄伸长全面笼罩，并仔细喷施到茎叶交叠处、隐秘处、叶背、植株基部、基质。

主要参考文献

陈心启，刘仲健，陈利君，等，2013. 中国杓兰属植物 [M]. 北京：科学出版社.

陈心启，吉占和，1998. 中国兰花全书 [M]. 北京：中国林业出版社.

陈心启，吉占和，罗毅波，1999. 中国野生兰科植物彩色图鉴 [M]. 北京：科学出版社.

黄卫昌，2018. 兰花的鉴赏与评审 [M]. 北京：中国林业出版社.

黄祯宏，2004. 兰花浅介 [M]. 台湾兰花产销发展协会 /TOGA.

黄祯宏，2014. 兰花浅介 II [M]. 台湾兰花产销发展协会 /TOGA.

金效华，李剑武，叶德平，2019. 中国野生兰科植物图鉴 [M]. 郑州：河南科学技术出版社.

刘仲健，陈心启，陈利君，等，2009. 中国兜兰属植物 [M]. 北京：科学出版社.

罗毅波，贾建生，王春玲，2003. 初论中国兰科植物保育的现状和展望 [J]. 生物多样性，11(1): 70-77.

麦奋，1990. 中国芭菲尔/彩色图谱 [M]. 台北：淑馨出版社.

台湾省仙履兰协会，2003. 台湾仙履兰专辑 III[M]. 台中：良泓实业股份有限公司.

台湾省仙履兰协会，2006. 台湾仙履兰专辑 IV [M]. 台中：良泓实业股份有限公司.

台湾兰花产销发展协会，2007—2021. 台湾国际兰展授奖记录 [M].

徐志辉，蒋宏，叶德平，等，2010. 云南野生兰花 [M]. 昆明：云南科技出版社.

福田辉明，1997. カラ—版 洋ランの病害虫防除 [M]. 东京：家の光协会.

唐泽耕司，2003. 原种ラン图监 -I.解说编 [M]. 东京：日本放送出版协会.

唐泽耕司，2003. 原种ラン图监 -II.写真编 [M]. 东京：日本放送出版协会.

AVERYANOV L, CRIBB P J, LOC P K, et al., 2003. Slipper Orchids of Vietnam, with an Introduction to the Flora of Vietnam [M]. London: Compass Press Limited. & R. B. G.Kew.

ALEXANDER F, BRUNO F, THEERA R, 2009. Slipper Orchids, *Paphiopedilum*: All Secrets Revealed[M]. Trafford Publishing.

BRAEM G J, 1988. *Paphiopedilum* [M]. Hildesheim (Germany): Brucke-Verlag, Kurt Schmersow.

BRAEM G J, Chiro G R, Öhlund S L, 2016. The Genus *Paphiopedilum*[M]. Bishen Singh Mahendra Pal Singh.

CRIBB P J, 1998. The Genus *Paphiopedilum* [M]. 2nd ed. National History Publications.

OLAF G, 2008. Genus *Paphiopedilum* Albino Forms [M]. Krakow: Officna Botanica.

The International Orchid Register [EB/OL]. 2024-6-18. http://apps. rhs. org. uk/horticulturaldatabase/orchidregister/orchidregister. asp.

ZENG S J, HUANG W C, WU K L, et al., 2015. In Vitro Propagation of *Paphiopedilum* Orchids [J]. Critical Reviews in Biotechnology, DOI: http://dx.doi.org/10.3109/07388551. 2014. 993585.

硬叶兜兰（*Paph. micranthum*）及其原生境（韩周东 供图）

附录

附录一　兰花授奖的国际性兰花协会、兰展以及审查授奖奖项

附表1　兰花授奖的国际性兰花协会（以目前常见程度排列）

简称	原文全名	中文名称
AOS	American Orchid Society	美国兰花协会
TOGA	Taiwan Orchid Growers Association	台湾兰花产销发展协会
TPS	Taiwan Paphiopedilum Society	台湾仙履兰协会（只针对兜兰亚科）
RHS	Royal Horticultural Society	英国皇家园艺学会
JOGA	Japan Orchid Growers Association	日本洋兰农业协同组织
AJOS	All Japan Orchid Society	全日本兰花协会
JOS	Japan Orchid Society	日本兰花协会
OST	Orchid Society of Thailand	泰国兰花协会
HOS	Hononulu Orchid Society	檀香山兰花协会
DOG	Deutsche Orchideen-Gesellschaft E.V.	德国兰花协会
DOS	Dutch Orchid Society	荷兰兰花协会

附表2　常见的兰花授奖的国际性兰展

简称	英文全名	中文名称
WOC	World Orchid Conference	世界兰花大会（常俗称世界兰展）
APOC	Asia Pacific Orchid Conference	亚太兰花大会（常俗称亚太兰展）
JGP	Japan Grand Prix. International Orchid Festival	世界兰展日本大奖赛
TIOS	Taiwan International Orchid Show	台湾国际兰展（常由TOGA与AOS分别审查授奖）

附表3　审查授奖之奖项

简称	英文全名	中文名称
GM	Gold Medal	金牌奖（分数≥90）
SM	Silver Medal	银牌奖（80≤分数<90）
BM	Bronze Medal	铜牌奖（75≤分数<80）
FCC	First Class Certificate	金牌奖（分数≥90）
AM	Award of Merit	银牌奖（80≤分数<90）
HCC	Highly Commended Certificate	铜牌奖（75≤分数<80）

续表

简称	英文全名	中文名称
CCM	Certificate of Cultural Merit	栽培奖
CCE	Certificate of Cultural Excellence	卓越栽培奖（栽培分数90分以上）
AQ	Award of Quality	杰出品质奖
AD	Award of Distinction	卓越育种奖
CHM	Certificate of Horticultural Merit	园艺特殊价值奖
CBR	Certificate of Botanical Recognition	植物特殊价值奖
JC	Judge's Commendation	评审推荐奖

附表4　测量记录要点

单位：cm

	简称	英文全名	中文名称	备注
花朵	NS	Natural Spread	自然开展	水平 × 垂直
	DS	Dorsal Sepal	上萼片	宽 × 长
	LS	Lateral Sepal	下萼片	宽 × 长
	P	Petal	花瓣	宽 × 长
	L	Lip	唇瓣	宽 × 长
植株	PW	Plant Width	株宽	连同叶片开展，测量最宽处
	StL	Stem Lengtht	花梗长	测量最长的一支
	PH	Plant Height	株高	植株最高处，不包括花梗长
	F	Folwer	花朵数	正绽放的花朵
	ST	Stem	花梗数	现有的开花梗数
	B	Bud	花苞数	未开的花苞

备注：花朵数据测量时，必须选定最大的一朵花，做固定花朵的测量

附录二　兜兰评审准则

一、单花系兜兰的评审准则

单朵花或两朵花着生于同一花梗上的种类及品种，适用本评分表。如 *Brachypetalum*、*Parvisepalum*、*Cochlopetalum*、*Paphiopedilum*、*Sigrnatopetalum* 等各亚属的原种及其杂交种以及复合杂交种。

A. 评比配分标准

一、花形（flower form）占40分，其中又细分为：

（1）整体花形（general form）···20分
（2）萼片（sepals）···10分
（3）花瓣（petals）··5分
（4）唇瓣（pouch）··5分

二、色彩（color of flower）占40分，其中又细分为：

（1）整体色彩（general form）···20分
（2）萼片色彩（sepals）···10分
（3）花瓣色彩（petals）···5分
（4）唇瓣色彩（pouch）··5分

三、其他性状（other characteristics）占20分，其中又细分为：

（1）花朵大小（size of flower）··10分
（2）花质与肌理（substance and texture）··5分
（3）花梗（stem）··5分

B. 审查要点与准则

（一）花形（40分）：

全花追求圆整、宽阔、平整齐满，特别强调圆满及各部分的均匀对称；上萼片（dorsal sepal）必须大而圆，宜微向内曲而不宜反卷扭曲；花瓣（petal）宜宽大，长度必须与花朵其他部分呈适当比例；唇瓣（pouch）以圆整且比例适中为主，不可过度前突；下萼片（lateral sepal）须能衬托出唇瓣的优雅、协调背景，分裂的下萼片若有助全花形貌的美观，并不视其为缺点。

（二）花色（40分）

花色宜清晰明亮，若有斑纹图案，宜对比鲜明及协调，污浊或模糊不清皆列为缺点。

（三）其他特征（20分）

（1）大小（10分）

全花宜大于其同族群的平均值，尺寸大小应以量取全花自然展开的直径为准（包括水平及垂直尺寸），全花各部分的尺寸亦以自然展开的大小为准，尤其强调上萼片的宽度。

（2）质地与肌理（5分）

质地宜厚实，肌理宜带蜡质及明亮色泽，花瓣质地呈现纸质或边缘呈透明状均不理想。

（3）花梗（5分）

花梗宜高度适中，并宜粗壮挺直，能将花朵良好支撑于叶片之上，花梗的长度测量由植株底部量至子房底部。

二、多花系兜兰的评审准则

多花系列原种及其杂交种，或多花系与单花系的杂交后代，以几何原理推算应有3朵以上的着花种类，适用于本评分表。

A. 评审配分标准

一、花形（flower form）占30分，其中又细分为：
（1）整体花形（general form） ···················· 15分
（2）萼片（sepals） ···················· 7分
（3）花瓣（petals） ···················· 4分
（4）唇瓣（pouch） ···················· 4分

二、色彩（color of flower）占30分，其中又细分为：
（1）整体色彩（general form） ···················· 15分
（2）萼片色彩（sepals） ···················· 7分
（3）花瓣色彩（petals） ···················· 4分
（4）唇瓣色彩（pouch） ···················· 4分

三、其他性状（other characteristics）占40分，其中又细分为：
（1）花朵大小（size of flower） ···················· 10分
（2）花质与肌理（substance and texture） ···················· 10分
（3）花序排列及开花性（habit and arrangement of inflorescence） ···················· 10分
（4）花朵数（floriferousness） ···················· 10分

B. 审查要点与准则

（一）花形（30分）

（1）整体花形（15分）

a. 由正面看，以上萼片、假雄蕊及唇瓣、下萼片的中心线为基准，必须形成左右对称、感觉调和。

b. 注意花的平整度问题，若从侧面看，上萼片、花瓣及唇瓣的内侧面，越接近垂直线越理想。

（2）萼片（7分）

a. 上萼片越挺直越好，反曲或前倾视为不雅。

b. 上、下萼片以中轴线为准，宜左右对称均匀。

c. 下萼片扭曲亦为缺点。

（3）花瓣（4分）

a. 必须注意是否有比亲本进步。

b. 花瓣以平整挺直为原则，若是卷曲的花瓣则必须以垂直中轴为准，两边对称协调、卷曲方向一致。任何不对称或不均匀的卷曲都应视为缺点。

c. 花瓣尖端若有弯曲，亦必须协调对称、方向一致。

d. 由侧面看，花瓣应为上萼片基部的延伸，且应垂直平整，向后仰则视为不佳。

（4）唇瓣（4分）

a. 多花性兜兰的唇瓣一般会有唇瓣前突及不良裂口的缺陷，其子代这些缺点越少越好。

b. 假雄蕊不可偏离垂直中心线。

c. 唇瓣上的任何疣状突出物，无论是由遗传或是栽培造成的均视为缺点，若严重到影响全貌的美观时，更视为重要缺点。

（二）色彩（30分）

（1）整体（15分）

a. 注意光源问题：自然光优于人造光，若用人造光则越接近太阳光越佳。

b. 花色以清晰无浑浊为原则，色调愈纯净愈能显现其生动迷人的特质。

c. 杂交的后代应检视其是否比亲本的色彩清晰、亮丽、饱和度或斑、线等进步情形。

（2）萼片（7分）

a. 线条或点必须清晰明确。

b. 线条边缘越伸展至萼片边缘越佳。

（3）花瓣（4分）

a. 线条或点同样要求清晰明确。

b. 若有色斑应明亮而比背景底色深、对比良好，若有模糊不清的倾向，则视其为缺点。

c. 若疣点与线条同时存在时，则以花瓣边缘均布疣点、花瓣内的线条与背景颜色呈鲜明对比者为最佳。

（4）唇瓣（4分）

a. 色调应均匀且展现良好的饱和光泽。

b. 任何不均匀、褪色以及不均匀的影线均视为缺点。

c. 完美的唇瓣，其色调应均匀，且布满唇瓣。

（三）其他特征（40分）

（1）花朵大小（10分）

a. 花瓣与唇瓣在协调平衡的原则下，长、宽的数值越大越佳。

b. 自然展开的大小应包括垂直及水平尺寸。

（2）花朵的质地与肌理（10分）

a. 由于多花性原种，大都缺乏厚质及光泽，期待其后代在这方面进步，故特加重配分以显示其重要性。

b. 以厚质、纹理细致、带蜡质而展现良好光泽为宜。

（3）花序排列及开花习性（10分）

a. 花梗宜够粗壮，足以支撑全部花朵的重量，而不需辅助支撑为佳。

b. 花朵宜良好地排列于花梗上，间隔适中，间距过大或过小均为不良。

c. 各属或不同亚属因其花序排列及开花习性相差甚大，而不同亚属间杂交后代及其花序开花性状更趋繁杂，在评分时应更细心琢磨。

（4）花朵数（10分）

a. 一般多花性兜兰其花朵数应为3朵以上。

b. 杂交后代其花朵数的估算以二亲本的花数相乘再开平方根，同样方法估算花尺寸大小。

c. 旋瓣亚属（如 *Paph. primulianum*、*Paph. viotoria-regina* 等）及其与多花组（如 *Paph. lowii*、*Paph. haynaldianum*）的杂交种，因其开一朵谢一朵或只有两朵存留特性，宜用一般单花兜兰评分法评审。

附录三 个体审查评分表

TIOS和TOGA个体审查评分表
TIOS & TOGA Point Scale for Medal Judging

TIOS & TOGA 审查表	一般通用 General	卡特兰属及其附属 Cattleya	蕙兰属及其附属 Cymbidium	石斛兰属及其附属 Dendrobium	堇色兰属、文心兰属 Miltonia	齿舌兰属及其附属 Odontoglossum	兜兰属（单花）Pophiopedilum (Single)	蝴蝶兰属及其附属 Phalaenopsis	万代兰属及其附属 Vanda	兜兰属（多花）Pophiopedilum (Multi)	得分 Points Scored
花形 FLOWER FORM											
整体 General Form	—	15	15	15	15	15	20	15	15	15	
萼片（上萼片）Sepal (*Dorsal Sepal)	—	5	5	5	6	5	10	5	7	7	
侧瓣 Patals	—	5	5	5	6	5	5	6	5	4	
唇瓣 Labellum (*Pouch)	—	5	5	5	9	5	5*	4	3	4	
小计 TOTAL	30	30	30	30	30	30	40	30	30	30	
花色 COLOR OF FLOWER											
整体色彩	—	15	15	15	15	15	20	15	15	15	
萼片（上萼片）Sepal (*Dorsal Sepal)	—	7	8	5	6	5	10	10	7	7	
侧瓣 Patals	—	7	8	5	6	5	5	10	5	4	
唇瓣 Labellum (*Pouch)	—	8	7	5	9	5	5*	5	3	4	
小计 TOTAL	30	30	30	30	30	30	40	30	30	30	
其他特征 OTHER CHARACTERISTICS											
花朵大小 Flower Size	10	10	10	10	10	10	10	10	10	10	
花质与肌理 Substance and Texture	10	20	10	10	10	10	5	10	10	10	
习性与花序排列 Habit and Arrangement of Inflorescence (s)	10	—	10	10	10	10	—	10	10	10	
花朵数 Floriferousness	10	—	10	10	10	10	—	10	10	10	
多花性与花梗 Floriferousness & Stem	—	10	—	—	—	—	—	—	—	—	
花梗 Stem	—	—	—	—	—	—	5	—	—	—	
小计 TOTAL	40	40	40	40	40	40	20	40	40	40	

附录四　个体参展竞赛组别项目表

台湾国际兰展个体参展竞赛组别项目表
List of Classification of Taiwan International Orchid Show

组别 Group	项目 Category	说明 Description
		A Group 卡特兰属及其联属（*Cattleya* Alliance）
A	1	卡特兰族原种，植株高度在25cm以下（Species Include All *Epidendrum* Tribe; Plant Height Less Than 25cm）
A	2	卡特兰族原种，植株高度在25cm以上（Species Include All *Epidendrum* Tribe; Plant Height More Than 25cm）
A	3	杂交种：粉红、紫红（Hybrids: Pink, Lavender）
A	4	杂交种：白花、白花红心、插角花（Hybrids: White & Semi-alba, Splash Petal）
A	5	杂交种：黄花、绿花（Hybrids: Yellow & Green）
A	6	杂交种：红花、橘红花（Hybrids: Red & Orange）
A	7	杂交种：其他花色与族属（Hybrids: Blue, Spot, Bronze, Other Colors & *Epidendrum*, *Encyclia* Hybrids）
A	8	杂交种：迷你型，植株高度20~30cm（不包括花朵与花梗），粉红、紫红、红色及橘红色系（Hybrids: Medium Type, Pink, Lavender, Red and Orange; Plant Height Between 20cm and 30cm）
A	9	杂交种：迷你型，植株高度20~30cm（不包括花朵与花梗），第8项以外之花色（Hybrids: Medium Type, Except Category A8:White, Splash, Yellow, Green, Blue, etc.; Plant Height Between 20cm and 30cm）
A	10	杂交种：迷你型，植株高度在20cm以下（Hybrids: Mini Type; Plant Height Less Than 20cm）
A	11	杂交种：多花性或花径在10cm以下，粉红、紫红、红色及橘红（Hybrids: Medium or Multiflora Type, Pink, Lavender, Red and Orange; Flower Size Less Than 10cm）
A	12	杂交种：多花性或花径在10cm以下，第11项以外之花色（Hybrids: Medium or Multiflora Type, Except Category A11; Flower Size Less Than 10cm）
		B Group 兜兰属及其联属（*Paphiopedilum*, Include *Phragmipedium* & *Cypripedium*）
B	1	单花原种（Species, Single Flower Type; Include *Brachypetalum*, *Parvisepalum* & *Cochlopetalum*）
B	2	多花原种（Species, Multiflora Include All *Polyantha*）
B	3	多花杂交种Ⅰ（Multiflora Hybrids; Progeny of *sanderianum*）
B	4	多花杂交种Ⅱ（Multiflora Hybrids; Progeny of *Cochlopetalum* & *Pardalopetalum*）
B	5	多花杂交种Ⅲ（Multiflora Hybrids; Other Hybrids Except Category B3 & B4）
B	6	多花与单花杂交种Ⅰ（Hybrids of Multiflora with Single Flower Type; Progeny of Multiflora More Than 50%）
B	7	多花与单花杂交种Ⅱ（Hybrids of Multiflora with Single Flower Type; Except Category B6）
B	8	单花斑叶杂交种（Single Flower, All *Barbata* Type Hybrids）
B	9	短瓣亚属及小萼亚属之杂交种（Hybrids of *Brachypetalum* or *Parvisepalum*）
B	10	标准型之杂交种（Hybrids of All Standard Complex Type Hybrids; Progeny of Standard Complex More Than 50%）
B	11	标准型与其他单花系之杂交种（Hybrids of All Standard Complex with Any Single Flower Type; Progeny of Standard Complex 50%）

组别 Group	项目 Category	说明 Description
	12	其他单花系之杂交种（Hybrids of Other Single Flower Type Except Category 8~11）
	C Group 蝴蝶兰属及其联属（*Phalaenopsis, Doritis* & *Doritaenopsis*）	
C	1	原种（Species include *Doritis* & *Phalaenopsis*）
C	2	迷你多花杂交种 I：花径7cm以下；白花及白花红心系列（Mini Type; White or with Color Up; Flower Size Less Than 7cm）
C	3	迷你多花杂交种 II：花径7cm以下；线条及红花系列（Mini Type; Stripe or Red; Flower Size Less Than 7cm）
C	4	迷你多花杂交种 III：花径7cm以下；C2及C3项以外之颜色（Mini Type; Other Color, Except C2 & C3, Include Waxy Type; Flower Size Less Than 7cm）
C	5	杂交种：粉红、紫红花（Hybrids: Pink, Lavender; Reddish Purple）
C	6	杂交种：线条花（Hybrids: All Stripes, Include Yellow, White, Pink and Any Color Background）
C	7	杂交种：白花及白花红心（Hybrids: Fine Spots Except with Large Dark Purple Spots One）
C	8	杂交种：斑点花（Hybrids: Fine Spots Except with Large Dark Purple Spots One）
C	9	杂交种：白底深紫、红瑰斑黑花（Hybrids: Harlequin Type, Large Dark Purple Spots, White Background）
C	10	杂交种：深紫、红瑰斑黑花（Hybrids: Harlequin Type, Large Dark Purple Spots, Except Category C9）
C	11	杂交种：黄花（Hybrids: Yellows, Include Which with Spots）
C	12	杂交种：其他花色（Hybrids: Other Colors; Include Red, Bronze, Blue, Orange）
	D Group 其他兰属（Other Genus）	
D	1	其他单茎族原种（All *Vandeae* Species; Exclude *Phalaenopsis*, *Doritis*）
D	2	万代兰亚族杂交种（Hybrids of *Vanda, Ascocenda, Ascocentrum*）
D	3	其他单茎族属间杂交种（Other *Vandeae* Hybrids and Their Intergeneric Hybrids）
D	4	文心兰族之原种及其杂交种（*Oncidium* Alliance; Species & Hybrids）
D	5	蕙兰属原种（*Cymbidium* Species）
D	6	蕙兰杂交种及其与异属之杂交种（*Cymbidium* Hybrids and Their Intergeneric Hybrids）
D	7	石斛兰族之原种（Species of *Dendrobium* Tribe）
D	8	春石斛杂交种（*Dendrobium* Hybrids: Noblie Type）
D	9	其他石斛兰杂交种（*Dendrobium* Hybrids, Except Noblie Type）
D	10	豆兰族及瓢唇兰族：原种及其杂交种（*Bulbophyllinae* & *Catasetinae*, Species & Hybrids）
D	11	其他D1-D10项未列之兰花，株高25cm以下（Other Orchids, Species & Hybrids Excluding Category D1-D10; Plant Height Less Than 25cm）
D	12	其他D1-D10项未列之兰花，株高25cm以上（Other Orchids, Species & Hybrids Excluding Category D1-D10; Plant Height More Than 25cm）

★ 其他兜兰族之单花原种并入第1项，多花原种并入第2项，其杂交种均并入第12项（Other Paphiopedilum Alliance: If Species, Single Flower Type entry in category 1, Multiflora Type entry in category 2, All the Hybrids Type entry in category 12）。

附录五　染色体数目和兜兰种类

染色体数目	兜兰种类
$2n=26$	*Paph. armeniacum*、*Paph. barbigerum*、*Paph. bellatulum*、*Paph. concolor*、*Paph. charlesworthii*、*Paph. delenatii*、*Paph. emersonii*、*Paph. exul*、*Paph. fairrieanum*、*Paph. godefroyae*、*Paph. gratrixianum*、*Paph. haynaldianum*、*Paph. henryanum*、*Paph. hirsutissimum*、*Paph. insigne*、*Paph. leucochilum*、*Paph. lowii*、*Paph. malipoense*、*Paph. micranthum*、*Paph. niveum*、*Paph. parishii*、*Paph. philippinense*、*Paph. rothschildianum*、*Paph. stonei*、*Paph. tigrinum*、*Paph. villosum*
$2n=28$	*Paph. hookerae*、*Paph. sangii*
$2n=30$	*Paph. druryi*、*Paph. spicerianum*、*Paph. victoria-mariae*
$2n=32$	*Paph. callosum*、*Paph. ciliolare*、*Paph. liemianum*、*Paph. primulinum*、*Paph. tonsum*
$2n=34$	*Paph. dayanum*、*Paph. moquettianum*、*Paph. victoria-regina*
$2n=36$	*Paph. curtisii*、*Paph. dayanuym*、*Paph. fowliei*、*Paph. glaucophyllum*、*Paph. hennisianum*、*Paph. liemianum*、*Paph. mastersianum*、*Paph. superbiens*、*Paph. victoria-regina*
$2n=38$	*Paph. appletonianum*、*Paph. argus*、*Paph. barbatum*、*Paph. javanicum*、*Paph. violascens*
$2n=40$	*Paph. fowliei*、*Paph. sukhakulii*、*Paph. urbanianum*、*Paph. venustum*

索引

中文名索引

A

阿古斯兜兰	172
爱默森兜兰	040

B

芭比兜兰	106
白唇兜兰	064
白粉叶兜兰	144
白花兜兰	040
白旗兜兰	140
斑瓣兜兰	172
报春兜兰	148
边远兜兰	112
波瓣兜兰	123

C

彩云兜兰	169
苍叶兜兰	144
查尔斯沃思兜兰	109
查氏兜兰	109
长瓣兜兰	094
陈莲兜兰	127
陈氏兜兰	127

D

大斑点兜兰	056
带叶兜兰	135
德利兰特氏兜兰	038
德鲁里兜兰	138
德氏兜兰	038
迪氏兜兰	178
帝王兜兰	085
滇南兜兰	114
东森兜兰	163
多迪兜兰	143
多花兜兰	151

E

厄本兜兰	182

F

番薯兜兰	042
梵天兜兰	053
菲律宾兜兰	081
费尔里兜兰	133
费氏兜兰	133
凤蝶兜兰	124
佛氏兜兰	176
福利兜兰	176

G

戈弗雷兜兰	060
格力兜兰	114
根茎兜兰	104
耿氏兜兰	183
古德兜兰	060
官帽兜兰	135
龟壳兜兰	153
瑰丽兜兰	114
郭德佛罗伊氏兜兰	060
国王兜兰	085

H

海莲娜兜兰	117
海伦兜兰	117
海纳德氏兜兰	100
海南兜兰	158
海氏兜兰	100
汉姬兜兰	042
汉氏兜兰	042
禾曼兜兰	122
赫尔曼兜兰	122
黑马兜兰	075
黑氏兜兰	100
亨利兜兰	120
红旗兜兰	109
胡子兜兰	133
虎斑兜兰	125
虎克兜兰	156
华丽兜兰	179
皇后兜兰	087

J

杰克兜兰	046
洁净兜兰	163
金童兜兰	036
巨瓣兜兰	056
巨叶兜兰	077
卷萼兜兰	158

K

卡路神兜兰	174
柯氏兜兰	080
可爱兜兰	056
可乐珊兜兰	174

L

兰兹兜兰	084
朗鲁安兜兰	185
朗氏兜兰	185
劳伦斯兜兰	177
老沟兜兰	064
老挝兜兰	124
李氏兜兰	145
连氏兜兰	145
廉氏兜兰	145
流放兜兰	112
瘤突兜兰	174
娄氏兜兰	102
洛氏兜兰	102
洛斯兜兰	085

M

麻栗坡兜兰	044
马面兜兰	073
马氏兜兰	160
马斯特斯兜兰	160
玛丽兜兰	150
美丽兜兰	123
棉岛兜兰	073
民岛兜兰	182
魔葵兜兰	147
莫奎兜兰	147
莫氏兜兰	147

N

南印兜兰	138
妮维雅兜兰	065

鸟巢岛兜兰	060	髯毛兜兰	173	**W**		雪白兜兰	065
女王兜兰	151			威后兜兰	093		
		S		威廉敏娜女王兜兰	093	**Y**	
P		三撇兜兰	138	维多利亚女王兜兰	151	雅尼兜兰	075
派瑞许兜兰	098	桑德氏兜兰	087	维纳斯兜兰	153	耶库苏兜兰	112
胼胝兜兰	174	桑氏兜兰	161	文山兜兰	069	银色兜兰	048
飘带兜兰	098	沙巴兜兰	178	沃德氏兜兰	169	樱草兜兰	148
		史东兜兰	090			硬叶兜兰	048
Q		史派瑟兜兰	140	**X**		疣点兜兰	079
千禧兜兰	183	斯通兜兰	090	X兜兰	112	玉女兜兰	048
千眼兜兰	172	苏卡库尔兜兰	167	腺疣兜兰	079	越南兜兰	054
浅斑兜兰	046	苏氏兜兰	167	香港兜兰	165		
巧花兜兰	117			香花兜兰	042	**Z**	
翘胡子兜兰	133	**T**		小男孩兜兰	106	紫瓣兜兰	162
青紫兜兰	162	泰国兜兰	067	小青蛙兜兰	140	紫毛兜兰	128
曲蕊兜兰	092	天伦兜兰	127	小叶兜兰	106	紫纹兜兰	165
		同色兜兰	058	杏黄兜兰	036		
R				修氏兜兰	181		
然氏兜兰	084			秀丽兜兰	153		

学名索引

Paphiopedilum adductum	073	*Paphiopedilum godefroyae*	060	*Paphiopedilum randsii*	084
Paphiopedilum anitum	075	*Paphiopedilum gratrixianum*	114	*Paphiopedilum rothschildianum*	085
Paphiopedilum appletonianum	158	*Paphiopedilum hangianum*	042	*Paphiopedilum rungsuriyanum*	185
Paphiopedilum areeanum	104	*Paphiopedilum haynaldianum*	100	*Paphiopedilum sanderianum*	087
Paphiopedilum argus	172	*Paphiopedilum helenae*	117	*Paphiopedilum sangii*	161
Paphiopedilum armeniacum	036	*Paphiopedilum henryanum*	120	*Paphiopedilum schoseri*	181
Paphiopedilum barbatum	173	*Paphiopedilum herrmannii*	122	*Paphiopedilum spicerianum*	140
Paphiopedilum barbigerum	106	*Paphiopedilum hirsutissimum*	135	*Paphiopedilum stonei*	090
Paphiopedilum bellatulum	056	*Paphiopedilum hookerae*	156	*Paphiopedilum sukhakulii*	167
Paphiopedilum callosum	174	*Paphiopedilum insigne*	123	*Paphiopedilum supardii*	092
Paphiopedilum canhii	183	*Paphiopedilum jackii*	046	*Paphiopedilum superbiens*	179
Paphiopedilum charlesworthii	109	*Paphiopedilum kolopakingii*	080	*Paphiopedilum thaianum*	067
Paphiopedilum concolor	058	*Paphiopedilum lawrenceanum*	177	*Paphiopedilum tigrinum*	125
Paphiopedilum dayanum	178	*Paphiopedilum leucochilum*	064	*Paphiopedilum tonsum*	163
Paphiopedilum delenatii	038	*Paphiopedilum liemianum*	145	*Paphiopedilum tranlienianum*	127
Paphiopedilum dianthum	094	*Paphiopedilum lowii*	102	*Paphiopedilum urbanianum*	182
Paphiopedilum dodyanum	143	*Paphiopedilum malipoense*	044	*Paphiopedilum venustum*	153
Paphiopedilum druryi	138	*Paphiopedilum mastersianum*	160	*Paphiopedilum victoria-mariae*	150
Paphiopedilum emersonii	040	*Paphiopedilum micranthum*	048	*Paphiopedilum victoria-regina*	151
Paphiopedilum exul	112	*Paphiopedilum moquettianum*	147	*Paphiopedilum vietnamense*	054
Paphiopedilum fairrieanum	133	*Paphiopedilum niveum*	065	*Paphiopedilum villosum*	128
Paphiopedilum × fanaticum	053	*Paphiopedilum papilio-laoticus*	124	*Paphiopedilum violascens*	162
Paphiopedilum fowliei	176	*Paphiopedilum parishii*	098	*Paphiopedilum wardii*	169
Paphiopedilum gigantifolium	077	*Paphiopedilum philippinense*	081	*Paphiopedilum wenshanense*	069
Paphiopedilum glanduliferum	079	*Paphiopedilum primulinum*	148	*Paphiopedilum wilhelminae*	093
Paphiopedilum glaucophyllum	144	*Paphiopedilum purpuratum*	165		